大学计算机应用基础

（第 2 版）

主　编　顾淑清　夏京星

编　者　李默雷　郭显娥　庞德明
　　　　刘晓亮　康晶晶　夏　菲

北京邮电大学出版社
www.buptpress.com

内 容 简 介

　　本书根据高等学校非计算机专业大学计算机基础课程的教学要求和教学大纲,由具有多年教学经验的教师编写而成。该教材以计算机技术和应用为主,图文并茂,通俗易懂,既突出系统性,又重视实践性;既有传统的理论知识,又有当前最新的计算机技术、网络技术和多媒体技术,注意选用各种类型且内容丰富的应用实例,并附有一定数量的习题。

　　全书共分7章,主要内容包括计算机系统、Windows XP、Windows 7、Office 2003、Office 2010 计算机网络与 Internet 应用、多媒体技术与常用工具等。本书与《大学计算机应用基础实验指导》一书配套使用,内容各有侧重,可帮助学生深入掌握基础知识,提高动手能力。

　　本书可作为高等院校以及高职高专大学计算机基础课程的教材,也可以作为各类计算机培训教材和计算机爱好者的自学参考书。

图书在版编目(CIP)数据

大学计算机应用基础/顾淑清,夏京星主编. --2 版. --北京:北京邮电大学出版社,2012.8(2013.12 重印)
ISBN 978-7-5635-3176-9

Ⅰ.①大… Ⅱ.①顾…②夏… Ⅲ.①电子计算机—高等学校—教材 Ⅳ.①TP3

中国版本图书馆 CIP 数据核字(2012)第 180453 号

书　　　名:	大学计算机应用基础(第 2 版)
主　　　编:	顾淑清　夏京星
责任编辑:	赵玉山
出版发行:	北京邮电大学出版社
社　　　址:	北京市海淀区西土城路 10 号(邮编:100876)
发 行 部:	电话:010-62282185　传真:010-62283578
E-mail:	publish@bupt.edu.cn
经　　　销:	各地新华书店
印　　　刷:	北京源海印刷有限责任公司
开　　　本:	787 mm×1 092 mm　1/16
印　　　张:	18.25
字　　　数:	451 千字
版　　　次:	2010 年 8 月第 1 版　2012 年 8 月第 2 版　2013 年 12 月第 3 次印刷

ISBN 978-7-5635-3176-9　　　　　　　　　　　　　　　　　　　　　定　价:36.00 元

前　言

随着计算机科学技术、网络技术和多媒体技术的飞速发展,计算机在各方面的应用日益普及,现已成为人们提高工作质量和工作效率的必要工具,特别是 Internet 所提供的各种服务深刻地影响着人们的日常工作、学习、交往、娱乐等。因此,社会各行业都需要掌握计算机基本技能的人才,高等学校的计算机基础教育变得尤为重要。为了更好地完成“大学计算机基础”课程的教学目标,针对大学一年级学生的实际情况,结合多年来的教学经验,特编写本书和《大学计算机应用基础实验指导》,本书注重理论讲解,而《大学计算机应用基础实验指导》更注重实际操作。全书共分为 7 章:

第 1 章介绍了计算机的发展过程,重点介绍了我国在超级计算机方面的发展过程;计算机系统的组成及工作原理;微型计算机系统的硬件配置及软件的配置;计算机病毒的特点、预防的措施。

第 2 章介绍了操作系统的概念、功能,系统介绍了 Windows XP、Windows 7 操作系统对文件、文件夹的管理,对应用程序的管理,对磁盘和系统的管理等。

第 3 章介绍了 Word 2003、Word 2010 的功能,重点介绍了对文档的管理、文档的编辑、表格和图表的编辑、文档的美化与排版、文档的打印等操作。

第 4 章介绍了 Excel 2003、Excel 2010 的功能,重点介绍了 Excel 的基本操作、工作表美化与编辑、图表的美化与编辑、Excel 函数的应用、数据管理和工作表的打印等操作。

第 5 章介绍了 PowerPoint 2003、PowerPoint 2010 的基本操作、美化与排版、添加多媒体对象的方法设置对象的动画效果、设置演示文稿的播放效果、打印演示文稿等操作。

第 6 章介绍了计算机网络基础、数据通信基础、计算机网络系统的组成、组建局域网、接入 Internet 的方式、Internet 提供的服务。

第 7 章介绍了多媒体基础知识、多媒体计算机系统的组成、多媒体技术、多媒体常用工具。

本书从实际出发,以应用为目的,力求内容编排新颖、概念清楚、技术实用、通俗易懂,重视操作能力和综合应用,每章后都有一定数量的自测题,可以适应多层次分级教学,以满足不同学时教学的需要。

由于时间仓促,作者水平有限,不妥之处在所难免,敬请各位专家及读者批评指正。

作　者

目 录

大学计算机应用基础(第2版)

第1章 计算机系统

 本章学习重点：

1. 信息在计算机中的表示
2. 计算机系统的组成
3. 微型计算机系统的配置
4. 掌握常用软件的功能
5. 预防计算机病毒的措施

1.1 计算机基础知识

1.1.1 计算机的概念

现在，人们所谈的计算机（Computer）都是指电子数字计算机（Electronic Numerical Integrator 和 Computer）。它是一种能接收、存储信息和程序，并按照存储的程序，对输入的信息进行加工、处理，然后把处理结果输出的现代化智能电子设备。

1.1.2 计算机的分类

计算机按其规模、速度和功能等可分为：

（1）巨型计算机：又称为超级计算机，特点是高速度、大容量。主要应用于科学计算、互联网智能搜索、资源勘探、生物医药研究、航空航天装备研制、金融工程、新材料开发等方面。

（2）大型计算机：其特点是速度快、丰富的外部设备和功能强大的软件。主要应用于计算机中心和计算机网络中。

（3）小型机计算机：其特点是结构简单、成本较低、性能价格比突出。主要应用于企业管理、银行、学校等单位。

（4）微型计算机：其特点是体积小、重量轻、价格低，功能较全、可靠性高、操作方便等。现在已经进入社会的各个领域。

（5）单片机：把具有 CPU、RAM、ROM、I/O 接口和中断系统、定时器/计时器等功能等集成到一块硅片上构成的一个小而完善的微型计算机系统。其特点是体积小、质量轻、价格便宜。主要应用于仪器仪表、电子产品、家电、工业过程控制、安全防卫、汽车及通信系统、计算机外部设备等。

1.1.3　计算机的发展

1. 计算机发展的四个阶段

1946 年,世界上第一台计算机 ENIAC 在美国宾夕法尼亚大学诞生,如图 1-1 所示,短短的几十年,计算机随着电子元器件的发展而飞速发展,已经历了电子管计算机,晶体管计算机,中、小规模集成电路计算机,大规模和超大规模集成电路计算机四个阶段,一般我们把这四个阶段称为四代。

第一代电子管计算机(1946—1958 年)

由于这个阶段的计算机大都采用了电子管作为计算机的基本逻辑部件,体积庞大、耗电大、可靠性差、速度慢;支持的语言仅有机器语言、汇编语言;运算速度一般为每秒数千次至数万次;计算机主要用于军事和科学研究。

图 1-1　世界上第一台电子数字计算机

第二代晶体管计算机(1959—1964 年)

硬件方面,采用了晶体管作为计算机的主要电子器件,体积大大缩小,计算速度和可靠性有了大幅度提高;软件也有较大发展,出现了高级程序设计语言(如 FORTRAN、COBOL等),开始使用系统软件(监控程序)管理计算机。计算机不仅用于科学计算,而且应用于数据处理、事务处理和工业控制等领域。

第三代中、小规模集成电路计算机(1965—1970 年)

硬件方面,采用中小规模集成电路作为计算机的主要电子器件,内存用磁芯、半导体,外存用磁盘。速度一般为每秒几十万次至几百万次。在软件方面,由于出现了分时、实时等操作系统和计算机网络,软件发展迅速。计算机功能大大增强,应用更加广泛。

第四代大规模和超大规模集成电路计算机(1971 年至今)

硬件方面,采用大规模集成电路(LSI)和超大规模集成电路(VLSI)作为计算机的主要电子器件,以半导体存储器和磁盘为内、外存储器。计算机体积更小,可靠性和运算速度更高,成本更低。计算机的速度可达每秒运算几千万亿次。

2. 微型计算机的发展

20 世纪 70 年代,美国 Intel 公司将计算机的运算器和控制器集成在一块大规模硅芯片

2

上，研制出了第一块单片微处理器 Intel4004，同时 Intel 公司以微处理器 Intel4004 为核心研制出了世界上第一台 4 位微型计算机 MSC-4，这标志着新一代计算机，即微型计算机的诞生了。

微型计算机的发展是随着微处理器的发展而发展的，陆续诞生的微型计算机有 8 位机、16 位机、32 位机，还有 64 位高档微型计算机，如 Pentium Pro 机、Pentium Ⅱ 机、Pentium Ⅲ 机、Pentium Ⅳ 机。

微型计算机的体积越来越小、速度越来越快，功能越来越强、价格越来越便宜，支持的软件越来越多、应用越来越广泛，现已应用到社会的各个领域。

2004 年以前，微型计算机技术重点在于提升 CPU 的工作频率，但是 CPU 工作频率的提升遇到了一系列的问题，如能耗问题、发热问题、工艺问题、量子效应问题、兼容问题等。2005 年，微型计算机引用了多核 CPU，如双核、四核、六核、12 核、16 核，甚至更多核的 CPU 技术，使微型计算机的速度更快、功耗更低。

通过微型计算机发展的历程，我们可以了解到微型计算机的性能主要取决于它的核心器件即微处理器（CPU）的性能，由此可见，微型计算机的发展是随着微处理器的发展而发展的。

3. 超级计算机的发展

超级计算机就是巨型机，是世界公认的高新技术和 21 世纪最重要的科学领域之一。超级计算机整体性能的高低、速度的快慢标志一个国家的科学实力。

目前，研制超级计算机的国家有许多国家，如中国、日本、美国、俄罗斯等。2011 年全球超级计算机 500 强排行榜中，前 10 排行榜上，中国占据两席。世界上最快的超级计算机"京"（K Computer）是日本 RIKEN 高级计算科学研究院（AICS）与富士通的联合项目。该计算机的运行速度为每秒 8.16 千万亿次浮点计算（petaflop/s），由 68 544 个 SPARC64 VIIIfx 处理器组成，每个处理器均内置 8 个内核，总内核数量为 548 352 个。与其他超级计算机不同的是 K 超级计算机没有采用图形芯片等加速处理器。超级计算机"京"（K Computer）系统如图 1-2 所示。

图 1-2　日本"京"（K Computer）超级计算机系统

全球超级计算机排名第二的是中国"天河一号系统"。该计算机的计算能力达到了
2.57 petaflop/s。该系统采用了 CPU＋GPU 的混合架构。配有 14 336 颗 Intel Xeon
X5670 2.93GHz 六核心处理器、7 168 块 NVIDIA Tesla M2050 高性能计算卡,以及 2048
颗我国自主研发的飞腾 FT-1000 八核心处理器,总计 20 多万颗处理器核心,同时还配有专
有互联网络。目前,"天河一号"主要应用在资源勘探、生物医药研究、航空航天装备研制、金
融工程、新材料开发的研究。"天河一号系统"如图 1-3 所示。

图 1-3　中国超级计算机"天河一号系统"

全球超级计算机排名第三的是美国克雷公司美洲豹(Jaguar)。该系统采用了 AMD
Magny-Cours 核心六核 Opteron 处理器,其浮点运算速度达到了每秒 1 750 万亿次。主要
用于模拟气候变化、能源产生以及其他基础科学的研究。美国超级计算机"美洲豹"如图1-4
所示。

图 1-4　美国克雷公司美洲豹(Jaguar)系统

全球超级计算机排名第四的是中国"星云"系统。"星云"系统坐落于我国深圳国家超级

计算机中心,其运算峰值达到 3 petaflop/s,最大计算性能为 1.271 petaflop/s,并且是中国第一台、世界第三台实现双精度浮点计算超千万亿次的超级计算机,且其单位耗能所提供的性能达到了 4.98 亿次/瓦。"星云"系统如图 1-5 所示。

图 1-5 中国超级计算机"星云"系统

2011 年,全球超级计算机 TOP500 排名中,美国 275 台、中国 41 台、法国 26 台、德国 26 台、日本 26 台、英国 24 台、俄罗斯 11 台。中国在前十中占有 2 席。2011 年全球超级计算机 500 强排行榜中,前 10 名超级计算机的排名如表 1-1 所示。

表 1-1 全球超级计算机的排名前十名

全球排名	超级计算机的型号	研制公司或国家
1	京(K Computer)	日本 RIKEN 高级计算科学研究院(AICS)与富士通联合研制
2	天河一号	中国国防科学技术大学研制
3	美洲豹	美国克雷公司
4	星云	中国曙光公司
5	燕子 2.0	日本
6	天空	美国克雷公司
7	昴星团	美国
8	Hopper	美国
9	Tera-100	法国
10	走鹃	美国

我国从 1978 年开始研制超级计算机,承担这项研制任务的是国防科技大学计算机研究所。1983 年,由国防科技大学计算机研究所自行设计和研制的第一台每秒运算速度达亿次的超级计算机银河Ⅰ提前一年研制成功。通过鉴定,它的诞生标志着我国计算机技术水平踏上了一个新台阶。

1992 年,国防科技大学计算机系成功研制出了"银河Ⅱ"10 亿次巨型机,实现了从向量巨型机到处理并行超级计算机的跨越,成为继美国、日本之后,第三个实现 10 亿次超级计算机的国家。1994年,银河Ⅱ超级计算机在国家气象局投入正式运行,用于天气中期预报。

"银河"系列超级计算机如今广泛应用于天气预报、空气动力实验、工程物理、石油勘探、地震数据处理等领域,产生了巨大的经济效益和社会效益。中国超级计算机发展年谱如表1-2所示。

表 1-2 中国超级计算机发展年谱

超级计算机的型号	诞生时间	每秒运算速度(峰值)
银河—Ⅰ	1983 年	1 亿次
曙光一号	1992 年	6.4 亿次
银河—Ⅱ	1994 年	10 亿次
银河—Ⅲ	1997 年	130 亿次
神威—Ⅰ	1999 年	3840 亿次
深腾 1800	2002 年	1 万亿次
曙光 4000A	2003 年	10 万亿次
神威 3000A	2007 年	18 万亿次
深腾 7000	2008 年	106.5 万亿次
曙光 5000A	2008 年	230 万亿次
天河一号	2009 年	1206 万亿次
曙光星云	2010 年	1271 万亿次
天河一号	2011 年	2570 万亿次

2009年10月,我国千万亿次超级计算机"天河一号"研制成功,使我国成为世界第二个能够研制千万亿次超级计算机的国家。

1.1.4 未来计算机及计算机的发展趋势

计算机技术是世界上发展最快的科学技术之一,产品不断升级换代。当前计算机正朝着巨型化、微型化、智能化、网络化等方向发展,计算机本身的性能越来越优越,应用范围也越来越广泛,从而使计算机成为工作、学习和生活中必不可少的工具。计算机技术的发展主要有以下4个特点。

1. 多极化

如今,个人计算机已席卷全球,但由于计算机应用的不断深入,对巨型机、大型机的需求也稳步增长,巨型、大型、小型、微型机各有自己的应用领域,形成了一种多极化的形势。如巨型计算机主要应用于天文、气象、地质、核反应、航天飞机和卫星轨道计算等尖端科学技术领域和国防事业领域,它标志一个国家计算机技术的发展水平。目前运算速度为每秒几百亿次到几千万亿次的巨型计算机已经投入运行,并正在研制性能更高、速度更快、存储更大的巨型机。

2. 智能化

智能化使计算机具有模拟人的感觉和思维过程的能力,使计算机成为智能计算机。这也是目前正在研制的新一代计算机要实现的目标。智能化的研究包括模式识别、图像识别、自然语言的生成和理解、博弈、定理自动证明、自动程序设计、专家系统、学习系统和智能机器人等。目前,已研制出多种具有人的部分智能的机器人。未来人们可以用自然语言与计算机打交道,也可以用手写的文字打交道,甚至可以用表情、手势来与计算机沟通,使人机交流更加方便快捷。电子计算机从诞生起就致力于模拟人类思维,希望计算机越来越聪明,不仅能做一些复杂的事情,而且能做一些需"智慧"才能做的事,比如推理、学习、联想等。

随着 Internet 的普及,普通老百姓使用计算机的需求日益增长,这种强烈需求将大大促进计算机智能化方向的研究。

3. 网络化

网络化是计算机发展的又一个重要趋势。从单机走向联网是计算机应用发展的必然结果。所谓计算机网络化,是指用现代通信技术和计算机技术把分布在不同地点的计算机互联起来,组成一个规模大、功能强、可以互相通信的网络结构。网络化的目的是使网络中的软件、硬件和信息等资源能被网络上的用户共享。由于计算机网络实现了多种资源的共享和处理,提高了资源的使用效率,因而深受广大用户的欢迎,得到了越来越广泛的应用。

4. 多媒体化

多媒体技术融合了信息处理、计算机、网络与通信等多种学科,将文字、声音、图形、图像和视频等多种形式的媒体集成一个有机的整体,具有表现力丰富,符合人们的思维和认知习惯的特点,特别是在信息的表达方面具有巨大的优势,因此成为当今信息技术中的热点。时至今日,未来宽带多媒体技术的发展脉络已经非常清晰,从以 PC 技术为主体的计算机多媒体应用,到通信领域的各种多媒体实现,以及未来数字 3G 时代多网合一融合,宽带多媒体技术都是毋庸置疑的核心技术。网络环境的改善和传输带宽的增加,尤其是 IPv6 网络的建设和第三代移动通信技术的推出,为宽带多媒体技术带来了前所未有的发展契机,使计算机朝着人类接受和处理信息的最自然的方式发展。

随着大规模集成电路工艺的发展,芯片的集成度越来越高,也越来越接近工艺甚至物理的上限,最终,晶体管会变得只有几个分子那样小。以摩尔速度发展的微处理器使全世界的微电子技术专家面临着新的挑战。尽管传统的、基于集成电路的计算机短期内还不会退出历史舞台,但旨在超越它的超导计算机、神经网络计算机、化学计算机、生物计算机、光计算机、DNA 计算机和量子计算机正在跃跃欲试。

1.2 信息在计算机中的表示

计算机的基本功能是对数进行加工和处理。数在计算机中是以器件的物理状态来表示的。一个具有两种不同稳定状态而且能相互转换的器件,就可以用来表示一位二进制数。因此,二进制的表示最简单而且可靠。另外,二进制的运算规则也最简单。所以计算机中的数用二进制 0 和 1 表示。

1.2.1 进位计数制

数制也称计数制,是指用一组固定的符号和统一的规则来表示数值的方法。按进位的方法进行计数,称为进位计数制。数制的种类很多,但在日常生活中,最常使用的是十进制数。所谓十进制,就是逢十进一。除十进制外,还有十二进制、六十进制。在计算机中处理的数据都是二进制,由于二进制数的书写、阅读和记忆都不方便,因此人们又采用八进制和十六进制。

1. 十进制数

十进制数(Decimal)的特点:十进制数有 10 个数码(0~9),基数是 10,计数时逢 10 进 1,从小数点往左,其位权分别是 10^0,10^1,10^2,…,从小数点往右,其位权分别是 10^{-1},10^{-2}…。例如,$(1\ 234.5)_{10}=1\times10^3+2\times10^2+3\times10^1+4\times10^0+5\times10^{-1}$。

2. 二进制

二进制数(Binary)的特点:二进制数有两个数码(0,1),基数是 2,计数时逢 2 进 1,从小数点往左,其位权分别是 2^0,2^1,2^2,… 从小数点往右,其位权分别是 2^{-1},2^{-2},…。例如,$(1101.11)_2=1\times2^3+1\times2^2+0\times2^1+1\times2^0+1\times2^{-1}+1\times2^{-2}$。

3. 八进制数

八进制数(Octal)的特点:八进制数有 8 个数码(0~7),基数是 8,计数时逢 8 进 1,从小数点往左,其位权分别是 8^0,8^1,8^2,… 从小数点往右,其位权分别是 8^{-1},8^{-2},…。例如,$(1234.5)_8=1\times8^3+2\times8^2+3\times8^1+4\times8^0+5\times8^{-1}$。

4. 十六进制数

十六进制数(Hexadecimal)的特点:十六进制数有 16 个数码(0~9,A~F),其中 A~F 的值分别为 10~15,基数是 16,计数时逢 16 进 1,从小数点往左,其位权分别是 16^0,16^1,16^2,…,从小数点往右,其位权分别是 16^{-1},16^{-2},…。例如,$(1A2.C)16=1\times16^2+10\times16^1+2\times16^0+12\times16^{-1}$。

在计算机中,常用的是二进制、八进制和十六进制。其中,二进制用得最为广泛。计算机中常用的几种进制数的表示如表 1-3 所示。

表 1-3 常用的十进制、二进制、八进制和十六进制

进位制	二进制	八进制	十进制	十六进制
规则	逢二进一	逢八进一	逢十进一	逢十六进一
基数	$r=2$	$r=8$	$r=10$	$r=16$
数符	0,1	0~7	0~9	0~9,A~F
位权	2^i	8^i	10^i	16^i
形式表示	B(Binary)	O(Octal)	D(Decimal)	H(Hexadecimal)

1.2.2 数制转换

1. 二进制、八进制、十六进制转换成十进制

转换方法:只要将各位数码乘以各自的位权值,然后再累加即可得到对应的十进制数。

例 1:$(1101.11)_2 = 1 \times 2^3 + 1 \times 2^2 + 0 \times 2^1 + 1 \times 2^0 + 1 \times 2^{-1} + 1 \times 2^{-2}$
$$= 8 + 4 + 1 + 0.5$$
$$= 13.5$$

例 2:$(1234.5)_8 = 1 \times 8^3 + 2 \times 8^2 + 3 \times 8^1 + 4 \times 8^0 + 5 \times 8^{-1}$
$$= 512 + 128 + 24 + 4 + 0.625$$
$$= 668.625$$

例 3:$(1A2.C)_{16} = 1 \times 16^2 + 10 \times 16^1 + 2 \times 16^0 + 12 \times 16^{-1}$
$$= 256 + 169 + 2 + 0.75$$
$$= 427.75$$

2. 十进制转换成二进制、八进制、十六进制

转换方法如下:

(1) 整数部分的转换采用"除 2(或 8、16)取余,逆序读数法"。即一次次地去除,直到商为 0 为止,将得到的余数按出现的逆顺序读数。

(2) 小数部分的转换采用"乘 2(或 8、16)取整,顺序读数法"。即一次次地去乘,直到小数部分为 0 或达到有效的位数为止,将得到的整数按出现的顺序读数。

例 4:把十进制数 111 转换成二进制数。

$(111)_{10} = (1101111)_2$

```
2 | 111      余数          ↑
 2 | 55    … 1
  2 | 27   … 1            逆
   2 | 13  … 1            序
    2 | 6  … 1            读
     2 | 3 … 0            数
      2 | 1 … 1
          0 … 1
```

例 5:把十进制数 0.625 转换成二进制数。

$(0.625)_{10} = (0.101)_2$

```
        0.625
      ×   2
↓ 顺   1.250
  序   ×   2
  读   0.50
  数   ×   2
        1.0
```

例 6:把十进制数 6411 转换成八进制数。

$(6411)_{10} = (14413)_8$

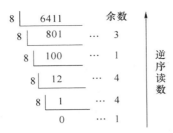

3. 二进制转换成八进制、十六进制数

由于二进制、八进制和十六进制之间存在特殊关系：一位八进制数相当于三位二进制数，一位十六进制数相当于四位二进制数，因此转换方法比较容易，如表1-4所示。

表1-4 二进制与八进制、十六进制之间的关系

八进制	对应二进制	十六进制	对应二进制	十六进制	对应二进制
0	000	0	0000	8	1000
1	001	1	0001	9	1001
2	010	2	0010	A	1010
3	011	3	0011	B	1011
4	100	4	0100	C	1100
5	101	5	0101	D	1101
6	110	6	0110	E	1110
7	111	7	0111	F	1111

根据表1-4中的关系，二进制转换八进制时，以三位为一组，不足三位时补0；二进制转换十六进制时，以四位为一组，不足四位补0。反之，八进制或十六进制转换为二进制时只要一位扩展为三位或四位即可。

例7：把二进制数(111101000110.011)转换成八进制数。

$(111101000110.011)_2 = (7506.3)_8$

$$\underset{7}{\underline{111}}\quad \underset{5}{\underline{101}}\quad \underset{0}{\underline{000}}\quad \underset{6}{\underline{110.}}\quad \underset{3}{\underline{011}}$$

例8：把二进制数(111101000110.011)转换成十六进制数。

$(111101000110.011)_2 = (f46.6)_{16}$

$$\underset{f}{\underline{1111}}\quad \underset{4}{\underline{0100}}\quad \underset{6}{\underline{0110.}}\quad \underset{6}{\underline{0110}}$$

4. 八进制、十六进制转换为二进制

转换方法：1位八进制数相当于3位二进制数，1位十六进制数相当于4位二进制数。

例9：把$(1327.125)_8$转换为二进制数。

```
 1    3    2    7.   1    2    5
001  011  010  111  001  010  101
```

例10：把$(1A7.B2)_{16}$转换为二进制数。

```
 1    A    7.    B     2
 1   1010  0111  1011  0010
```

1.2.3　信息单位

由于计算机中所有信息都是以二进制表示的,所以计算机中的信息单位都基于二进制。常用的信息单位有位、字节、千字节(KB)、兆字节(MB)、吉字节(GB)、太字节(TB)。

位:也称比特,记为 bit 或 b,是最小的信息单位,表示 1 个二进制数位。例如 $(10101101)_2$ 占有 8 位。

字节:记为 Byte 或 B,是计算机中信息的基本单位,表示 8 个二进制数位。例如 $(10101101)_2$ 称为 1 个字节。1 Byte=8 bit;1 KB=1 024 B;1 MB=1 024 KB;1 GB=1024 MB;1 TB=1 024 GB。

1.2.4　信息编码

计算机中的信息包括数据信息和控制信息,数据信息又可分为数值和非数值信息。非数值信息和控制信息包括字母、各种控制符号、图形符号等,它们都以二进制编码方式存入计算机并得以处理,这种对字母和符号进行编码的二进制代码称为字符代码。计算机中常用的字符编码有 ASCII(码即美国标准信息交换码)。

1. ASCII 码

计算机的内部存储与操作常以字节(即 8 个二进制位)为单位,标准 ASCII 码只使用了前 7 位。当最高位为 1 时,又可引出 128～255 共 128 个编码,用 128 种编码来表示 128 种字符,包括大小字母、0…9、其他符号、控制符。ASCII 表如 1-5 所示。

表 1-5　ASCII 字符集

ASCII 值	控制字符	ASCII 值	控制字符	ASCII 值	控制字符	ASCII 值	控制字符
0	NUT	32	(space)	64	@	96	、
1	SOH	33	!	65	A	97	a
2	STX	34	"	66	B	98	b
3	ETX	35	#	67	C	99	c
4	EOT	36	$	68	D	100	d
5	ENQ	37	%	69	E	101	e
6	ACK	38	&.	70	F	102	f
7	BEL	39	,	71	G	103	g
8	BS	40	(	72	H	104	h
9	HT	41	)	73	I	105	i
10	LF	42	*	74	J	106	j
11	VT	43	+	75	K	107	k
12	FF	44	,	76	L	108	l
13	CR	45	—	77	M	109	m
14	SO	46	.	78	N	110	n
15	SI	47	/	79	O	111	o

ASCII 值	控制字符	ASCII 值	控制字符	ASCII 值	控制字符	ASCII 值	控制字符
16	DLE	48	0	80	P	112	p
17	DCI	49	1	81	Q	113	q
18	DC2	50	2	82	R	114	r
19	DC3	51	3	83	X	115	s
20	DC4	52	4	84	T	116	t
21	NAK	53	5	85	U	117	u
22	SYN	54	6	86	V	118	v
23	TB	55	7	87	W	119	w
24	CAN	56	8	88	X	120	x
25	EM	57	9	89	Y	121	y
26	SUB	58	:	90	Z	122	z
27	ESC	59	;	91	[	123	{
28	FS	60	<	92	/	124	|
29	GS	61	=	93	]	125	}
30	RS	62	>	94	`	126	~
31	US	63	?	95	—	127	DEL

2. 汉字编码

计算机中汉字的表示也是用二进制编码,同样是人为编码的。根据应用目的的不同,汉字编码分为外码、交换码、机内码和字形码。

(1) 外码(输入码)

外码也叫输入码,是用来将汉字输入到计算机中的一组键盘符号。目前常用的输入码有拼音码、五笔字型码、自然码、表形码、认知码、区位码和电报码等,一种好的编码应有编码规则简单、易学好记、操作方便、重码率低、输入速度快等优点,每个人可根据自己的需要进行选择。例如智能 ABC、五笔字型输入法等。

(2) 交换码

计算机内部处理的信息,都是用二进制代码表示的,汉字也不例外。而二进制代码使用起来是不方便的,于是需要采用信息交换码。中国标准总局 1981 年制定了中华人民共和国国家标准 GB2312—80《信息交换用汉字编码字符集——基本集》,即国标码。GB2312—80标准包括了 6 763 个汉字,按其使用频度分为一级汉字 3 755 个和二级汉字 3 008 个。一级汉字按拼音排序,二级汉字按部首排序。此外,该标准还包括标点符号、数种西文字母、图形、数码等符号 682 个。

区位码是国标码的另一种表现形式,把国标 GB2312—80 中的汉字、图形符号组成一个9494 的方阵,分为 94 个"区",每区包含 94 个"位",其中"区"的序号由 01～94,"位"的序号也是从 01～94。94 个区中位置总数=94×94＝8 836 个,其中 7 445 个汉字和图形字符中的每一个占一个位置后,还剩下 1 391 个空位,这 1 391 个位置空下来保留备用。

（3）机内码

根据国标码的规定,每一个汉字都有了确定的二进制代码,在微机内部汉字代码都用机内码,在磁盘上记录汉字代码也使用机内码。

（4）汉字的字形码

字形码是汉字输出（显示、打印）用的二进制信息,也称字模,如图1-6所示。通常用 16×16、24×24,32×32,64×64 等点阵来显示汉字。例如,在 16×16 的点阵中,需 16×16 bit＝32 B 的存储空间。在相同点阵中,不管其笔划繁简,每个汉字所占的字节数相等。

为了节省存储空间,普遍采用了字形数据压缩技术。所谓的矢量汉字是指用矢量方法将汉字点阵字模进行压缩后得到的汉字字形的数字化信息。

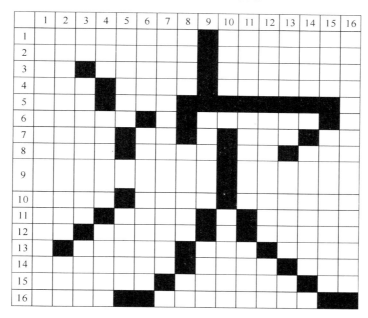

图1-6　字模

3．图形数字化

在计算机中存储和处理图形同样要用二进制数字编码的形式。要表示一幅图片或屏幕图形,最直接的方式是"点阵表示"。在这种方式中,图形由排列成若干行、若干列的像元组成,形成一个像元的阵列。阵列中的像元总数决定了图形的精细程度。像元的数目越多,图形越精细,其细节的分辨程度也就越高,但同时也必然要占用更大的存储空间。对图形的点阵表示,其行列数的乘积称为图形的分辨率。例如,若一个图形的阵列总共有480行,每行640个点,则该图形的分辨率为 640×480。这与一般电视机的分辨率差不多。

像元实际上就是图形中的一个个光点,一个光点可以是黑白的,也可以是彩色的,因而一个像元也可以有以下几种表示方式。

（1）黑白色

假设一个像元只有纯黑、纯白两种可能性,那么只用一个二进位就可以表示了。这时,一个 640×480 的像元阵列需要 $640 \times 480/8＝38\ 400$ B＝37.5 KB。

由黑白二色像元构成的图形也可以用像元的灰度来模拟彩色显示,一个像元的灰度就是像元的黑的程度,即介于纯黑和纯白之间的各种情况。计算机中采用分级方式表示灰度:例如分成 256 个不同的灰度级别(可以用 0~255 的数表示),用 8 个二进位就能表示一个像元的灰度。采用灰度方式,使图形的表现力增强了,但同时存储一幅图形所需要的存储量也增加了。例如采用上述 256 级灰度,与采用 256 种颜色一样,表示一幅 640×480 的图形就需要大约 30 万个字节(300 KB)。

(2) 256 色

假设一个像元至少要有四种颜色,那么至少要用两个二进位来表示。如果用一个字节来表示一个像元,那么一个像元最多可以有 256 种颜色。这时,一个 640×480 的像元阵列需要 640×480 = 307 200 B=300 KB。

(3) 真彩色图形

由光学关于色彩的理论可知,任何颜色的光都可以由红、绿、蓝三种纯的基色通过不同的强度混合而成。所谓"真彩色"的图形,就是用三个字节表示一个点(像元)的色彩,其中每个字节表示一种基色的强度,强度分成 256 个级别。不难计算,要表示一个 640×480 的"真彩色"的点阵图形,需要将近 10^6(1MB)的存储空间。

图形的点阵表示法的缺点是:经常用到的各种图形,如工程图、街区分布图、广告创意图等基本上都是用线条、矩形、圆等基础图形元素构成的,图纸上绝大部分都是空白区,因而存储的主要数据是 0(白色用"0"表示,也占用存储),浪费了存储空间。而真正需要精细表示的图形部分却不精确。图形中的对象和它们之间的关系没有明确地表示出来,图形中只有一个一个的点。点阵表示的另一个缺点是:如果取出图形点阵表示的一个小部分加以放大,图的每个点就都被放大,放大的点构成的图形实际上更加粗糙了。

为了节约存储空间并且适合图形信息的高速处理,出现了许多其他图形表示方法。这些方法的基本思想是用直线来逼近曲线,用直线段两端点位置表示直线段,而不是记录线上各点。这种方法简称为矢量表示方法。采用这类方法表示一个图形可以只用很少的存储量。另外,采用解析几何的曲线公式也可以表示很多曲线形状,这称为图形曲线的参数表示方法。由于存在着多种不同的图形编码方法,图形数据的格式互不相同,应用时常会遇到数据不"兼容"的问题,不同的图形编码体制之间必须经过转换才能互相利用。

4. 声音信息的数字化

自然界的声音是一种连续变化的模拟信息,可以采用 A/D 转换器对声音信息进行数字化。

5. 视频信息的数字化

视频信息可以看成由连续变换的多幅图像构成,播放视频信息,每秒需传输和处理 25 幅以上的图像。视频信息数字化后的存储量相当大,所以需要进行压缩处理。

1.3　计算机系统的组成

计算机系统由硬件系统和软件系统两大部分组成。硬件系统部件是计算机进行工作的物质基础,计算机的整体性能(如运算速度、精度、存储容量、可靠性等)在很大程度上取决于硬件的配置。软件系统都是建立在硬件基础之上的,是对硬件功能的完善和扩充。离开了硬件,软件一事无成。这两者是相互依存、相互渗透、相互促进的关系。计算机系统的组成如图 1-7 所示。

图 1-7　计算机系统的组成

1.3.1　计算机硬件系统

1. 计算机系统的结构

自从 1946 年第一台计算机诞生至今已经过去了半个多世纪,各种计算机系统,无论是简单的单片机、单板机系统,还是较复杂的 PC,从硬件体系结构来看,采用的基本结构仍然是冯·诺依曼结构。

1945 年,美籍匈牙利科学家冯·诺依曼领导设计 EDVAC(电子离散变量自动计算机)时,提出了两项重大改进:第一,计算机内部采用二进制;第二,采用了存储程序方式控制计算机的操作过程,简化了计算机结构,并成功地运用到了计算机的设计之中。根据这一原理制造的计算机被称为冯·诺依曼结构计算机。由于他对现代计算机技术的突出贡献,因此他被称为"计算机之父",如图1-8 所示。

图 1-8　冯·诺依曼

冯·诺依曼的"存储程序"原理可以简化概括为:

① 计算机由运算器、控制器、存储器、输入/输出设备五部分构成。

② 计算机内部应采用二进制来表示指令和数据。

③ 将编写的程序和数据送到内存储器,然后计算机自动地逐条取出指令和数据进行分析、处理和执行。典型的冯·诺依曼计算机是以运算器为中心,现代的计算机已转化为以存储器为中心,计算机硬件系统的基本结构如图 1-9 所示。图中实线为控制线,虚线为反馈线,双向线为数据线。

(1)运算器

运算器又称算术逻辑部件,它是对信息或数据进行运算和处理的部件,完成算术运算和逻辑运算。算术运算是按照算术规则进行加、减、乘、除等;逻辑运算是指非算术的运算,如与、或、非、异或、比较、移位等。

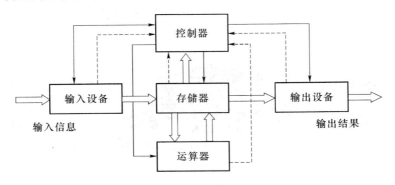

图 1-9　计算机硬件系统的基本结构

（2）控制器

控制器主要由指令寄存器、译码器程序计数器和操作控制器等部件组成。主要负责从存储器中读取程序指令并进行分析,然后按时间先后顺序向计算机的各部件发出相应的控制信号,以协调、控制输入输出操作和对内存的访问。

（3）存储器

存储器是存储如程序和数据等的部件或装置。存储器分为主存储器（如内存 RAM、ROM)和辅助存储器(外存硬盘、U 盘、移动硬盘、光盘)。

（4）输入设备

用来把计算机外部的程序、数据等信息送入到计算机内部的设备。输入设备有磁盘、鼠标、键盘、光笔、扫描仪、麦克风等。

（5）输出设备

用来把计算机的内部信息输出,常用的输出设备有显示器、打印机等。

现代计算机的结构主要由三大部分组成:微处理器(Central Pocessing Unit CPU)、输入/输出设备(Input/Output)及主存储器 MM(Main Memary)。其中 CPU 与 MM 合起来称为主机。I/O 设备称为外设。存储器分为主存储器 MM 和辅助存储器,主存可直接与 CPU 交换信息;辅助存储器又称为外存,用于存储文件和数据。ALU 和 CU 是 CPU 的核心部件,其中 ALU(Arithmetic Logic Unit)为算术逻辑运算单元,主要用来完成算术、逻辑运算;CU(Control Unit)叫做控制单元,用来解释存储器中的指令,并发出各种操作命令来执行指令,如图 1-10 所示。

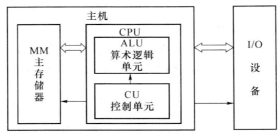

图 1-10　计算机硬件系统框图

计算机中的 CPU、I/O 输入输出设备接口及主存储器 MM 三部分之间是通过系统总线联系在一起的,即数据总线(Data Bus,DB)、地址总线(Address Bus,AB)和控制总线(Control Bus,CB)。其结构框图如图 1-7 所示。目前,计算机系统总线采用的是点对点串行连接结构 PCI Express,比起 PCI 以及更早期的计算机总线的共享并行架构,支持多个外围设备,与 CPU 时钟无关,并用严格的规定来保证高度的可靠性和兼容性,其主要特点是每个设备都有自己的专用连接,不需要向整个总线请求带宽,而且可以把数据传输率提高到一个很高的频率,达到 PCI 所不能提供的高带宽。相对于传统 PCI 总线在单一时间周期内只能实现单向传输,PCI Express 的双单工连接能提供更高的传输速率和质量。由于它与操作系统无关,所以也保证了它与原有 PCI 的兼容性,也就是说在很长一段时间内在主板上 PCI Express 接口和 PCI 接口共存,给用户的升级带来了方便。

2. 计算机的工作原理

(1)指令、指令系统和程序

指令:一个指令规定计算机执行一个基本操作。

指令系统:一种计算机所能识别的指令集合称为该类计算机的指令系统。计算机指令包括数据处理指令(加、减、乘、除等)、数据传送指令、程序控制指令、状态管理指令,等等。整个内存被分成若干个存储单元,每个存储单元一般可存放 8 位二进制数(如指令、数据)。为了能有效地存取该单元内存储的内容,每个单元都给出了一个唯一的编号来标识,即地址。

程序:程序是计算机的一组指令,经过编译和执行才能最终完成一个完整的任务。程序设计的结果就是软件。

(2)计算机的工作原理

按照冯·诺依曼存储程序的原理,计算机在执行程序时,首先要把指挥计算机如何进行操作的指令序列,通过输入设备输送到计算机内存储器中。每一条指令中明确规定了计算机完成的动作,即从哪个地址取数据,进行什么操作,然后送到哪个地址单元去等步骤。计算机执行指令时,先从内存中取出第一条指令,通过控制器分析指令(指令译码),如果是一条运算指令,控制器根据指令的要求,从存储器中取出数据进行指定的运算和逻辑操作等加工,然后再按地址把结果送到内存中去。接下来,再取出第二条指令,如果是一条控制指令,控制器根据指令的要求产生出实现指令功能所需要的全部动作的控制信号。这些控制信号按照一定的时间顺序发往各个部件,控制各部件的动作。如此循环下去直到程序结束指令时才停止执行。

计算机自动执行程序的过程,可以归结为逐条执行指令的过程。一条指令的执行又可分为以下三个基本操作:

① 取指令:从存储器某个地址中取出要执行的指令送到 CPU 的指令寄存器中。

② 分析指令:将指令寄存器中的指令送到指令译码器,译出该指令对应的操作。

③ 执行指令:根据指令译码,向各个部件发出相应控制信号,完成指令规定的操作。同时为执行下一条指令做好准备,即形成下一条指令地址。

1.3.2 计算机软件系统

计算机软件系统分为系统软件和应用软件两大类。软件一般指计算机所运行的程序及

17

其相关的文档数据的集合。软件以二进制编码的形式存储在计算机的存储器中。

系统软件是指管理、监控和维护计算机资源(包括硬件资源和软件资源)的软件,它主要包括操作系统、各种程序设计语言、数据库管理系统以及实用工具软件等。

应用软件是指用户为解决各种实际问题而编制的计算机程序及其相关的文档数据的集合。由于计算机的应用越来越广,目前已经渗透到了社会的各个领域,所以应用软件是各种各样的层出不穷。例如,各种用于科学计算的软件,字处理软件,计算机辅助设计软件、辅助制造软件、辅助教学软件软件,各种图形软件、网络应用软件、工业控制软件等。

硬件系统与软件之间的层次关系:操作系统是安装在计算机硬件系统上的第一个软件,它是对计算机硬件功能的首次扩充。操作系统属于系统软件,但所有的系统软件必须在操作系统的支持下安装并运行。各层之间的关系如图1-11所示。

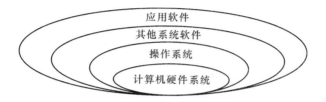

图 1-11　计算机硬件系统与软件系统的层次关系

1. 系统软件

系统软件是计算机设计制造者提供的,用来控制计算机运行,管理计算机的各种资源,并为应用软件提供支持和服务的一类软件。

系统软件包括操作系统、各种程序设计语言、语言编译系统、数据库管理系统、实用工具软件等。

(1) 操作系统

操作系统(Operating System,OS)是一个庞大的管理控制软件。主要用于管理计算机硬件、软件资源,合理地组织计算机的工作流程,协调计算机系统的各部件之间的关系,控制程序运行,完成用户指定的任务。从用户的角度来看,当计算机安装了操作系统以后,用户不再直接操作计算机硬件,而是利用操作系统所提供的操作界面来使用计算机,目前常用的操作系统软件有 UNIX、Linux、Windows XP、Windows 7 等。

操作系统的主要功能包括资源管理、程序控制和人机交互。

① 资源管理:系统的硬件资源和软件资源都由操作系统根据用户需求按一定的策略分配和调度。

② 程序控制:一个用户程序的执行自始至终是在操作系统控制下自动执行的。操作系统控制用户程序的执行,其执行过程为调入相应的编译程序,将用用户程序设计语言编写的源程序编译成计算机可执行的目标程序,分配内存储等资源将程序调入内存并执行。

③ 人机交互:人机交互主要依靠输入、输出的外部设备和相应的软件来完成。可供人机交互使用的设备主要有键盘、显示器、鼠标、各种模式识别设备等。与这些设备相应的软件就是操作系统,提供人机交互的操作命令和操作界面。随着计算机技术的发展,操作命令

也越来越多,操作界面越来越便捷,功能也越来越强。

(2)计算机语言

人们要利用计算机解决实际问题,首先要编制软件。所有的软件用计算机语言编写的。目前,计算机语言有机器语言、汇编语言和高级语言三类。

① 机器语言:机器语言是一种最初级的计算机语言,它依赖于硬件。用机器语言编程时,所有的指令都要用1、0组成的二进制编码形式表示,对于程序员来说很难记,容易出错,修改起来很困难。但是可以被计算机直接执行。

② 汇编语言:汇编语言是一种使用助记符号和地址符号来表示指令的计算机语言,每条指令有明显的标识,易于理解和记忆。用汇编语言编写的程序称为源程序,可读性比机器语言要好,容易查错,修改也方便。用汇编语言编写的程序机器不能直接识别,必须通过翻译程序把它转换成机器语言程序才能执行。现在广泛用于实时控制等领域中。

③ 高级语言:高级语言又称算法语言,是一种接近自然语言、数学符号的编程语言。其特点是独立性、通用性和可移植性好。高级语言较之汇编语言更接近于自然语言,但是用高级语言编写的源程序,机器不能直接识别,必须通过语言编译系统把高级语言源程序翻译成机器能识别的目标程序。高级语言有C++、Java、标准C等,还有面向对象的可视化编程语言,如 Visual Basic、Visual C++等。

(3)语言编译系统

语言编译系统一种把高级语言编写的源程序翻译成机器语言程序的软件。源程序编译成功目标程序后就可以脱离编译程序环境独立存在而运行,我们把整个翻译过程称为编译过程,如图1-12所示。

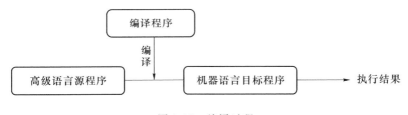

图1-12 编译过程

(4)数据库管理系统

数据库管理系统是一种操纵和管理数据库的大型软件,是用于建立、使用和维护数据库,简称DBMS。它对数据库进行统一的管理和控制,以保证数据库的安全性和完整性。用户通过DBMS访问数据库中的数据,数据库管理员也通过DBMS进行数据库的维护工作。

常见的数据库管理系统有 Oracle、Access、SQL Server 、MySQL 和 DB2 等。

2. 应用软件

应用软件是指针对用户的某种应用目的所开发的软件。常见的应用软件有 Macromedia Dreamweaver、Macromedia Fireworks、Macromedia Flash、Photoshop、CAD、IE 浏览器、Office 2003 办公软件、Cuteftp、Foxmail、Outlook Express 等。

1.4 微型计算机系统的配置

1.4.1 硬件配置

根据不同的用户群体,计算机生产商将计算机分为家用机、商用机、笔记本计算机和服务器四类计算机。其中服务器要求稳定性、安全性和系统性能比普通计算机更高一些,CPU、芯片组、内存、磁盘系统和网络等硬件均采用服务器专用配置。目前,国内计算机的品牌生产厂商主要有联想、方正、清华同方、TCL、海尔、神舟、七喜等。国外计算机的品牌有 HP(惠普)、Dell(戴尔)、东芝等。

从外观上来看,一个完整的微型计算机系统是由主机、显示器、鼠标、键盘和外部设备组成的。主机中包括主板、CPU、内存条、显卡、电源、硬盘驱动器、光盘驱动器、输入设备、输出和外部设备组成。下面对微型计算机的主要部件进行介绍。

1. 主板

主板(main board)是 PC 最重要的部件之一。随着主板技术的发展,BTX 结构技术已经成熟,BTX 结构是英特尔制定的最新一代主板结构。主板上安装了组成计算机的主要电路系统,一般有北桥、南桥芯片,CMOS 芯片,CPU 插槽,内存插槽,扩展卡插槽,硬盘、光驱及软驱接口,集成在主板上的各种其他附加功能芯片及其接口,以及指示灯接口,电源接口等元件。目前,常用的主板品牌有华硕、技嘉、微星和精英等。华硕(ASUS)RAMPAGE IV EXTREME 主板如图 1-13 所示。

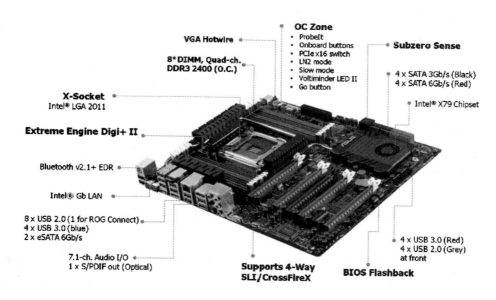

图 1-13 华硕(ASUS)RAMPAGE IV EXTREME 主板

主板上配备的各种接口:

① CPU 接口

CPU 需要通过某个接口与主板连接的才能进行工作。目前 CPU 的接口都是针脚式接口,对应到主板上就有相应的插槽类型。CPU 接口类型不同,在插孔数、体积、形状都有变化,所以不能互相接插。

② 内存接口

微型计算机内存基本使用 168Pin 和 184Pin 接口,而笔记本计算机内存一般采用 144Pin、200Pin 接口,对应于内存所采用的不同的针脚数,内存插槽类型也各不相同。目前微型计算机系统主要有 SIMM、DIMM 和 RIMM 三种类型的内存插槽,而笔记本计算机内存插槽则是在 SIMM 和 DIMM 插槽基础上发展而来,基本原理并没有变化,只是在针脚数上略有改变。

③ 并行打印机接口

在计算机中,采用的是 25 针 D 形接头,被标记为 LPT1 并行接口。该接口主要连接打印机。

④ IDE 硬盘和光盘驱动器驱接口

IDE 接口属于外部接口,主要接硬盘和光盘驱动器驱。

⑤ SATA 硬盘接口

SATA 接口属于新型硬盘接口,以快速连续串行的方式传送数据。

⑥ PCI-E 总线接口

PCI-E 是新的总线和接口的标准,采用了点对点串行连接,比起 PCI 以及更早期的计算机总线的共享并行架构,每个设备都有自己的专用连接,不需要向整个总线请求带宽,而且可以把数据传输率提高到一个很高的频率,达到 PCI 所不能提供的高带宽。

PCI-E 的接口根据总线位宽不同而有所差异,PCI-E 的规范主要是为了提升计算机内部所有总线的速度,因此频宽有多种不同规格标准,其中 PCIe x16 是专为显卡所设计的部分。AGP 的资料传输效率最高为 2.1GB/s,不过对上 PCI-Ex16 的 8GB/s。

⑦ USB 串行接口

USB 接口是一种应用在 PC 领域的串行总线标准,主要用于 PC 与外围设备的互联。随着计算机应用的发展,外设越来越多,U 盘、照相机、键盘、调制解调器、扫描仪、鼠标等各种各样的外设使计算机本身所带的有限接口显得异常紧张。

2. CPU 微处理器

CPU 又叫中央处理单元(Central Processing Unit,CPU)。它是计算机系统的核心,中央处理器由运算器和控制器组成,并采用超大规模集成电路工艺制成芯片。CPU 的性能直接影响着计算机的整体性能。

CPU 的主要技术指标有:核心数量、主频、总线频率、外频、L1、L2 和 L3 缓存、CPU 架构等。常见的品牌有美国的 Intel 公司和 AMD 公司。Intel 32 纳米酷睿 i7 六核处理器如图 1-14 所示。

CPU 的性能指标如下:

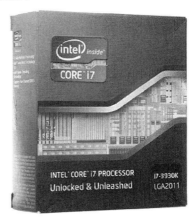

图 1-14　Intel 酷睿 i7 六核 CPU

① 核心数量:与传统的单核 CPU 相比,核心数量越多(双核、四核 CPU 等)带来了更强的并行处理能力,并大大减少了 CPU 的发热和功耗。

② 主频:主频也叫时钟速度(Clock Speed),表示在 CPU 内数字脉冲信号振荡的速度。主频越高,CPU 在单位时间内所能完成的指令数也就越多,CPU 的运算速度也就越快。

③ 外频:外频是 CPU 与主板之间同步运行的速度。

④ 倍频:倍频是 CPU 的运行频率与整个系统外频之间的倍数。在相同的外频下,倍频越高,CPU 的频率也越高。

⑤ 缓存:缓存又称为高速缓存,是可以进行高速数据传输的存储器。由于 CPU 的运行速度远远高于内存和硬盘等存储器,因此有必要将常用的指令和数据等放进缓存,让 CPU 在缓存中直接读取,以提升计算机的性能。

3. 主板芯片组

主板芯片组(chipset)是主板的核心组成部分。芯片组性能的优劣,直接决定了主板性能的好坏与级别的高低。目前,生产芯片组的厂家有英特尔(美国)、VIA(中国台湾)、SiS(中国台湾)、AMD(美国)、NVIDIA(美国加州)等几家,但生产主板的厂家却很多。

4. 随机存储器 RAM

随机存储器(Random Access Memory)又叫内存。它是计算机中具有记忆和存储功能的部件。计算机中的全部信息,包括输入的原始信息、中间结果、最后处理的结果以及对输入的信息进行加工处理的程序都存储在存储器中。存储器由许多存储单元组成的,每个单元存放一个字节的信息,也就是 8 位二进制码。为了实现对存储单元中信息进行取出或存储的操作,对每个存储单元进行了编码,这个编号称为存储单元地址。存储器中所有存储单元的总和则称为存储容量。

内存的特点是存取速度快、容量小,只用于暂时存放程序和数据,关闭电源或发生断电后,其中的程序和信息将全部丢失。

目前,大多计算机使用的内存条是 DDR2、DDR3。常见的品牌有现代(Hynix)、三星(Samsung)、金士顿(Kingston)、胜创(Kingrmax)和海盗旗(Corsair)等。如图 1-15 所示。

图 1-15　现代 2GB DDR3 1066Mhz

5. 显卡

显卡,又叫显示器接口卡(Video card,Graphics card)。它是连接主机与显示器的接口卡。其作用是将主机的输出信息转换成字符、图形和颜色等信息，传送到显示器上显示。显示卡插在主板的 PCI-E 插槽中。独立显卡比集成在主板上的显卡有更好的显示效果和性能，容易进行显卡的硬件升级。目前的主流显卡分 ATi 和 nVIDIA 两家的产品，当然他们只出芯片，具体的板卡厂商很多了。常见的品牌有蓝宝石、华硕、迪兰、技嘉、恒进、丽台、XFX 讯景、映众、微星、艾尔莎、富士康、捷波等。如图 1-16 所示。

图 1-16　华硕 EAH6850 DC/2DIS/1GD5

6. 外存储器

外存储器是指 CPU 不能直接访问的存储器，它需要经过内存与 CPU 及 I/O 设备交换信息，用于长久地存放大量的包括暂不使用的程序和数据。外存储器的特点容量大、速度慢、断电后数据不会丢失。随着硬盘技术飞速的发展，硬盘的容量越来越大，从 80GB 到 2TB，硬盘技术还在继续向前发展，更大容量的硬盘还将不断推出。在微型计算机中，常用的外存有硬盘、U 盘、移动硬盘和光盘。常见的品牌有希捷、日立、三星、迈拓、富士康、东芝等。如图 1-17 所示。

图 1-17　三星 SSD 830 Series SATA III

7．输入设备

输入设备负责将程序、数据送入计算机,如字符、图形、图像、声音等,并将其转化为计算机所能识别和接受的信息方式,并顺利送入存储器。常用的输入设备有键盘、鼠标、光笔、触摸屏、条形码扫描器、扫描仪、数码照相机(图 1-18)、麦克风等。目前,微型计算机配置的标准输入设备有键盘、光电鼠标。

图 1-18　索尼 A900 照相机

8．输出设备

输出设备负责将计算机处理结果输出到输出设备。常用的输出设备有液晶显示器、音箱、打印机、绘图仪、扫描仪等。

（1）显示器

目前,微型计算机配置的显示器设备为 19 寸的,分辨率为 1440×900 的平面超薄的液晶显示器或称 LCD(Liquid Crystal Display)。液晶显示器具有机身薄、节省空间、省电、不产生高温、无辐射、益健康、画面柔和、眼睛不容易疲劳等优点。常见的品牌有三星 LG、夏普、苹果、飞利浦、戴尔、长城、明基、宏基等。如图 1-19 所示。

图 1-19　三星液晶显示器 S22B360HW

液晶显示器的技术参数:

① 可视面积:液晶显示器所标示的尺寸与实际可以使用的屏幕范围一致。例如,一个

15.1 英寸的液晶显示器约等于 17 英寸 CRT 屏幕的可视范围。

② 点距:点距点距指屏幕上相邻两个同色像素单元之间的距离,即两个红色(或绿、蓝)像素单元之间的距离。举例说明液晶显示器的点距是如何计算出来的,一般 14 英寸 LCD 的可视面积为 285.7 mm×214.3 mm,它的最大分辨率为 1 024×768,那么点距就等于:可视宽度/水平像素(或者可视高度/垂直像素),即 285.7 mm/1 024 = 0.279 mm 或者是214.3 mm/768=0.279 mm。

③ 色彩度:LCD 重要的当然是的色彩表现度。我们知道自然界的任何一种色彩都是由红、绿、蓝三种基本色组成的。LCD 面板上是由 1 024×768 个像素点组成显像的,每个独立的像素色彩是由红、绿、蓝(R、G、B)三种基本色来控制。大部分厂商生产出来的液晶显示器,每个基本色(R、G、B)达到 6 位,即 64 种表现度,那么每个独立的像素就有 64×64×64=262 144 种色彩。也有不少厂商使用了所谓的 FRC(Frame Rate Control)技术以仿真的方式来表现出全彩的画面,也就是每个基本色(R、G、B)能达到 8 位,即 256 种表现度,那么每个独立的像素就有高达 256×256×256=16 777 216 种色彩了。

④ 对比度(对比值):对比度是重要指标之一。对比值是定义最大亮度值(全白)除以最小亮度值(全黑)的比值。LCD 制造时选用的控制 IC、滤光片和定向膜等配件,与面板的对比度有关,对一般用户而言,对比度能够达到 350∶1 就足够了,但在专业领域这样的对比度平还不能满足用户的需求。

⑤ 亮度:液晶显示器的最大亮度,通常由冷阴极射线管(背光源)来决定,亮度值一般都在 200~250 cd/m² 间。技术上可以达到高亮度,但是这并不代表亮度值越高越好,因为太高亮度的显示器有可能使观看者眼睛受伤。LCD 是一种介于固态与液态之间的物质,本身是不能发光的,需借助要额外的光源才行。因此,灯管数目关系着液晶显示器亮度。

(2)打印机

目前,微型计算机配的打印机多数为激光打印机和喷墨打印机。喷墨打印机突出的优点有体积小、操作简单方便、打印噪音低、使用专用纸张时可以打出和照片相媲美的图片等;而激光打印机是将激光扫描技术和电子照相技术相结合的输出设备,具有打印速度快、成像质量高等优点,但使用成本相对高一些。

1.4.2 软件配置

1. 系统软件

(1)操作系统

在微型计算机安装的第一个软件就是操作系统。目前,大多数微型计算机上安装的操作系统为 Windows XP 或 Windows 7。

(2)驱动程序

驱动程序(Device Driver)全称为"设备驱动程序",是一种可以使计算机和设备通信的特殊程序,可以说相当于硬件的接口,操作系统只能通过这个接口,才能控制硬件设备进行工作,例如打印机设备的驱动程序未能正确安装,则不能正常工作。

一般需要安装主板驱动、显卡驱动、声卡驱动、网卡驱动。笔记本计算机的话还会有键盘驱动、猫驱动、无线网卡驱动、蓝牙驱动、摄像头驱动、红外设备驱动等。在安装操作系统时,例如 Windows XP、Windows 7,系统会自动安装各个硬件的驱动程序,如图 1-20 所示。

如果有带黄色问号或叹号的设备,说明该设备的驱动未被成功安装,此时需要插入买计算机时自带的驱动程序光盘进行安装。

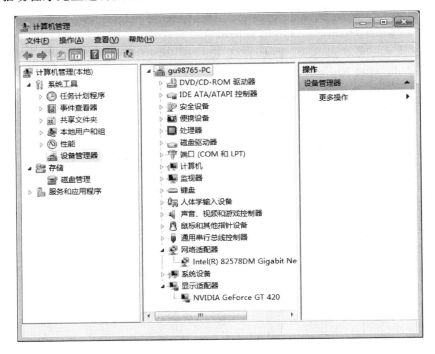

图 1-20　检查硬件驱动程序

2. 系统维护工具软件

（1）反病毒软件

反病毒软件也称杀毒软件,是用于消除计算机病毒、特洛伊木马和恶意软件的一类工具软件。目前,常用的反病毒软件有很有种,如卡巴斯基杀毒软件、瑞星杀毒软件、诺顿杀毒软件、金山杀毒软件等。

（2）网络安全工具软件

360 安全卫士是当前功能最强、效果最好、最受用户欢迎的上网必备安全保护软件。360 安全卫士拥有查杀流行木马、恶意软件清理、漏洞补丁修复、计算机全面体检、垃圾和痕迹清理等多种功能。

（3）系统优化与维护工具软件

目前,Windows 优化大师和超级兔子是两款比较出色优化系统工具软件,通过不断的更新升级,修改注册表、系统服务或其他一些系统配置文件尽可能的达到适应更多的使用环境和修复编写中存在的 BUG、优化系统的目的。

系统维护软件,"一键 Ghost 恢复"软件是"DOS 之家"首创的 4 种版本(硬盘版/光盘版/优盘版/软盘版)同步发布的启动盘,操作简单,使用方便,适应各种用户需要。

3. 常用软件和工具软件

（1）办公软件

办公软件 Microsoft Office 2010 是一款带补丁包办公软件,包含 Word、Excel、Power-

Point、Outlook2010 组件。根据用户需要可以剔除 Office 向导和模板以及一些不常用组件，保留 VBA、宏、公式编辑器、虚拟打印机，方便用户学习办公软件。

（2）翻译软件

金山词霸是目前十分流行的多功能电子词典工具，可以快速、准确地进行单字（词）英汉互译。

金山快译对于翻译句子来说非常强大，而且还支持多语言翻译和专业性的翻译。

谷歌金山词霸是金山与谷歌面向互联网翻译市场联合开发，继承了金山词霸的取词、查词和查句等经典功能，并新增全文翻译、网页翻译和覆盖新词、流行词查询的网络词典；支持中、日、英三语查询，并收录 30 万单词纯正真人发音，含 5 万长词、难词发音。

（3）图形图像处理软件

图形图像处理软件 Photoshop。它是一种专业的图形图像处理软件，广泛应用到平面广告设计、网页设计、室内装潢和处理照片等方面。

图像浏览工具 ACDSee。它是一种是功能强大的专业图像浏览、编辑和管理工具软件。目前，广泛应用于图片的获取、管理、浏览、优化等方面，具有处理数码影像，如去除红眼、剪切图像、锐化、浮雕特效、曝光调整、旋转、镜像等功能。

（4）多媒体工具软件

暴风影音播放工具软件是全球领先的、不受系统干扰的万能媒体播放软件，支持 429 种格式，支持高清硬件加速，全高清文件 CPU 占 10％以下，MKV 可进行多音频、多字幕的自由切换，支持最多数量的手持硬件设备视频文件。

千千静听播放工具软件是一款高精度音质、完美还原听觉、在线自动下载歌词、卡拉 OK 式同步显示的音乐播放软件。该软件具有多种视觉效果，批量修改歌曲标签，无须搜索下载，好歌及时奉献，一点即听等特点，目前已成为国内最受欢迎的音乐播放工具软件。

（5）压缩工具 WinRAR

WinRAR 是一个用户界面友好、操作方便快捷的压缩工具软件。它采用了独特的多媒体压缩算法——紧固式压缩法，具有压缩比率大、支持多种文件格式等优点。利用该工具可以把多个文件、文件夹压缩成一个压缩文件或自动解压文件，便于用户网上传输。

（6）网络工具软件

安装 360 浏览器或世界之窗。世界之窗浏览器是一款小巧、快速、安全、功能强大的多窗口浏览器，它是完全免费、没有任何功能限制的绿色软件。从 1.0 系列版本开始，世界之窗浏览器就因为它的小巧快速以及简捷实用的功能而受到广大网民的喜爱和关注。

下载工具软件迅雷 Thunder：该软件使用了基于网格原理的多资源超线程技术，能够将网络上存在的服务器和计算机资源进行有效的整合，构成独特的迅雷网络，通过迅雷网络各种数据文件能够以最快速度进行传递。

上传/下载工具软件 CuteFTP：该软件使用容易且深受用户欢迎的 FTP 软件，下载文件支持续传、可下载或上传整个目录、具有不会因闲置过久而被踢出。可以上传、下载队列、上载断点续传，整个目录覆盖和删除等。

（7）收发电子邮件工具软件 Foxmail：它是一款电子邮件客户端软件，以其简洁、友好的界面，实用、体贴的功能著称。Foxmail 设置上要比 Outlook 简单得多，一些 Outlook 需要登录服务器查询的信息，Foxmail 可以自动生成，与国内网站的兼容性也较强。

（8）即时通信软件

MSN 软件和腾讯 QQ 一样，都是基于 Internet 的即时通信软件。此类软件使得人们可以运用连上 Internet 网的计算机用户可以随时跟另外一个在线网民交谈，甚至可以通过视频看到对方的适时图像。使人们不必担心昂贵的话费而畅快交流，并工作、交流两不误。

（9）飞信软件

飞信是中国移动的综合通信服务，即融合语音（IVR）、GPRS、短信等多种通信方式，覆盖三种不同形态（完全实时的语音服务、准实时的文字和小数据量通信服务、非实时的通信服务）的客户通信需求，实现互联网和移动网间的无缝通信服务。

1.5　计算机病毒与防治

1.5.1　计算机病毒

1. 计算机病毒概念

计算机病毒（Computer Virus）是指人为编制的或者在计算机程序中插入的破坏计算机功能或者破坏数据，影响计算机使用并且能够自我复制的一组计算机指令或者程序代码。简单地说计算机病毒就是人为编制一个具有影响计算机正常工作或破坏计算机文件甚至造成计算机瘫痪的小程序。

2. 计算机病毒的特点

（1）破坏性

任何病毒只要侵入系统，都会对系统及应用程序产生不同程度的影响。轻者只是会占用系统资源，减低计算机的运行效率及对数据或文件进行破坏等；重者损毁计算机中的系统文件或导致系统崩溃。

（2）隐蔽性

通常病毒程序都很小，一般附在正常程序中或磁盘的较隐蔽的地方，甚至以隐含文件形式出现，目的就是不让用户发现。

（3）潜伏性

大部分的病毒感染计算机系统后一般不会马上发作，它可长期隐藏在系统中，只有在满足其特定条件时才被启动。

（4）传染性

对于绝大多数计算机病毒来讲，传染是它的一个重要特性。计算机病毒是人为编制的计算机程序代码，这种程序代码一旦进入计算机并在适合的条件下得以激活或执行，并将自身的代码强行连接到其他程序上去，一般感染的是可执行文件。如果没有及时用杀毒软件进行清理，那么病毒就会在网络中迅速扩散。

3. 病毒的种类

（1）文件病毒

文件型病毒是指能够寄生在文件中的计算机病毒。这类病毒程序一般感染可执行文件或数据文件。

（2）引导型病毒

引导型病毒在硬盘的引导扇区、主引导记录或分区表中插入病毒指令。一旦侵入系统，就会驻留在内存中，监视系统运行，待机传染和破坏。主引导记录的病毒比较难清除。

（3）混合型病毒

混合型病毒是指具有引导型病毒和文件型病毒寄生方式的计算机病毒。这种病毒扩大了病毒程序的传染途径，它既感染磁盘的引导记录，又感染可执行文件。当染有此种病毒的磁盘用于引导系统或调用执行染毒文件时，病毒都会被激活。因此在检测、清除混合型病毒时，很难全面彻底地清除该类病毒。

（4）网络病毒

网络病毒通过计算机网络和电子邮件传播，它们隐藏在 Java 和 ActiveX 程序里面，如果用户下载了有这种病毒的程序，立即对计算机进行破坏活动，并可以通过网络迅速传播。

4. 病毒事件

以下列举几种破坏性大、影响面大的病毒事件：

1998 年，爆发了 CIH 病毒，这是一种破坏性最严重的病毒，也是世界上首例破坏硬件的病毒。它发作时不仅破坏硬盘的引导区和分区表，而且破坏计算机系统 BIOS，导致主板损坏。

1999 年，Melissa 病毒是最早通过电子邮件传播的病毒之一，当用户打开一封电子邮件的附件，病毒会自动发送到用户通讯簿中的前 50 个地址，因此这种病毒在数小时之内传遍全球。

2000 年，Love bug 病毒也通过电子邮件附近传播，它利用了人类的本性，把自己伪装成一封求爱信来欺骗收件人打开。这个病毒以其传播速度和范围让安全专家吃惊。在数小时之内，这个小小的计算机程序征服了全世界范围之内的计算机系统。

2001 年，"红色代码"病毒被认为是史上最昂贵的计算机病毒之一，这个自我复制的恶意代码"红色代码"利用了微软 IIS 服务器中的一个漏洞。该蠕虫病毒具有一个更恶毒的版本，被称作红色代码。这两个病毒都除了可以对网站进行修改外，被感染的系统性能还会严重下降。

2001 年，尼姆达（Nimda）病毒是历史上传播速度最快的病毒之一，在上线之后的 22 分钟之后就成为传播最广的病毒。

2003 年，冲击波病毒的英文名称是 Blaster，还被叫做 Lovsan 或 Lovesan，它利用了微软软件中的一个缺陷，对系统端口进行疯狂攻击，可以导致系统崩溃。

2004 年，震荡波病毒是又一个利用 Windows 缺陷的蠕虫病毒，震荡波可以导致计算机崩溃并不断重启。

2007 年，"熊猫烧香"病毒使所有程序图标变成熊猫烧香，并使它们不能应用。

2008 年，"扫荡波"病毒利用漏洞从网络入侵。而且在黑屏事件，大批用户关闭自动更新以后运行，这更加剧了这一病毒的蔓延。这种病毒可以导致被攻击者的机器被完全控制。

2008 年，Conficker.C 病毒实施全球性攻击，引起全球性计算机的灾难。不过，这种病毒实际上没有造成什么破坏。

2009 年年度的新病毒,中毒后会产生 1000～2000 不等的木马病毒,导致系统崩溃,短短 3 天变成 360 安全卫士首杀榜前 3 名(现在位居榜首)。

2010 年,"鬼影病毒"病毒成功运行后,在进程中、系统启动加载项里找不到任何异常,同时即使格式化重新安装系统,也无法将彻底清除该病毒。

1.5.2　计算机病毒的防治

1. 病毒的传染途径

传染性是计算机病毒最显著的特征,计算机病毒从一个计算机系统向其他计算机系统进行传播的主要途径是网络、硬盘、U 盘。在单机环境下,病毒主要是通过互相交换的带毒 U 盘或移动硬盘进行扩散的。

对于网络来说,带病毒的服务器或工作站则是病毒的集散点,它可以通过访问、文件下载、电子邮件等形式,在很短时间内传遍网络上的所有计算机。

2. 常见的病毒前缀

下面对一些常见的病毒前缀进行解释:

(1)系统病毒

系统病毒的前缀为 Win32、PE、Win95、W32、W95 等。这些病毒的一般是感染 Windows 操作系统的 *.exe 和 *.dll 文件,并通过这些文件进行传播。

(2)蠕虫病毒

蠕虫病毒的前缀是:Worm。这种病毒的是通过网络或者系统漏洞进行传播,很大部分的蠕虫病毒都有向外发送带毒邮件,阻塞网络的特性。

(3)木马病毒、黑客病毒

木马病毒其前缀是:Trojan,黑客病毒前缀名一般为 Hack。木马病毒的是通过网络或者系统漏洞进入用户的系统的,而黑客病毒则有一个可视的界面,能对用户的计算机进行远程控制。木马、黑客病毒往往是成对出现的,即木马病毒负责侵入用户的计算机,而黑客病毒则会通过该木马病毒来进行控制。

(4)脚本病毒

脚本病毒的前缀是:Script。脚本病毒的公有特性是使用脚本语言编写,通过网页进行的传播的病毒,如红色代码(Script. Redlof)脚本病毒通常有如下前缀:. vbs、. js(表明是何种脚本编写的),如欢乐时光(VBS. Happytime)、十四日(Js. Fortnight. c. s)等。

3. 预防病毒的措施

由于病毒对微型计算机资源造成严重的破坏,所以必须从管理和技术两方面采取有效措施,以防止病毒的入侵。在日常工作中,防止病毒感染的主要措施有:

(1)安装杀毒软件和防火墙

在计算机上安装卡巴斯基反病毒软件、360 安全卫士软件,并及时更新病毒库。启动 Windows 防火墙。

（2）下载文件后进行仔细查毒

下载文件后，最好立即用杀毒软件扫描一遍，尤其是对于一些 Flash、MP3、文本文件同样不能掉以轻心，因为现在已经有病毒可以藏身在这些容易被大家忽视的文件中了。

（3）预防邮件病毒

发现邮箱中出现不明来源的邮件应小心谨慎对待，尤其是带有可执行附件的邮件，如 .exe、.vbs、.js 等。并且一些类似广告用语标题的邮件，最好立即清除。

（4）安装操作系统的补丁程序

当前各种各样的安全漏洞给网络病毒开了方便之门，我们平时除了注意及时对系统软件和网络软件进行必要升级外，还要尽快为各种漏洞打上最新的补丁。

（5）安装"一键 Ghost"软件

当系统软件、补丁程序、应用软件、杀毒软件、防火墙等都安装后，安装"一键 Ghost"软件，做系统盘的备份。一旦计算机系统出现问题，可以利用"一键还原"功能对系统进行恢复。

（6）定期备份重要文件

对重要数据和重要文件一定要定期备份。

（7）养成好习惯

使用 U 盘、移动硬盘前要先扫描。

（8）在阅读电子邮件的附件前进行扫描

有些邮件接收软件在用户打开一封邮件后会自动打开附件，请千万关闭这个功能。

（9）到正规的网站下载文件

下载文件的时要小心。下载文件是病毒来源之一。

（10）随时注意计算机的各种异常现象

一旦发现异常，应立即用杀毒软件仔细检查。杀毒软件是预防病毒感染的有效工具。

习　　题

选择题

1. 目前，我国最快的超级计算机速度为_____。

A. 1 270 万亿次/s　　　　B. 2 750 万亿次/s　C. 1 020 万亿次/s　　　　D. 都不是

2. 目前，我国速度最快的超级计算机在全球 500 强中的排名_____。

A. 第一　　　　　　　　B. 第二　　　　　　　C. 第三　　　　　　　　D. 第四

3. 一个完整的微型计算机系统应包括_____。

A. 计算机及外部设备　　　　　　　　B. 主机箱、键盘、显示器和打印机

C. 硬件系统和软件系统　　　　　　　D. 系统软件和系统硬件

4. Enter 键是_____。

A. 输入键　　　　　　　　　　　　　B. 回车键

C. 空格键　　　　　　　　　　　　　D. 换档键

5. 使用高级语言编写的程序称之为_____。

A. 源程序 B. 编辑程序

C. 编译程序 D. 连接程序

6. 微型计算机病毒系指_____。

A. 生物病毒感染 B. 细菌感染

C. 被损坏的程序 D. 特制的具有损坏性的小程序

7. 微型计算机的运算器、控制器及内存存储器的总称是_____。

A. CPU B. ALU C. 主机 D. MPU

8. 在微机中外存储器通常使用硬盘作为存储介质,U盘中存储的信息,在断电后_____。

A. 不会丢失 B. 完全丢失

C. 少量丢失 D. 大部分丢失

9. 某学校的学籍管理软件属于_____。

A. 工具软件 B. 系统软件

C. 编辑软件 D. 应用软件

10. 下列四种软件中,属于系统软件的是_____。

A. Word 2003 B. WPS 2003

C. Windows D. Excel 2003

11. 计算机能直接识别的语言_____。

A. 汇编语言 B. 自然语言

C. 机器语言 D. 高级语言

12. 在下列存储器中,访问速度最快的是_____。

A. 硬盘存储器 B. 软盘存储器

C. 随机内存储器 D. 磁带存储器

13. 计算机软件系统应包括_____。

A. 编辑软件和连接程序 B. 数据软件和管理软件

C. 程序和数据 D. 系统软件和应用软件

14. 操作系统是_____。

A. 软件与硬件的接口 B. 主机与外设的接口

C. 计算机与用户的接口 D. 高级语言与机器语言的接口

15. 当前使用的计算机,其主要部件是由_____构成。

A. 电子管 B. 集成电路

C. 晶体管 D. 极大规模集成电路

16. 存储程序的概念是由_____提出的。

A. 冯·诺依曼 B. 贝尔 C. 巴斯卡 D. 爱迪生

17. 计算机的发展是随着_____的发展而发展。

A. 元器件 B. 集成电路

C. 继电器 D. 印刷电路板

18. 程序是指_____。

A. 指令的集合 B. 数据的集合

C. 文本的集合　　　　　　　　　　　　D. 信息的集合

19. 微型计算机的发展是以_____的发展为表征的。

A. 主机　　　　　　B. 软件　　　　　　C. 微处理器　　　　　D. 控制器

20. 键盘上的 Insert 键具有_____功能。

A. 删除　　　　　　　　　　　　　　　B. 插入

C. 插入、改写开关　　　　　　　　　　D. 屏幕复制

21. 键盘上的 Num Lock 键具有_____功能。

A. 编辑　　　　　　　　　　　　　　　B. 指示灯开关

C. 数字、编辑开关　　　　　　　　　　D. 大小写锁定

22. 将十进制数 27 转换成二进制数后为_____。

A. 11101　　　　　　B. 10011　　　　　C. 11011　　　　　D. 1111

23. 将十进制数 107 转换成十六进制后为_____。

A. C3　　　　　　　B. 7B　　　　　　C. 6C　　　　　　D. 5B

第 2 章　操作系统

**本章学习重点：**

1. 操作系统分类
2. 操作系统功能
3. Windows XP 操作系统
4. Windows 7 操作系统

2.1　操作系统概述

2.1.1　操作系统的定义

操作系统是一个庞大的管理、控制软件，所有的软件必须在操作系统的控制下安装并运行。操作系统主要负责控制和管理计算机系统的各种硬件资源和软件资源，合理地组织计算机系统的工作流程，如管理与配置内存、决定系统资源供需的优先次序、控制输入与输出设备、操作网络与管理文件系统、为其他应用软件提供支持等，使计算机系统所有资源最大限度地发挥作用，为用户提供方便的、有效的、友善的服务界面。简单地说，操作系统是提供用户与操作系统之间的软件接口。目前微型计算机上常见的操作系统有 UNIX、Linux、Windows XP、Windows 7 等。

2.1.2　操作系统的分类

操作系统的类型非常多样，不同机器安装的操作系统可从简单到复杂、从微型计算机操作系统到超级计算机的大型操作系统。操作系统根据不同的分类角度有不同的分类：

1. 按计算机的字长分类

计算机的字长可以分为 8 位（如 CP/M 操作系统）、16 位（如 DOS 操作系统、Windows 3.0 操作系统）、32 位（如 Windows XP 操作系统）、64 位（如 Windows Vista 操作系统）。字长是 CPU 的主要技术指标之一。计算机技术中对 CPU 在单位时间内能一次处理的二进制数的位数叫字长。所以能处理字长为 8 位数据的 CPU 通常就叫 8 位的 CPU。同理 32 位的 CPU 就能在单位时间内处理 32 位的二进制数据。字长总是 8 的整数倍，通常微型计算机的字长为 16 位、32 位、64 位。

微型计算机可以通过编程的方法来处理任意大小的数字,但数字越大,花费的时间就越长。一台 16 位字长的微型计算机,可以直接处理 2^{16}(65 536)之内的数字,对于超过 65 536 的数字就需要进行分解处理。32 位微型计算机比 16 位机优越的原因就在于它在一次操作中能处理的数字大,能直接处理的数字高达 40 亿(2^{32}),能处理的数字越大,则操作的次数就越少,从而操作系统的效率也就越高。

2．按计算机规模和性能分类

按计算机的规模和性能分为分巨型机、大型机、小型机和微型机操作系统。

3．按计算机的用户数分类

按计算机的用户数分为单用户操作系统和多用户操作系统。

（1）单用户操作系统

单用户操作系统是随着微型计算机的发展而产生的,用来对一台计算机的硬件和软件资源进行管理,通常分为单用户单任务和单用户多任务两种类型。

单用户单任务操作系统:在单用户单任务操作系统计算机系统中,一次只能运行一个用户程序,此用户独占计算机系统的全部硬件和软件资源。常用的单用户单任务操作系统有 MS DOS、PC-DOS 等。

单用户多任务操作系统:在单用户多任务操作系统计算机系统中,它允许用户一次提交多项任务,如在 Windows 操作系统下同时可以打开多个窗口(多个任务或称为多个程序),如游戏窗口、编辑文档窗口、播放音乐窗口等。常用的单用户多任务操作系统有 Windows 95/98/2000/XP 系统等,这类操作系统通常用在微型计算机系统中。

（2）多用户操作系统

多用户操作系统一般指多用户多任务操作系统。多用户多任务是指允许多个用户通过各自的计算机同时访问同一台主机(服务器),共享主机系统中的全部资源,而每个用户程序又可以分为几个任务,使它们并发执行,从而可进一步提高资源利用率。在大、中、小型计算机中所配置的都是多用户多任务操作系统,在 64 位微型计算机中也有不少是多用户多任务操作系统,其中最有代表性的是 UNIX 操作系统。

4．按操作系统的结构及提供的功能分类

按操作系统的结构及提供的功能主要有:批处理操作系统、实时操作系统、分时操作系统、网络操作系统、分布式操作系统五大类型。下面对这五种操作系统类型做详细介绍。

（1）批处理操作系统

随着计算机技术的发展,出现了批处理(Batch Processing)操作系统,批处理操作系统是早期大型计算机上配置的操作系统,其特点是作业成批处理和多道程序运行,即在系统内(内存)同时存放并运行几道相互独立的程序,由系统成批处理。从宏观上说,这几道程序都处于执行状态,称这几道程序在并发执行,实际是逻辑上的并行。从微观上看,一个时刻只有一个程序在 CPU 上运行。批处理操作系统的特点是:多道作用,成批处理,提高 CPU 处理的效率。

（2）分时操作系统

分时(Time Sharing)操作系统的基本思想是让多个用户通过终端同时共享系统资源(指 CPU)使用系统,而操作系统则在内部按一定策略调度和处理用户程序。即允许多个用户共享同一台计算机的资源,在一台计算机上连接几台甚至几十台终端机,终端机可以没有CPU与内存,只有键盘和显示器,每个用户都通过各自的终端机使用这台计算机的资源,计算机系统按固定的时间片轮流为各个终端服务。一个时间片通常是几十毫秒。

由于计算机的处理速度很快,人的反应要比机器慢得多,所以用户感觉不到等待时间,每个用户都会觉得这台计算机是专为自己服务的。

分时操作系统的主要目的是对联机用户提供服务,具有同时性、独立性、及时性和交互性等特点。常见的通用操作系统是分时系统与批处理系统的结合。其原则是分时优先,批处理在后。

（3）实时操作系统

实时操作系统是随着工业过程控制的发展和对信息进行实时处理的需要而产生的。自动控制实时操作系统(Real Time Operating System,RTOS)是指使计算机能及时响应外部事件的请求在规定的严格时间内完成对该事件的处理,并控制所有实时设备和实时任务协调一致地工作的操作系统。实时操作系统最突出的特点是响应及时,无论是数据采集还是计算、发出控制指令,都能及时响应并能够及时处理。实时操作系统大部分是为特殊的实时任务设计的,是较少有人为干预的监督和控制系统,其软件依赖于应用的性质和实际使用的计算机类型。实时系统的基本特征是事件驱动设计,即当接到某种类型的外部信息时,由系统选择相应的程序去处理。例如数控机床、电力生产系统、导弹的制导系统等。

（4）网络操作系统

网络操作系统是基于计算机网络的,是在各种计算机操作系统上按网络体系结构协议标准开发的软件,包括网络管理、通信、安全、资源共享和各种网络应用。其目标是相互通信及资源共享。在其支持下,网络中的各台计算机能互相通信和共享资源。其主要特点是与网络的硬件相结合来完成网络的通信任务。

网络操作系统是运行在服务器之上的,在局域网范围内来管理网络中的软、硬件资源,并为用户提供网络服务,如文件服务、打印服务、网络通信、数据库服务等。网络操作系统既要管理本机资源,也要管理网络资源;既要为本地用户提供服务,也要为远程网络用户提供服务。

（5）分布式操作系统

分布式操作系统是运行在多台独立的计算机上,这些独立工作的计算机是通过网络连接起来的、物理上分散的计算机连接成一个逻辑整体,由分布式操作系统对这些分散的网络计算机进行统一管理、调度、分配、协调控制,实现它们相互之间的信息交换、资源共享以及分布式计算与处理工作。分布式操作系统为了保证一致性,操作系统须控制文件的读、写操作,使得多个用户可同时读一个文件,而任一时刻最多只能有一个用户在修改文件。分布式操作系统的结构也不同于其他操作系统,它分布于系统的各台计算机上,能并行地处理用户的各种需求,它要求通信速度高,有较强的容错能力。

2.1.3 操作系统的功能

系统软件中最重要的软件就是操作系统。它负责控制和管理计算机系统的各种硬件和软件资源,合理地组织计算机系统的工作流程,提供用户与操作系统之间的软件接口。各种操作系统各有不同的功能,但从管理的角度来说,操作系统的功能可以分为文件管理、作业管理、进程管理、存储管理和设备管理。下面进行详细介绍。

1. 文件管理

文件管理是操作系统的一个重要的功能,主要是向用户提供一个文件系统。文件系统向用户提供创建文件、撤销文件、读写文件、打开和关闭文件等功能。在文件系统控制下,用户可以按文件名存取文件,此外,还支持文件的检索和修改等操作以及解决文件的共享、保密与保护。

2. 作业管理

操作系统可以增强系统的处理能力,使系统资源得到有效的利用,为应用软件的运行提供支撑环境,使用户能有效地组织自己的工作流程。作业管理在管理方面包括:任务管理、界面管理、人机交互的图形界面。控制方面包括:语音控制和虚拟现实等联机控制、脱机控制和假脱机控制作业调度算法。

3. 进程管理

在多道程序环境下,现代操作系统中处理机的分配和运行都是以"进程"为基本单位。进程管理泛指处理器管理。由于大部分计算机中只包含一颗中央处理器,在单核的情况下多进程只是简单迅速地切换各进程,让每个进程都能够执行;在多核或多处理器的情况下,所有进程通过许多协同技术在各处理器上转换。多道进程同时执行,每个进程能分配到的时间比率就越小。进程管理通常实践了分时的概念,大部分的 OS 可以利用指定不同的特权等级,为每个进程改变所占的分时比例。特权越高的进程,执行优先级越高,单位时间内占的比例也越高。交互式 OS 也提供某种程度的回馈机制,让直接与使用者交互的进程拥有较高的特权值。

4. 存储管理

存储管理负责把内存单元分配给需要内存的程序以便让它执行,在程序执行结束后将它占用的内存单元收回以便再使用。对于提供虚拟存储的计算机系统,从逻辑上扩充内存,使计算机系统有一个似乎比实际内存储器大得多的内存控件,这时就要把内存和外存结合起来,可以为用户提供一个比实际内存容量大的空间使用。

内存的共享保护:共享是指共享系统在主存中的某些程序和数据。系统中的多道程序为了共享全部内存,保证不会互相干扰,将操作系统的内存分为两部分:一部分为系统空间,用于存放操作系统本身及相关系统程序数据;另一部分为用户控件,存放用户的程序数据,存储保护系统不允许用户程序访问系统空间的程序数据,但系统程序可以访问用户空间的程序数据。

5. 设备管理

计算机系统中,通常把处理机和主存储器之外的部分系统称为外围设备,简称外设。

外设种类繁多,功能各异,涉及机、电、光、磁、声、自动控制等多种科学。

操作系统必须提供设备管理功能,让用户能简便有效地使用各种外设。

2.2 Windows XP 操作系统

Windows XP 是微软公司开发的视窗操作系统,中文全称为视窗操作系统体验版。Windows XP 是目前使用频率最高的操作系统之一。微软最初发行了两个版本:家庭版(Home)和专业版(Professional)。家庭版的消费对象是家庭用户,专业版则在家庭版的基础上添加了新的为面向商业的设计的网络认证、双处理器等特性。家庭版只支持 1 个处理器,专业版则支持 2 个。Windows 可以在 32 位和 64 位的 Intel 和 AMD 的处理器上运行。Windows XP 可以让用户自由地发掘家用计算机的各种新用途,它在简化计算机使用的同时,还提高了计算机的"聪明"程度,可以让用户与朋友、家人通过 Internet 随时保持联系。Windows XP 拥有一个叫做"月神"Luna 的豪华亮丽的用户图形界面。它包括了简化了的 Windows 2000 的用户安全特性,并整合了防火墙。同时也具备良好的硬件兼容性。

个人计算机的最新版本 Windows 是 Windows Vista 和 Windows 7,服务器的最新版本 Windows 是 Windows Server 2008 R2。

2.2.1 设置个性化的工作环境

1. 在桌面上创建或删除对象的快捷方式

(1)创建或删除应用程序的快捷方式

为了保持桌面的整洁,用户随时可以创建或删除应用程序的快捷方式。

创建的方法:首先找到要创建应用程序的文件,然后直接拖到桌面上即可。

删除的方法:选中应用程序的快捷方式,然后选择快捷菜单上的"删除"命令。或者先选中,然后按"Del"键即可。

(2)创建或删除磁盘或文件夹的快捷方式

为了方便操作,用户可以随时在桌面上创建磁盘或文件夹的快捷方式。

创建的方法:首先找到要创建快捷方式的文件夹或磁盘,然后直接拖到桌面上即可。

删除的方法:选中文件夹的快捷方式,然后选择快捷菜单上的"删除"命令。或者先选中,然后按"Del"键即可。

2. 排列桌面上的图标

为了便于用户查找,用户可以随时对桌面上的图标进行排序。排序方式为按文件的名称、大小、类型、修改时间等进行方式进行排列。

具体操作步骤:

① 在 Windows XP 桌面上,有许多应用程序的图标、应用程序快捷方式的图标、文件夹的快捷方式的图标及文件图标等,如图 2-1 所示。

② 在桌面右击,选择快捷菜单上的"排列图标"命令即可。

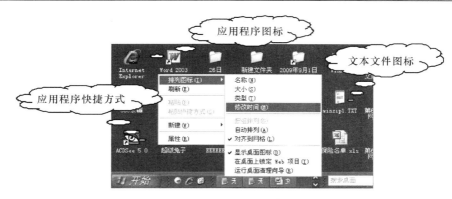

图 2-1 Windows XP 桌面

3. 设置活动桌面

在 Windows XP 中,允许用户从 Web 页或频道中把"活动的内容"移到桌面上。例如,可以将新闻主页或喜欢的网站主页放在桌面上的合适位置,这样,可以随时在桌面上看到自己感兴趣的 Web 内容。

具体操作步骤:

① 右击桌面空白处→选择快捷菜单"属性"命令,屏幕显示"显示属性"对话框。

② 在"显示属性"对话框中,单击"桌面"选项卡,屏幕显示"桌面"对话框。

③ 单击"自定义桌面",单击"Web"选项卡,屏幕显示"桌面项目"对话框,如图 2-2 所示。

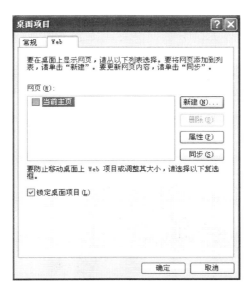

图 2-2 "桌面项目"对话框

④ 单击"新建"按钮,屏幕显示"新建桌面项目"对话框。

⑤ 在"位置"文本框中输入一个 Web 地址,例如 http://www.beijing.org.cn,如图 2-3 所示。

⑥ 单击"确定"按钮。

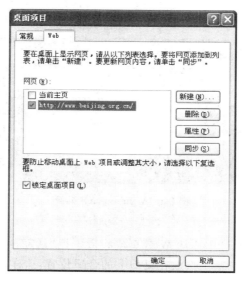

图 2-3 "桌面项目"对话框

4. 在"快速启动栏"添加或删除对象的快捷方式

为了保持 Windows XP 桌面的整洁,可以将一部分应用程序或文件夹的快捷方式图标放到"快速启动栏"。"快速启动栏"位于开始按钮的右侧区域。

(1)在"快速启动栏"添加快捷方式图标

具体操作步骤:

直接拖动桌面上的快捷方式图标到快速启动栏即可(也就是指"开始"按钮的右侧区域)。使用这些应用程序或文件夹时,直接单击要选择的项即可。添加结果如图 2-4 所示。

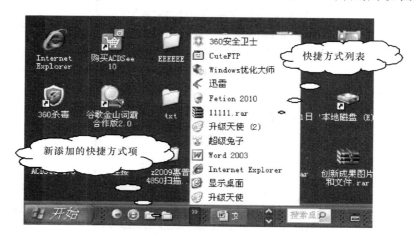

图 2-4 在"开始"按钮右侧添加

(2)在"快速启动栏"上删除快捷方式图标

具体操作步骤:

在"快速启动栏"上,也就是"开始"按钮的右侧区域,右击要删除的快捷方式图标,然后选择快捷菜单上的"删除"命令;或者先选中要删除的快捷方式图标,然后按"Del"键。

5．在任务栏的最右边取消或恢复自动启动的程序

安装软件后，有一些软件设置为开机自动启动方式，如果想要取消它的自动启动方式，可以按照下列方法进行操作：

① 单击"开始"菜单中的"运行"命令，然后输入"msconfig"命令，显示系统配置实用程序窗口，如图2-5所示。

② 在系统配置实用程序窗口，单击"启动"选项卡，根据用户需要在"启动项目"复选框中留下必要的选项，如杀毒软件、360安全卫士等应用程序项，其余项都取消。

图2-5 "系统配置实用程序"对话框

③ 根据用户需要可以随时添加或取消自动启动项。

提示：修改此项内容时，要谨慎操作。

6．在开始菜单或程序菜单上创建或删除对象的快捷方式

为了保持Windows XP桌面的整洁，可以将一部分应用程序或文件夹的快捷方式图标放到开始菜单或程序菜单上。

（1）创建的方法

在Windows XP桌面上，直接拖动桌面上的快捷方式图标到"开始"菜单或程序菜单的合适位置。

（2）删除的方法

在开始菜单或程序菜单上单击要删除的快捷方式图标项，选择快捷菜单中的删除命令；或者选中后，按"Del"键删除。

7．设置桌面背景

根据用户需要可以重新设置桌面背景。桌面背景可以采用系统提供的，也可以使用自己的照片、网络上搜集的图片、风景图片或自己绘制的图画等作为桌面背景，美丽的屏幕会给人带来好的心情。

具体操作步骤：

① 右击桌面上的空白处，选择快捷菜单中选择"属性"命令，打开"显示-属性"对话框，

如图 2-6 所示。

② 在"显示-属性"对话框中,单击"桌面"选项卡。

图 2-6 "显示-属性"对话框

③ 在"背景"列表框中选择所需的背景文件,也可以单击"浏览"按钮,在打开的"浏览"对话框中选择硬盘或网络驱动器上的图片文件。

④ 在"位置"下拉列表框中选择图片的显示方式,选择"平铺"项,则桌面上的墙纸铺满屏幕。

⑤ 在"颜色"下拉列表框中选择桌面的背景。如果没有给桌面指定墙纸文件,则以选择的颜色作为桌面背景。

⑥ 单击"自定义桌面"按钮,打开"桌面项目"对话框,在"常规"项中,可以决定在桌面上显示哪些图标,如果对系统的图标不满意,还可以更改这些图标。

⑦ 如果希望将一个 Web 页作为桌面背景,可以单击"Web"选项卡,然后指定所需的 Web 页。

⑧ 单击"确定"按钮即可显示桌面背景的效果。

8. 设置屏幕保护程序

屏幕保护程序设置的作用是当用户暂时不使用计算机时,屏幕保护程序发挥作用,可以有效防止他人使用。

具体操作步骤:

① 右击桌面上的空白处,选择快捷菜单中"属性"命令,出现"显示-属性"对话框。

② 单击"显示-属性"对话框中的"屏幕保护程序"选项卡。

③ 从"屏幕保护程序"下拉列表框中选择一种屏幕保护程序,在预览框中可以通过屏幕保护程序的效果进行再次选择。

④ 如果要预览屏幕保护程序的全屏效果,可以单击"预览"按钮。预览后,移动鼠标即可返回对话框。

⑤　若要更改所选屏幕保护程序的设置，请单击"屏幕保护程序"列表框右边的"设置"按钮，打开"屏保程序属性"对话框，进行选择即可。

⑥　在"等待"文本框中选择计算机闲置多长时间后，系统自动运行屏幕保护程序。

⑦　若选中"在恢复时返回到欢迎屏幕"复选框，则在屏幕保护程序运行后，移动鼠标或按下任何键即可切换到用户的登录界面，输入用户名和密码后，才能返回到 Windows XP 桌面。

⑧　单击"确定"按钮。

9. 自定义桌面外观

自定义桌面外观能够改变 Windows XP 在显示字体、图标和对话框时所使用的颜色和字体大小。

具体操作步骤：

①　右击桌面上的空白处，选择快捷菜单中选择"属性"命令，打开"显示-属性"对话框。

②　单击"显示-属性"对话框中的"外观"选项卡，从"窗口和按钮"下拉列表框中选择预定的外观方案。

③　在"色彩方案"下拉列表框中，可以为系统的窗口、菜单和按钮定制颜色配置。

④　在"字体大小"下拉列表框中，可以为系统的窗口、菜单和按钮选择不同的字体大小等。

⑤　单击"外观"中的"效果"按钮，打开"效果"对话框，可以对菜单的颜色效果和拖动效果进行设置。

⑥　单击"外观"选项卡中的"高级"按钮，用户可以根据自己意愿去设计系统的窗口、菜单和按钮的颜色、字体等配色方案。

⑦　单击"确定"按钮。

10. 设置桌面颜色和分辨率

具体操作步骤：

①　右击桌面上的空白处，选择快捷菜单中的"属性"命令，打开"显示-属性"话框。

②　在"显示-属性"对话框中，单击"设置"选项卡，如图 2-7 所示。

图 2-7　"显示-属性"对话框

③ 设置屏幕的分辨率,常用的分辨率为 800×600 像素、1 024×768 像素等。

在用户计算机屏幕大小不变的情况下,分辨率的大小决定着屏幕显示内容的多少和字的大小,分辨率高的显示的内容多,字非常小。

2.2.2　Windows 任务管理器

1. 任务管理器的功能

任务管理器(Task Manager),是在 Windows XP 系统中管理应用程序和进程的工具,通常由 Windows XP 自带,也有提供增强功能的第三方软件。任务管理器可以让用户查看当前运行的程序、进程、用户、网络连接以及系统对内存和 CPU 的资源的占用情况,并可以强制结束某些程序和进程,此外还可以监控系统资源的使用状况。

任务管理器提供了文件、选项、查看、窗口、关机、帮助六大菜单项,例如"关机"菜单下可以完成待机、休眠、关闭、重新启动、注销、切换等操作,其下还有应用程序、进程、性能、联网、用户五个标签页,窗口底部则是状态栏,从这里可以查看到当前系统的进程数、CPU 使用比率、更改的内存、容量等数据,默认设置下系统每隔两秒钟对数据进行 1 次自动更新等等功能。

2. 任务管理

在任务栏的空白处,右击选择快捷菜单中的任务管理器,显示"Windows 任务管理器"对话框,如图 2-8 所示。

图 2-8　"Windows 任务管理器"对话框

在"Windows 任务管理器"窗口中,单击"应用程序"选项卡,用户可看到系统中已启动的应用程序及当前状态。在该窗口中,可以关闭正在运行的应用程序或切换到其他应用程序及启动新的应用程序。

（1）结束任务

当某个应用程序任务不能正常结束时,在"Windows 任务管理器"中选中该任务后单击

"结束任务"按钮。如果一个程序停止响应,则可单击"结束任务"按钮关闭该应用程序。

（2）切换任务

选中一个任务,如选中 Excel 2003,单击"切换至"按钮,系统自动切换到显示 Excel 2003 的"资源管理器"窗口。

（3）启动新任务

"新任务"可以是应用程序、文件夹、文档或 Internet 资源等。

具体操作步骤：

① 单击"新任务"按钮,打开"创建新任务"对话框。

② 在"创建新任务"对话框的"打开"文本框中输入要运行的程序,如 Winword.exe,然后单击"确定"按钮,即可打开"Winword"应用程序。

提示：如果不知道新任务的名称,可以单击"浏览"按钮进行搜索。

3. 进程管理

在任务管理器中显示了所有正在运行的进程,包括应用程序、后台服务等,那些隐藏在系统底层深处运行的病毒程序或木马程序都可以在这里找到,当然前提是要知道哪些是正常的进程,哪些是异常的进程。如图 2-9 所示。找到异常的进程名,然后删除它。不过这种方式将丢失未保存的数据,而且如果结束的是系统服务,则系统的某些功能可能无法正常使用。

图 2-9 "Windows 任务管理器"对话框

在任务管理器的进程中,单击"查看"菜单中的选择列,选中"PID"（进程标识符）,然后单击"进程"选项卡,即可看到这些进程。了解 Windows XP 进程文件及作用是非常必要的,可以尽早发现和处理异常进程,保证计算机的正常运行。

Windows XP 系统必须保留的进程有：

- svchost.exe 进程文件,属于微软 Windows 操作系统的系统程序,用于执行.dll 文件。这个程序对系统的正常运行是非常重要的。svchost.exe 进程文件用来启动服务。在 Windows XP 系统中此进程一般有四个以上。

- iexplore.exe 进程文件,用于网上冲浪和访问本地 Internet。
- rundll32.exe 进程文件,用于在内存中运行 .dll 文件。
- winlog.exe 进程文件,属于 Windows 域登录管理器。它用于处理登录和退出系统过程。
- Alg.exe 进程文件,这是一个应用层网关服务进程,用于网络共享,处理微软 Windows 网络连接共享和网络连接防火墙。
- smss.exe 进程文件,微软 Windows 操作系统的一部分。本地安全权限服务,属于 Windows 的核心进程之一。
- explorer.exe 进程文件,属于 Windows 程序管理器或者 Windows 资源管理器,它用于管理 Windows 图形壳,包括开始菜单、任务栏、桌面和文件管理。
- csrss.exe 进程文件,属于微软客户端/服务端运行时子系统。该进程管理 Windows 图形相关任务。这个程序对系统的正常运行是非常重要的。
- lsass.exe 进程文件,属于微软安全机制的系统进程,主要处理一些特殊的安全机制和登录策略。
- conime.exe 进程文件,属于输入法进程,请注意此进程所在的文件夹,正常的进程应该是在 Windows 的 system32 和 system32\dllcache 下面。注意,在非亚洲语言的 Windows 里,conime.exe 是一个 bfghost1.0 远程控制后门程序,允许攻击者访问用户的计算机,窃取密码和个人数据。
- wmiprvse.exe 进程文件,属于微软 Windows 操作系统的一部分。用于通过 winmgmt.exe 进程文件,是一个程序处理 wmi 操作。这个程序对系统的正常运行是非常重要的。
- System windows 系统进程,一个重要的进程,权限比计算机管理员还大,要是用户想结束它那就高估自己了,如果强行结束它,结果 60 秒倒记时重新启动,没有任何机会后悔。
- System 系统进程,它的作用是显示系统有多少闲置的 CPU 资源。System Idle Process 进程的作用是在系统空闲的时候分派 CPU 的时间。
- services 系统进程,用与管理启动和停止 Windows 服务,该进程也管理计算机启动和关机时的运行的服务 7. ccapp 是 Norton AntiVirus 2003 反病毒软件的一部分。它能够自动保护用户的计算机安全。
- mdm.exe 进程文件,是微软 Windows 进程除错程序。用于使用可视化脚本工具对 Internet Explorer 除错。
- Taskmgr.exe 进程文件,只要打开任务管理器查看进程的时候它肯定在,因为它就是任务管理器的进程。
- ctfmon .exe 是 Microsoft Office 产品套装的一部分。它可以选择用户文字输入程序和微软 Office XP 语言条。这不是纯粹的系统程序,但是如果终止它,可能会导致不可知的问题。
- Wuauclt.exe 进程文件,是 Windows 自动升级管理程序。该进程会不断在线检测更新。

（1）计算机的性能

通过任务管理器的性能参数,如图2-10所示,检查计算机是否感染上病毒。一般CPU占用资源率过高,通常为100%,过高的原因就是计算机感染病毒所致。解决办法:用可靠的杀毒软件彻底清理系统内存和本地硬盘的病毒。

图 2-10 "Windows 任务管理器"对话框

（2）同时最小化多个任务

选择任务栏排列窗口中的显示桌面命令,可以实现所有打开的应用程序的最小化功能。但是在任务管理器中,可以有选择地实现多个应用程序的最小化功能。

具体操作步骤:

单击"应用程序"选项卡,在按住"Ctrl"键同时选择需要同时最小化的应用程序项目,然后在选择区内右击,选择快捷菜单中的"最小化"命令。

（3）观察 svchost 进程的数目,判断计算机是否感染病毒

svchost.exe 是 Windows XP 系统的一个核心进程。svchost.exe 不单单只出现在 Windows XP 中,在使用 NT 内核的 Windows 系统中都会有 svchost.exe 的存在。一般在 Windows 2000 中 svchost.exe 进程的数目为 2 个,而在 Windows XP 中 svchost.exe 进程的数目为 4 个或 4 个以上。

2.2.3 Windows XP 应用程序管理

应用程序是指为了完成某项或某几项特定任务而被开发运行于操作系统之上的计算机程序。应用程序与应用软件的概念不同,但常常因为概念相似而被混淆。软件指程序与其相关文档或其他从属物的集合。一般视程序为软件的一个组成部分。比如常见的 Word 2003、Photoshop、Flash、IE 浏览器等,都属于应用软件的范畴而不是应用程序。应用程序的引导程序为可执行程序,其扩展名为 .exe。

比较大的应用程序都由很多模块组成,这些模块分别完成相对独立的功能,它们彼此协作来

完成整个软件系统的工作。可能存在一些模块的功能较为通用,在构造其他软件系统时仍会被使用。在构造软件系统时,所有模块的源代码都静态编译到整个应用程序.exe文件中。

利用"资源管理器"或"我的电脑"管理系统资源,包括应用程序、文件或文件夹、磁盘、系统等。由于"资源管理器"与"我的电脑"功能相同,本书以"资源管理器"为例,介绍Windows对应用程序的管理、文件或文件夹管理、磁盘管理、系统管理等操作。

应用程序的管理包括启动应用程序、退出应用程序、排列应用程序窗口、切换应用程序窗口、更改应用程序图标、创建应用程序快捷方式。

1. 应用程序的启动与退出

(1)启动应用程序的方法

① 自动启动应用程序(将启动程序放到启动组)。

② 双击桌面的应用程序图标。

③ 从"开始"菜单启动应用程序。

④ 从运行框中启动应用程序。

⑤ 定时启动应用程序。

(2)退出应用程序的方法

① 单击应用程序窗口右上角的关闭按钮。

② 单击"文件"菜单下的"退出"命令。

③ 使用组合键"Alt"+"F4"。

④ 双击应用程序窗口左上的控制菜单图标。

2. 切换应用程序窗口

切换应用程序窗口的方法:

使用组合键"Alt"+"Tab"或者"Alt"+"Esc"切换窗口。

3. 排列应用程序窗口

排列窗口的具体方法:

① 在任务栏空白处右击,选择快捷菜单的排列命令,如图 2-11 所示。

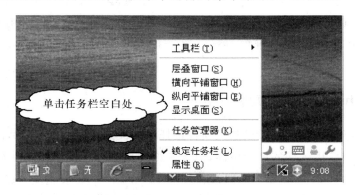

图 2-11 排列窗口的快捷菜单

② 选择快捷菜单中的"层叠窗口"、"横向平铺窗口"或"纵向平铺窗口"命令中的任一项即可。

4. 更改应用程序快捷方式的图标

具体操作步骤：

在应用程序上右击，选择快捷菜单的属性命令，显示"属性"对话框，如图 2-12 所示。

单击"快捷方式"选项卡，然后单击"更改图标"按钮。选择一种图标即可。

图 2-12 应用程序"属性"对话框

5. 创建应用程序快捷方式

桌面上有许多应用程序快捷方式的图标（带右箭头标志的图标）。快捷方式是 Windows XP 提供的一种快速启动应用程序的方法。这些快捷方式图标实际上代表着它们与应用程序建立的链接文件，其扩展名为 .lnk。删除应用程序快捷方式图标对应用程序文件无影响。

为了桌面整洁，可以根据需要添加、删除桌面上不用的应用程序快捷方式图标，对存储在磁盘中的应用程序本身无影响。

提示：目前，大多数软件在安装时都提供了创建应用程序快捷方式的功能。

创建应用程序快捷方式见本章 2.2.1 节内容。

6. 修复 Windows XP 操作系统

对于 Windows XP 用户来说，当系统出现瘫痪或者系统使用时出现一些问题时，可以采用 Windows XP 提供的修复功能恢复计算机的 Windows XP 操作系统。

提示：使用 Windows XP 的修复功能时，必须使用原来系统的 Windows XP 安装光盘，否则即便是能够成功修复系统，也不能够登录 Windows XP 系统。

使用修复安装后的 Windows XP 操作系统，原先的系统设置、所安装的软件以及个人信息都不会改变。

具体操作步骤：

① 使用 Windows XP 系统修复功能时，重新启动计算机，将 Windows XP 系统安装光盘放入光驱，屏幕就会显示提示信息"Press any key to boot from CD"（按任意键开始从光盘执行引导）时，按下任意键。

② 当屏幕显示"Windows XP Professional 安装程序，欢迎使用安装程序"提示信息时，按回车键。然后按"R"键，屏幕启动故障控制台修复程序。

③ 在出现的"Windows XP 安装协议，Windows XP Professional 最终用户安装协议"界面时，同意接受许可协议，按下"F8"键。随后 Windows XP 系统就会自动安装，以后按照屏幕提示进行操作即可。

2.2.4 Windows XP 文件或文件夹管理

Windows XP 提供"资源管理器"和"我的电脑"两个应用程序，用于管理文件、文件夹及系统资源。用户利用它们可以轻松地完成创建文件或文件夹、显示文件夹结构、打开文件或文件夹、查找文件或文件夹、复制文件或文件夹、移动文件或文件夹、删除文件或文件夹、创建文件或文件夹快捷方式和发送等操作。

文件是一组相关信息的集合，如一个通知、一篇文章、一个报告、一幅图片、一首歌曲都可以建立一个文件。文件是以文件名的形式存放在计算机的磁盘上。文件可以是空文件。

文件名由两部分构成：文件名和扩展名。

Windows XP 采用长文件名，最多可使用 255 个字符作为文件或文件夹名称，并可使用空格符。文件的扩展名可使用 1～3 个字符，一般为 3 个字符。

文件名是文件存在的标识，操作系统根据文件名来对其进行控制和管理；扩展名表示文件的类型和性质，不同的应用程序创建的文件类型不同，Windows 系统赋予它的图标也不同。例如记事本程序创建的文件类型".txt"，画图程序创建的文件类型".bmp"，Photoshop 创建的文件类型".psd"等。常见文件类型的扩展名及描述如表 2-1 所示。

表 2-1　常见文件类型的扩展名及描述

*.com　系统命令文件	*.exe　可执行文件	*.ini　系统配置文件
*.sys　系统文件	*.zip　压缩文件	*.htm　网页文件
*.txt　记事本文件	*.rar　压缩文件	*.bmp　位图文件
*.doc　Word 文档文件	*.bak　备份文件	*.aiff　声音文件
*.xls　Excel 电子表格文件	*.bin　二进制码文件	*.avi　电影文件
*.ppt　PowerPoint 幻灯片文件	*.dll　动态链接库文件	*.mp3　音频文件
*.psd　Photoshop 图形文件	*.swf　动画文件	*.wav　声音文件
*.dif　AutoCAD 图形文件	*.jpg　图像文件	*.rmvb　视频文件
*.C　标准 C 语言源程序	*.cpp　C++面向对象程序	*.dsp　项目文件

磁盘上存有大量的、各种类型的文件，为了便于管理，实现分类存储，Windows XP 采用了树型结构文件夹的形式组织和管理文件。

1．创建文件或文件夹

（1）创建文件夹

创建文件或文件夹的位置可以是桌面、磁盘、文件夹、U盘、移动硬盘、"我的文档"中的任何位置。

创建文件夹的具体操作步骤：

选中建立文件夹的位置，右击选择快捷菜单中"新建"菜单下的"文件夹"命令，然后输入文件夹名。

例如创建一个树型文件夹结构，其结构如图2-13所示。

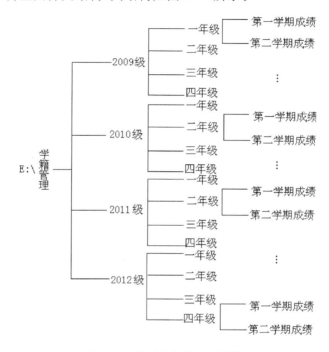

图2-13　树型文件夹目录结构

创建树型文件夹结构的操作步骤：

① 选中建立文件的位置E盘，右击选择快捷菜单中"新建"菜单的"文件夹"命令，然后输入文件夹名，如"学籍管理"。

② 打开"学籍管理"文件夹，分别建立"信息安全专业"、"计算机专业"、"通信专业"、"工商管理专业"文件夹。

按照上面介绍的方法，分别建立每个年级的文件夹、各个年级的"学期成绩"文件夹。

③ 单击"开始"菜单的"运行"命令，输入"cmd"命令，进入到DOS界面。

④ 在DOS命令提示符下，输入DOS命令E:回车，"tree"回车，即可显示刚建立的树型文件夹目录结构。

（2）创建文件

具体操作步骤：

① 打开刚建立的学籍管理文件夹结构中的任何一个文件夹，如"第一学期成绩"文件夹。

② 打开"Excel 2003"应用程序窗口,随便输入一些内容,然后保存文件到"第一学期成绩"文件夹中即可。

③ 打开"记事本"程序,随便输入一些内容,然后保存文件到"第一学期成绩"文件夹中即可。

④ 打开"画图"程序,随便画一幅图,然后保存文件到"第一学期成绩"文件夹中即可。

注意:在"第一学期成绩"文件夹中,观察三种不同类型的应用程序分别创建的文件类型是否相同,图标是否相同。

2. 浏览文件或文件夹

具体操作步骤:

① 打开"资源管理器"窗口。

② 选择要找的文件或文件夹的位置。

③ 选择"查看"菜单中的浏览文件、文件夹的命令,改变文件或文件夹的显示方式。

④ 在显示文件、文件夹窗口,可以直接单击"名称"、"大小"、"类型"、"修改时间"项进行排序、浏览。

3. 查找文件或文件夹

具体操作步骤:

① 打开"资源管理器"窗口。

② 单击"搜索"按钮,打开"搜索"对话框,如图 2-14 所示,在"要搜索的文件和文件夹名为"文本框中输入要查找的文件或文件夹名称,例如,分别输入"f??????. ＊","f＊.＊","＊.exe"。

③ 选择"搜索范围"、搜索选项等。例如搜索的范围选 D 盘,按修改日期进行搜索。

④ 单击"立即搜索"命令。

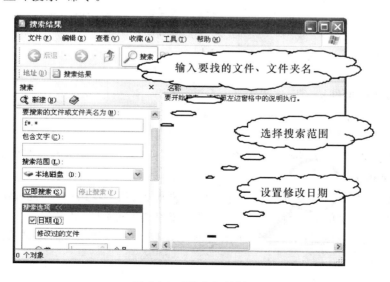

图 2-14　"搜索"对话框

4. 文件或文件夹操作

文件或文件夹操作包括创建文件或文件夹、显示文件夹结构、打开文件或文件夹、查找文件或文件夹、复制文件或文件夹、移动文件或文件夹、删除文件或文件夹、创建文件或文件夹快捷方式和发送文件或文件夹和修改等文件或文件夹属性等操作。

在树型文件夹结构中,用户要访问某个文件时,除了文件名外,一般还需要知道该文件的路径信息,即文件放在什么盘的什么文件夹下。

所谓路径是指从此文件夹到彼文件夹之间所经过的各级文件夹的名称,两个文件夹名之间用分隔符"\"分开。经常需要在"资源管理器"的地址栏输入要查询文件或文件夹所在的位置。

(1)选定文件或文件夹

具体操作步骤:

在对文件或文件夹进行各种操作之前,首先要选定文件或文件夹,一次可以选定一个或多个文件或文件夹,被选定的文件或文件夹以高亮显示。下面介绍几种选定的方法。

① 选定一个文件或文件夹:单击要选定的文件或文件夹即可。

② 选定多个不连续的文件或文件夹:单击第一个要选定的文件或文件夹,然后按住"Ctrl"键不放,再单击选定其他一个或多个文件或文件夹选项即可。

③ 选定多个连续的文件或文件夹:单击第一个要选定的第一个文件或文件夹,然后按住"Shift"键不放,再单击最后一个要选定的文件或文件夹,则在这两项之间的所有文件或文件夹将被选定,并且以高亮显示选定区域。如图 2-15 所示。

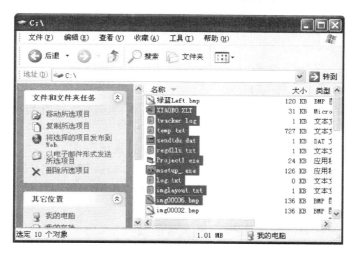

图 2-15 选定多个连续的文件夹

④ 反向选定文件或文件夹:有时,在一个文件夹中只有少数文件不选,而大多数文件要选的情况下,可以采用下面介绍的方法进行选择。

具体操作步骤:

先选定不需要选定的文件或文件夹,然后单击"编辑"菜单中的"反向选定"命令。

(2)撤销选定

撤销选定的方法:单击未选定区域的任何位置即可。

（3）复制、移动和删除文件或文件夹

具体操作步骤：

① 在资源管理器中，拖动窗口之间的滚动块，使要操作的对象和目标均可见。

② 选定操作对象，按住"Ctrl"键，然后将操作对象拖到目标位置即可完成复制操作。

提示：① 若要按住"Shift"键，然后将操作对象拖到目标位置即可完成移动操作；若要按"Del"键即可完成删除对象的操作。

② 可以使用"Ctrl＋C"、"Ctrl＋V"热键完成复制操作；使用"Ctrl＋X"、"Ctrl＋V"热键完成移动操作。

（4）永久删除文件或文件夹

具体操作步骤：

① 选定要删除的文件或文件夹。

② 按住"Shift"键，再按"Del"键可实现永久删除。

（5）还原与清空"回收站"的文件或文件夹

回收站是一个系统文件夹。其作用是把删除的文件或文件夹临时存放一个特定的磁盘位置即"回收站"。用户根据需要，既可以还原"回收站"中的文件或文件夹，也可以将其从回收站中永久删除。

还原"回收站"中文件或文件夹：

① 双击桌面上"回收站"图标，打开"回收站"窗口。

② 右击被选中的文件或文件夹，选择快捷菜单中的"还原"命令即可。

清空回收站的具体操作步骤：

① 打开"回收站"窗口。

② 右击空白位置，选择快捷菜单中的"清空回收站"命令，屏幕上将显示确认删除的对话框，选择"是"按钮或按回车键将其中的文件或文件夹全部删除。

（6）设置显示或隐藏文件、文件夹

在"资源管理器"中，可以通过设置"文件夹选项"实现显示或隐藏文件、文件夹。

具体操作步骤：

① 在资源管理器中，单击"工具"菜单中的"文件夹选项"。

② 单击"查看"选项卡，显示"高级设置"列表框的内容，如图 2-16 所示，用户可以根据需要进行相关的设置。

（7）修改文件或文件夹属性

一个文件包括两部分内容：一是文件所包含的数据；二是有关文件本身的说明信息，即文件属性。每一个文件或文件夹都有一定的属性，不同文件类型的"属性"对话框中的信息也各不相同。

在 Windows XP 中，属性信息包含文件或文件夹的名称、占用空间、位置、创建日期、只读、隐藏、存档等属性。根据用户需要进行设置或修改文件或文件夹的属性。

具体操作步骤：

① 在要设置属性的文件或文件夹上右击，选择快捷菜单中的"属性"命令。

② 打开该文件或文件夹的"属性"对话框，设置只读、隐藏或存档等属性。

其中"只读"属性表示该文件不能被修改；"隐藏"属性表示该文件在系统中是隐藏的，在默认情况下用户不能看见这类文件;"存档"属性表示该文件在上次已经备份过了,下次备份的时候就跳过这个文件。

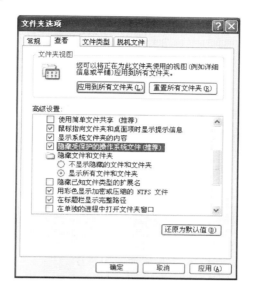

图2-16 "文件夹选项"对话框

2.2.5 Windows XP 设备管理

在使用计算机时,经常要安装一些新设备,如数码照相机、扫描仪、打印机、网卡等,这些设备都涉及安装驱动程序的问题。新购置的硬件设备一般都带有驱动程序,硬件设备的驱动程序在操作系统与该设备之间建立起一种连接关系,使操作系统能指挥硬件设备完成指定的任务。在安装"即插即用"设备时,Windows 会自动配置该设备,它能和计算机上安装的其他设备一起正常工作。

设备驱动程序的主要任务是:负责接收和分析从设备分配程序传来的信息以及设备控制表中的信息,结合设备特性,进行信息格式转换,把执行信息转换成设备能够执行的形式,驱动设备进行 I/O 操作。

设备驱动程序的处理过程是:将抽象要求转换为具体要求;检查 I/O 请求的合法性;读出和检查设备的状态;传送必要的参数;设备工作方式的设置;组织输入输出指令序列或通道程序,启动1,0设备或通道。如在总线1,0结构系统中,当某一进程需要使用某种输入、输出设备时,首先向输入输出控制系统发出请求,该子系统阻塞进程、分析进程发出的请求,并根据进程的请求调用适当的设备驱动程序。设备驱动程序接到输入输出控制系统发出的调用请求后,写设备控制器的相关寄存器,完成设备的初始化,操作设备完成具体的输入输出工作。完成数据传输之后,把设备的状态信息反馈给输入输出控制系统。输入输出控制系统检验设备状态,唤醒请求进程,并把操作状态信息返回给请求进程。

通常操作系统自带了多个厂家的各种常用硬件设备的驱动程序,在系统安装时,安装程序会自动找到新硬件并安装这些设备的驱动程序,但系统也经常找不到相应的驱动程序,用户就要根据所安装设备的类型,手动配置这些设置及相应的驱动程序。

2.2.6 Windows XP 磁盘管理

磁盘管理包括检查硬盘分区、磁盘使用情况、磁盘格式化、磁盘碎片整理、清理磁盘、更改驱动器名、删除逻辑分区和备份工具等操作。

1. 硬盘分区

由于硬盘的容量越来越大,为了方便操作系统的管理和用户的使用,通常可将一个物理硬盘划分为几个逻辑分区,就好像一个小区被分为1号楼、2号楼、3号楼、4号楼、5号楼等原理一样,一个逻辑分区只是物理硬盘中的一部分。

Partition Magic 8.0是一个硬盘分区管理工具,是目前硬盘分区管理工具中最好的,其最大特点是允许在不损失硬盘中原有数据的前提下,对硬盘进行重新设置分区、分区格式化以及复制、移动、格式转换和更改硬盘分区大小、隐藏硬盘分区等操作。

2. 磁盘管理器

在 Windows XP 中,系统自带了一个用于磁盘管理的磁盘管理器工具。该工具是一个用于管理各自所包含的硬盘、卷及分区的系统实用程序。

利用磁盘管理器可以初始化磁盘,创建卷,使用 FAT32 或 NTFS 文件系统格式化卷以及创建具有容错能力的磁盘系统等。

(1) 查看硬盘的分区情况

① 右击"我的电脑"图标,选择快捷菜单中执行"管理"命令,打开"磁盘管理器"窗口。

② 单击左边窗格中"磁盘管理",在右窗格中将显示计算机硬盘及分区列表及相关信息,如卷、布局、类型、状态、空闲空间及比例、是否容错等。如图 2-17 所示。

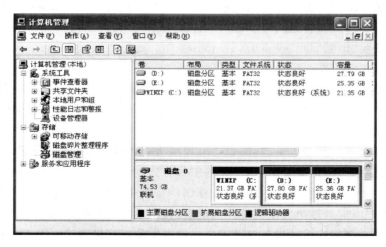

图 2-17 "计算机管理"窗口

(2) 更改驱动器号

具体操作步骤:

① 右击某一分区图标,在弹出的快捷菜单中执行"更改驱动器名和路径"命令。

② 单击"更改"按钮,在选中"指派以下驱动器号"选项后,单击到下拉列表框右侧的"G"按钮,为驱动器选择一个尚未被占用的驱动器号。

③ 选择完毕后单击"确定"按钮。

（3）磁盘格式化

首先我们了解一下磁盘的物理结构及其分区存放数据的方法。硬盘是由多个坚硬的磁片构成，它们围绕同一个轴旋转。每个磁片被格式化为多个同心圆，称为磁道；每个磁道被分成若干个扇区。因此，磁盘格式化就是在磁盘上建立可以存放文件或数据信息的磁道和扇区。由于大部分硬盘在出厂时已经格式化，所以只有在硬盘介质产生错误或重新安装系统时才需要进行格式化。

具体操作步骤：

① 右击要格式化的分区图标，选择快捷菜单中的"格式化"命令。

② 用户可以在指定了卷标、文件系统类型和分配单位大小及是否执行快速格式化、是否启用文件和文件夹压缩后，单击"确定"按钮。

对磁盘格式化的方式有三种选择：

"快速"：表示将删除盘上所有内容，但不检测坏的扇区。

"卷标"：在硬盘上建立一个标记即磁盘的名称。

"启动压缩"：硬盘容量比较大的情况下，不要选项。选择"启用压缩"项会节省一些硬盘空间，但是严重影响速度，因为每次读写数据的时候都会进行一次压缩/解压。

③ 设置完毕后，单击"开始"按钮。如果是已用过的磁盘，屏幕会提示"格式化将删除该磁盘上的所有数据"，确认之后，开始格式化。

提示：如果要对已用过的磁盘进行格式化，必须要慎重，因为格式化磁盘将清除磁盘上所有信息。

（4）查看分区属性

具体操作步骤：

① 在磁盘管理器中，右击某一分区图标，选择快捷菜单中的"属性"命令，如图 2-18 所示。

图 2-18　磁盘"属性"对话框

② 单击"常规"选项卡,显示该分区的一些基本信息,如卷标、分区类型、文件系统类型、已用空间和剩余空间等。

③ 单击"工具"选项卡,Windows 为用户提供了"开始检查"、"开始整理"和"开始备份"3个工具,单击对话框中的按钮开始执行相应的操作。

其中,"磁盘碎片整理程序"是 Windows XP 提供的磁盘工具之一。其功能是重新安排文件的存储位置、硬盘上的未用空间,使磁盘上的文件存储在连续的簇中,以提高文件的访问速度。

磁盘使用一段时间后,由于经常安装和卸载应用程序、复制和删除程序等操作,造成文件可能保存在不连续的簇中,即磁盘碎片。定期整理磁盘碎片是非常必要的。

具体操作步骤:

① 在"磁盘属性"对话框中,单击"开始整理"按钮,显示"磁盘碎片整理程序"窗口。

② 单击"磁盘碎片整理程序"选项,屏幕将显示"磁盘碎片整理程序"窗口,如图2-19所示。

图 2-19 "磁盘碎片整理程序"窗口

③ 选择磁盘,例如选择"D 盘"。

④ 单击"碎片整理"按钮,开始整理磁盘。

⑤ 磁盘碎片整理的过程比较缓慢,需要耐心等待,或者休息一段时间后再使用计算机。

⑥ 磁盘碎片整理过程结束后,显示"碎片整理报告"。

(5)清理磁盘

用户可以使用 Windows XP 提供的清理功能,也使用软件等方法清理系统垃圾文件。

具体操作步骤:

① 单击"开始清理"按钮,打开"磁盘清理"窗口。

② 选择要清理的驱动器,例如选择 C 盘。

③ 单击"确定"按钮。

提示:用软件完成计算机的清理。

2.2.7　Windows XP 应用程序

1．计算器

"计算器"可用于基本的算术运算,如加、减运算等。同时它还具有科学计算器的功能,如对数运算和阶乘运算等。用户可以复制计算机的运算结果到应用程序中。

2．画图

画图又称为画板。用户可以用它创建简单精美的几何图形,用几何图形画一幅美丽的画。并可以以黑白或彩色的位图文件保存到存储器中。还可以用画图程序查看和编辑扫描好的照片;利用画图,用户可以创建商业图形、公司标志、示意图以及其他类型的图形。用户可以将画粘贴到其他文档中,也可以将其用作桌面背景。

3．记事本

记事本是一个小型文本编辑程序,它只能以纯文本格式编辑和保存文本,可用来创建或编辑不包含任何格式且小于 64 KB 的文本文件。

4．写字板

写字板是一个用来编辑或打印各种文件、报表及个人来往信件的应用程序,它具有简单易学、支持图文混排等特点。用它生成的文档,可以通过剪贴板与其他 Windows 中的应用程序交换信息。

2.3　Windows 7 操作系统

2.3.1　Windows 7 版本

（1）Windows 7 简易版。Windows 7 简易版保留了 Windows 为大家所熟悉的特点和兼容性,并吸收了在可靠性和响应速度方面的最新技术进步。与 Windows XP 比较有很大的不同。

（2）Windows 7 家庭普通版。Windows 7 家庭普通版使用户的日常操作变得更快、更简单。

（3）Windows 7 家庭高级版。该版使用户在计算机上享有最佳的娱乐体验。可以轻松地欣赏和共享用户喜爱的电视节目、照片、视频和音乐。

（4）Windows 7 专业版。提供办公和家用所需的一切功能。Windows 7 专业版具备用户需要的各种商务功能,并拥有家庭高级版卓越的媒体和娱乐功能。

（5）Windows 7 Enterprise(企业版)。面向企业市场的高级版本,满足企业数据共享、管理、安全等需求。

（6）Windows 7 旗舰版。集各版本功能之大全。Windows 7 旗舰版具备 Windows 7 家庭高级版的所有娱乐功能和专业版的所有商务功能,同时增加了安全功能以及在多语言环境下工作的灵活性。旗舰版与企业版的功能完全相同,但是提供授权给一般的用户。家庭高级版以及专业版的用户若是希望升级到旗舰版可使用 Windows Anytime Upgrade 升级。

2.3.2 Windows 7 功能与特点

(1)更易用:Windows 7 做了许多方便用户的设计,如快速最大化、窗口半屏显示、跳跃列表、系统故障快速修复等,这些新功能令 Windows 7 成为最易用的 Windows 操作系统。

(2)启动快:Windows 7 大幅缩减了 Windows 的启动时间。

(3)更简单:Windows 7 将会让搜索和使用信息更加简单,包括本地、网络和互联网搜索功能,直观的用户体验将更加高级,还会整合自动化应用程序提交和交叉程序数据透明性。

(4)更安全:Windows 7 包括改进的安全和功能合法性,还会把数据保护和管理扩展到外围设备。

(5)低成本:Windows 7 可以帮助企业优化它们的桌面基础设施,具有无缝操作系统、应用程序和数据移植功能,并简化 PC 供应和升级,进一步朝完整的应用程序更新和补丁方面努力。

(6)易连接:Windows 7 进一步增强了移动工作能力,无论何时、何地、任何设备都能访问数据和应用程序,开启坚固的特别协作体验,无线连接、管理和安全功能会进一步扩展。

(7)桌面小工具:提供概览信息的微型程序,通过它们可以轻松访问常用的工具。

(8)直接发送邮件:可以直接启动 Outlook,将文档以邮件的形式发送出去。

(9)放大镜功能。Windows 7 系统中有很多的新颖小功能是之前使用的 Windows XP 不具有的,而这些小功能恰好能有效提升用户体验,增强系统功能,因此也成为了 Windows 7 一道独特的风景线,比如放大镜功能,不仅对很多视力不好的老年用户来说是非常有用的,就是对于经常进行文字和数字处理的朋友来说也是一种实用的工具。

(10)支持语音和触摸功能。Windows 7 在语音识别和手写输入方面有很大突破。

(11)WinFS 文件系统格式。WinFS 是一种新的文件系统格式。

2.3.3 Windows 7 窗口

启动 Windows 7 后,屏幕显示 Windows 7 桌面,如图 2-20 所示。

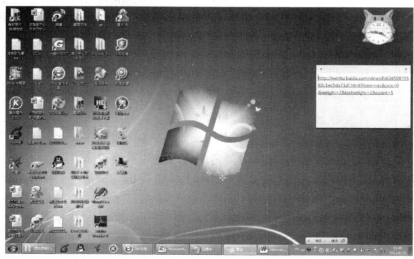

图 2-20　Windows 7 桌面

在桌面上有应用程序的图标、应用程序的快捷方式、Windows 7 小工具、开始按钮、任务栏等。

1. 应用程序图标

根据用户需要随时可以创建、删除应用程序的图标。

2. 开始菜单及设置技巧

Windows 7 开始菜单包括当前用户、系统控制区、关机按钮、附加菜单、最近使用的程序菜单、所有程序、搜索框等,如图 2-21 所示。

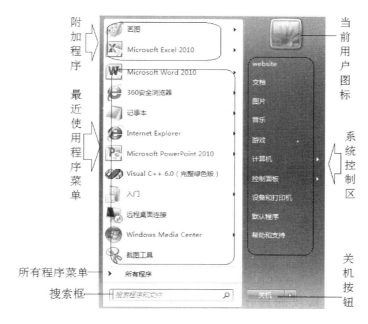

图 2-21　开始菜单

"开始"菜单设置方法:

(1) 在开始菜单上添加"运行"菜单

在任务栏上右击"属性"命令,单击"开始"菜单选项卡,单击"自定义"按钮,选中"运行"复选框即可在"开始菜单"增加"运行"菜单。

(2) 在开始菜单中添加程序、文件夹或其他项

在桌面直接拖动程序、文件夹或其他项到开始按钮,待出现开始菜单后,将程序、文件夹或其他项拖动到附加程序区即可。

(3) 自定义开始菜单

右击"开始"菜单按钮,在弹出的菜单中选择"属性"选项,弹出"任务栏和'开始'菜单属性"对话框,在"开始菜单"选项卡下,单击"自定义"按钮,如图 2-21 所示。

3. 任务栏

Windows 7 的超级任务栏给用户带来了许多方便,让计算机操作更快捷,但是要充分发

挥超级任务栏的作用,还得讲点小技巧。Windows 7 任务栏包括开始按钮、快速启动区、语言栏、系统提示区、显示桌面按钮。如图 2-22 所示。

图 2-22　Windows 7 任务栏

4. 任务栏设置技巧

技巧 1:将常用软件锁定在任务栏中。

运行要锁定的软件,在任务栏的该软件的图标上右击,选择快捷菜单的"将此程序添加到任务栏"。

技巧 2:将常用文件锁定在任务栏上,可以方便地打开经常使用的文件、音乐、网址,等等。方法是右击任务栏上的某文件图标,弹出最近用编辑的过的一些文件,只需将鼠标移到该文件上,单击后面的"锁定到此例表"按钮即可。下次需要打开该文件,只需要右击,再单击它就能方便地打开了。

技巧 3:显示桌面按钮。在 Windows 7 的任务栏的最右边,就是 Windows 7 的"显示桌面"按钮,单击它即可实现显示桌面功能。

技巧 4:同一个应用程序多窗口间的切换。同一程序打开了很多文件窗口,怎么方便地切换呢? 在任务栏上,用鼠标指向该应用程序的按钮时会显示这些窗口的预览图,再选择即可。

2.3.4　Windows 7 提供的操作

Windows 7 提供的主要操作包括应用程序、文件或文件夹、磁盘操作、系统设置、日常工具与娱乐六部分内容。如图 2-23 所示。

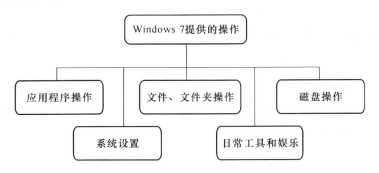

图 2-23　Windows 7 提供的操作

2.4 应用程序操作

2.4.1 启动应用程序的方法

1. 启动应用程序的方法

（1）开机自动启动应用程序

将日常工作所需要的应用程序,例如飞信 2011、腾讯 QQ、Visual Studio 2005、Word 2010、360 浏览器等应用程序的快捷方式图标拖到"启动"组窗口,此后每次开机后将自动启动"启动"组中的应用程序,直到删除启动组中的应用程序才能终止启动。

具体操作步骤:

① 单击"开始"按钮→指向"所有程序"→打开"启动"组窗口。

② 从桌面上拖动要放到"启动"组中的应用程序图标→关闭"启动"组窗口即可,例如将桌面上的"飞信 2011"、"美图秀秀"、"腾讯 QQ"等应用程序图标拖到"启动"组窗口,如图 2-24所示。

图 2-24 "启动"组窗口

③ 关闭"启动"组窗口。以后每次开机都会自动启动这些应用程序。

（2）从桌面启动应用程序

具体操作步骤:

双击桌面上的"应用程序图标",启动并打开应用程序窗口。

（3）从开始菜单中的所有程序菜单中启动应用程序

具体操作步骤:

单击"开始"按钮→"所有程序"→单击应用程序的快捷方式即可。

（4）从搜索程序和文件框中启动应用程序

具体操作步骤：

单击"开始"按钮→在"搜索程序和文件"框中输入应用程序名，例如输入 Winword 后按回车键，即可启动 Word 2010 应用程序。

（5）定时启动应用程序

根据用户工作需要，可以选择定时启动一个或多个应用程序，预先设置的时间可以是每月或每天的几时几分启动应用程序。每次只能设置一个应用程序，可以设置多次。

具体操作步骤：

① 单击"开始"按钮→单击"控制面板"→单击"管理工具"命令→单击"任务计划程序"命令→打开"任务计划"窗口。如图 2-25 所示。

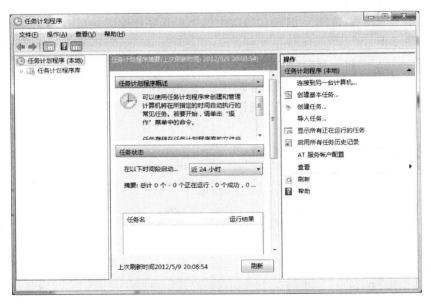

图 2-25 "任务计划程序"窗口

② 双击"创建基本任务"项→打开"创建基本任务向导"窗口→打开"创建基本任务向导"窗口。

③ 在"名称"框中输入需要设置自动启动的应用程序名，然后按照屏幕提示操作即可。

2. 退出应用程序的方法

正常退出应用程序的方法：

（1）单击应用程序窗口右上角的关闭按钮。

（2）单击"文件"菜单下的"退出"命令。

（3）使用组合键"Alt"＋"F4"。

（4）双击应用程序窗口左上的控制菜单图标。

强制退出应用程序的方法：

当计算机出现异常情况时，可以采取强制退出应用程序的方法关闭应用程序。

方法1:按组合键"Ctrl"+"Alt"+"Del",打开"Windows任务管理器"对话框。在"应用程序"列表框中,选择欲结束的应用程序名,然后单击"结束任务"按钮,即可关闭该应用程序。

方法2:在任务栏上右击,选择"启动任务管理器",打开"Windows任务管理器"窗口,如图2-26所示,然后按照上面介绍的方法进行操作即可。

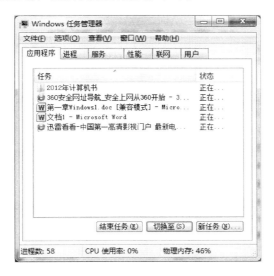

图2-26 任务管理窗口

提示:按照上面介绍的方法可以强制关闭一个或多个应用程序。当计算机出问题时,用户无法从开始菜单、桌面正常进入所需的应用程序窗口,可以单击"新任务"按钮,在"打开"文本框中输入要打开的应用程序名即可。

2.4.2 切换应用程序的方法

切换应用程序窗口的方法:

① 使用组合键"Alt"+"Tab"切换窗口:按住"Alt"键不放,反复按"Tab"键即可在打开的几个应用程序图标中进行选择,选定后松开按键即可。

② 使用组合键"Alt"+"Esc"切换窗口:即按住"Alt"键不放,反复按"Esc"键即可。

③ 在任务栏上,单击需要还原的应用程序最小化的按钮即可。

④ 使用"Win"键和"Tab"键切换窗口:按住"Win"键不放,反复按"Tab"键即可实现切换窗口的功能。

2.4.3 排列应用程序窗口

排列窗口的方法:

在任务栏空白处右击→选择快捷菜单的排列命令,如层叠窗口、堆叠显示窗口、并排显示等命令→进行窗口的排列即可。

2.4.4　创建应用程序快捷方式

通过"向导"创建应用程序的快捷方式:

在桌面右击→选择快捷菜单中的"新建"命令→"快捷方式"命令→单击"浏览"按钮,利用浏览方式找到要建快捷方式的应用程序名,如图 2-27 所示。

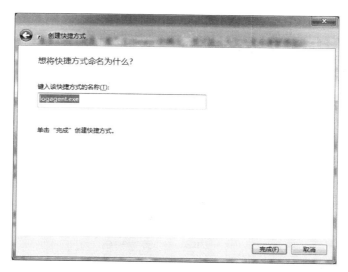

图 2-27　创建应用程序的快捷方式窗口

2.4.5　应用程序的卸载

具体操作步骤:

① 单击"开始"按钮,单击"所有程序"菜单。

② 找到应用程序,并在其上右击选择快捷菜单中的"卸载此软件"即可。

2.5　资源管理器

Windows 7 作为微软新一代操作系统,界面设计美观,在操作方面也有更为精妙的设计,操作也更为便利。刚接触 Windows 7 系统时,会有些不太适应,但熟悉后将大大提高工作效率。

在 Windows 7 资源管理器中,在窗口左侧的列表区,将计算机资源分为收藏夹、库、计算机和网络四大类资源,所有的改变都是为了让用户更好地组织、管理及应用资源,为我们带来更高效的操作。Windows 7 资源管理器如图 2-28 所示。

Windows 7 资源管理器的窗口包括菜单栏、工具栏、地址栏、搜索栏、导航窗格、细节窗格、预览窗格、工作区等,通过"组织"工具可以改变窗口布局,例如显示和隐藏资源管理器的导航窗格、细节窗格、预览窗格,其中,导航窗格的内容包括收藏夹、库、计算机等。

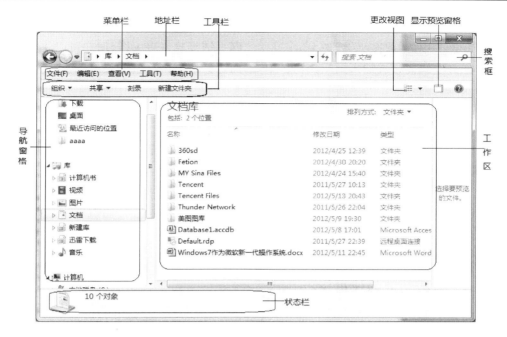

图 2-28　Windows 7 资源管理器

2.5.1　使用收藏夹的技巧

1．访问最近访问的位置

Windows 7 资源管理器中增加了收藏夹功能，可以大大提高使用计算机的方便程度。用户通过收藏夹中的"最近访问的位置"快速找到最近访问过的磁盘、文件和文件夹等，而不管它们原来存储的位置（本地或局域网），并且可以随着原始文件夹的变化而自动更新。还可以通过单击"更改视图"按钮改变浏览方式，如按照文件、文件夹的名称、修改日期、类型及等进行浏览，一目了然，如图 2-29 所示。

图 2-29　查看最近访问的位置

2．使用收藏夹管理文件夹

Windows 7 中的"收藏夹"就像 IE 浏览器的网页链接收藏夹一样,用户可以将需要经常访问的文件夹的快捷方式加入到"收藏夹"中,进而达到快速浏览、访问的目的。

使用收藏夹的技巧:

① 若要将文件、文件夹、磁盘、库文件夹添加到收藏夹中,直接拖动到导航窗格中的"收藏夹"即可。

② 若要更改收藏夹的顺序,直接拖动文件、文件夹、磁盘、库文件夹到新的位置上即可。

③ 若要还原导航窗格中的默认收藏夹,右击"收藏夹",然后单击"还原收藏夹链接"即可。

④ 若要删除收藏夹中的文件夹快捷方式,右击该文件夹,然后选择快捷菜单中的"删除"命令即可从导航窗格中删除该收藏夹,但不会删除收藏夹中以快捷方式链接的文件、文件夹、磁盘、库文件夹等。

2.5.2 "库"功能的使用技巧

用户可以利用 Windows 7 提供的"库"组织和管理文件,而不管其存储位置如何。可以将频繁使用的文件夹添加到"库"中,不用时可以随时删除它,对存储在磁盘中的文件夹没有任何影响。使用"库"组织和管理文件,可以达到快速查找或浏览文件的目的。Windows 7 提供了四个默认的"库"文件夹,包括文档库、音乐库、图片库和视频库。用户可以根据需要创建自己的库。

1．创建新的库

具体操作步骤:

① 单击"开始"按钮→单击"个人文件夹"→打开"个人文件夹"窗口。

② 单击"库"→在右侧窗口的空白处右击→选择快捷菜单中的"新建"命令→单击"库"命令→键入库的名称,然后按回车键即可。

③ 将正在使用的文件夹或频繁使用的文件夹包含到"库"中。在文件夹上右击→选择快捷菜单中的"包含到库中"→制定库文件夹下。

2．将计算机上的文件夹包含到库中

具体操作步骤:

① 单击"开始"按钮→单击"个人文件夹"→打开"个人文件夹"窗口。

② 在导航窗格(左窗格)中,找到要包含的文件夹,然后右击该文件夹→选择"快捷菜单"中的"包含到库中"命令→单击某个库文件夹即可。

提示:无法将可移动媒体设备(如 CD 和 DVD)和某些 USB 闪存驱动器上的文件夹包含到库中。

3．删除库中的文件夹

具体操作步骤:

① 单击"开始"按钮→单击"个人文件夹"→打开"个人文件夹"窗口。

② 在导航窗格(左窗格)中,找到要删除的库文件夹→然后右击该文件夹→选择"删除"

命令即可。

4. 使用"库"管理文件

具体操作方法如下：

单击"库"中的文件夹→单击"排列方式"按钮，可以查看和排列位于不同位置的文件。若要将文件复制、移动或保存到"库"中，必须首先在库中创建一个新的库，以便让"库"知道存储文件的位置。此文件夹将自动成为该库的"默认保存位置"，然后将文件复制、移动或保存到新的库中。

库可以收集不同文件夹中的内容。可以将不同位置的文件夹包含到同一个库中，然后以一个集合的形式查看和排列这些文件夹中的文件。

2.5.3 创建文件或文件夹

1. 创建文件

创建文件的方法同 Windows XP 操作系统。

2. 创建文件夹

创建文件夹的具体操作步骤：

① 选中创建文件夹的位置，如桌面、文件夹。

② 单击右键→选择快捷菜单上的"新建"命令→选择"文件夹"命令 →直接键入新的文件夹名即可。

2.5.4 文件或文件夹的选定与撤销

在对文件或文件夹各种操作之前，首先要选定文件或文件夹，一次可以选定一个或多个文件或文件夹，被选定的文件或文件夹以高亮显示。下面介绍几种选定的方法。

具体操作方法：

① 选定一个文件或文件夹的方法

单击要选定的文件或文件夹即可。

② 选定多个不连续的文件或文件夹的方法

单击第一个要选定的文件或文件夹，然后按住"Ctrl"键不放，再单击选定其他一个或多个文件或文件夹即可。如图 2-30 所示。

③ 选定多个连续的文件或文件夹的方法

单击第一个要选定的第一个文件或文件夹，然后按住"Shift"键不放，再单击最后一个要选定的文件或文件夹，则在这两项之间的所有文件或文件夹将被选定，并且以高亮显示选定区域。

④ 选定文件夹中的全部内容

使用快捷键"Ctrl"+"A"即可选定文件夹中的所有内容。

⑤ 选定驱动器的方法

单击要选定的驱动器图标即可。

⑥ 撤销选定的方法

单击未选定区域的任何位置即可。

图 2-30　选择不连续文件夹

2.5.5　复制文件或文件夹

1. 使用快捷键复制文件或文件夹

具体操作步骤：

① 用鼠标选定要复制的文件或文件夹。

② 使用快捷键"Ctrl"＋"C"命令,将选定的文件或文件夹放到剪贴板中。

③ 选定目标位置。双击目标盘或目标文件夹,打开目标盘或文件夹窗口。

④ 在目标盘或文件夹窗口中,使用快捷键"Ctrl"＋"V"命令将剪贴板中的内容粘贴到其中即可。

2. 使用快捷菜单复制文件或文件夹

具体操作步骤：

① 用鼠标选定要复制的文件或文件夹。

② 在选定区域右击→选择快捷菜单中是"复制"命令。

③ 选定目标位置。双击目标盘或目标文件夹→打开目标盘或文件夹窗口。

④ 在目标盘或文件夹窗口中右击→选择快捷菜单中的"粘贴"命令即可完成复制操作。

提示：复制文件或文件夹操作是通过 Windows 系统提供的"剪贴板"来实现的。具体实现是将要复制的文件或文件夹保存到剪贴板中。

2.5.6　移动文件或文件夹

所谓移动文件或文件夹,就是将文件或文件夹从一个位置移动到另一个位置,具体操作如下：

1. 使用快捷键移动文件或文件夹

具体操作步骤：

① 选定要移动的文件或文件夹。

② 使用快捷键"Ctrl"+"X"命令,将选定的文件或文件夹放到剪贴板中。

③ 双击目标盘或目标文件夹。

④ 使用快捷键"Ctrl"+"V"命令,将剪贴板中的内容粘贴到目标盘器或目标文件夹。

2. 使用快捷菜单移动文件或文件夹

具体操作步骤:

① 用鼠标选定要复制的文件或文件夹。

② 在选定区域右击→选择快捷菜单中是"剪切"命令。

③ 选定目标位置。双击目标盘或目标文件夹→打开目标盘或文件夹窗口。

④ 在目标盘或文件夹窗口中右击→选择快捷菜单中的"粘贴"命令即可完成移动操作。

提示:移动文件或文件夹操作是通过 Windows 系统提供的"剪贴板"来实现的。具体实现是将要移动的文件或文件夹保存到剪贴板中来实现的。

2.5.7 删除文件或文件夹

1. 删除文件或文件夹

具体操作步骤如下:

① 选定要删除的文件或文件夹。

② 按"Del"键即可将删除的文件或文件夹放到回收站中。

提示:用户可以随时还原回收站中的文件或文件夹。

2. 永久删除文件或文件夹

具体操作步骤:

① 选定要删除的文件或文件夹。

② 按住"Shift"键,再按"Del"键即可实现永久删除。

2.5.8 恢复被删除的文件或文件夹

回收站是一个系统文件夹。其作用是把删除的文件或文件夹临时存放一个特定的磁盘位置即"回收站"。用户根据需要,既可以还原"回收站"中的文件或文件夹,也可以将其从回收站中永久删除。

1. 还原"回收站"中的文件

具体操作如下:

① 双击桌面上"回收站"图标,打开"回收站"窗口。

② 右击要恢复的文件或文件夹,选择快捷菜单中的"还原"命令即可。

2. 清空回收站

具体操作如下:

① 双击桌面上"回收站"图标,打开"回收站"窗口。

② 右击空白的位置,选择快捷菜单中的"清空回收站"命令,屏幕上将显示确认删除的对话框,选择"是"按钮或按回车键将其中的文件或文件夹全部删除。

③ 单击"关闭"按钮。

2.5.9　更改文件或文件夹名

具体操作步骤：
① 在要更名的文件或文件夹上右击,选择快捷菜单中的"重命名"命令。
② 输入新的文件或文件夹名,按回车键即可。
提示：可以在要更名的文件或文件夹上双击,直接修改文件或文件夹名即可。

2.5.10　搜索文件或文件夹

如果记不清文件或文件夹名或存储位置可以利用 Windows 7 提供的搜索功能进行查找。在搜索文件或文件夹时,可以使用通配符(通配符"?"和"＊")进行模糊查寻。为了提高查找速度、缩小查找范围,也可以选择具体的保存位置、创建时间等选项进行搜索。
操作方法 1：
单击"开始"→在"搜索程序和文件"框中输入想要查找的文件名或文件夹名,然后按回车键,即可显示搜索的结果。
操作方法 2：
单击"资源管理器"的搜索框→在"搜索程序和文件"框中输入想要查找的文件名或文件夹名,然后按回车键,即可显示搜索的结果。

2.5.11　快速浏览文件或文件夹

使用文件库浏览文件和文件夹的操作步骤：
① 右击"开始"按钮→单击"打开 Windows 资源管理器"命令,如图 2-31 所示。

图 2-31　"Windows 7 资源管理器"窗口

② 在"Windows 7 资源管理器"中,可以单击"工具栏"中的"更改视图"按钮选择浏览方式,如按列表方式、大图标、小图标等方式显示文件或文件夹等。

提示:在预览音乐和视频文件时,双击音乐和视频文件即可进行播放,让用户无须运行播放器即可享受音乐或观看影片,非常方便实用。

2.5.12 设置文件或文件夹显示选项

在"资源管理器"中,可以通过设置"文件夹选项",实现显示或隐藏文件、文件夹。

具体操作步骤:

① 右击"开始"按钮,单击"打开 Windows 资源管理器"命令,打开资源管理器窗口。

② 在资源管理器窗口中,单击"组织"下拉按钮→选择"文件夹搜索选项"命令,屏幕显示"文件夹选项"对话框。

③ 单击"查看"选项卡,显示"文件夹选项"对话框。

④ 用户可以根据需要进行相关的设置,如图 2-32 所示。

⑤ 单击"确定"按钮。

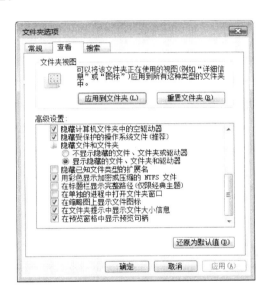

图 2-32 "文件夹选项"对话框

2.5.13 修改文件或文件夹属性

在 Windows XP 中,文件和文件夹都有各自的属性,属性信息包含文件或文件夹的名称、占用空间、位置、创建日期、只读、隐藏、存档等属性。根据用户需要进行设置或修改文件或文件夹的属性。

具体操作步骤:

① 在要修改的文件或文件夹上右击,选择快捷菜单中的"属性"命令,打开该文件或文件夹的属性对话框。

② 在属性对话框中,设置只读、隐藏等属性,如图 2-33 所示。

➤ "只读"属性表示该文件不能被修改。

➤ "隐藏"属性表示该文件在系统中是隐藏的,在默认情况下用户不能看见这类文件。

图 2-33　文件属性对话框

2.5.14　使用文件加密功能

具体操作步骤:

① 右击选择要加密的文件,选择快捷菜单中的"属性"命令,打开"属性"对话框。

② 选择"常规"选项卡,单击"高级"按钮,打开"高级属性"对话框,选中"加密内容以便保护数据"复选框。

③ 单击"确定"按钮。

2.6　磁盘操作

对磁盘操作包括检查磁盘使用情况、磁盘格式化、整理磁盘碎片、清理磁盘、更改驱动器名和删除逻辑分区。

2.6.1　磁盘使用情况

打开"资源管理器"窗口,即可查看各个磁盘的使用情况,如图 2-34 所示。

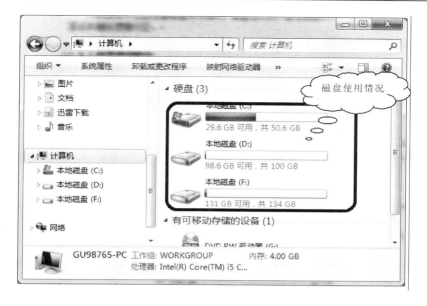

图 2-34　磁盘使用情况

2.6.2　磁盘格式化

硬盘是由多个坚硬的磁片构成,它们围绕同一个轴旋转。每个磁片被格式化为多个同心圆,称为磁道;每个磁道被分成若干个扇区。因此,磁盘进行格式化后才能存储文件、文件夹。

格式化磁盘的具体操作步骤:

① 打开"资源管理"窗口。

② 在格式化磁盘上右击→选择快捷菜单的"格式化"命令→打开"格式化"对话框,如图 2-35 所示。

③ 选择文件系统格式,选中"快速格式化"复选框,单击"开始"按钮即可。

提示:如果要对已用过的磁盘进行格式化,必须要慎重,因为格式化磁盘将永久清除磁盘上所有信息。

图 2-35　"格式化"对话框

2.6.3　整理磁盘碎片

"磁盘碎片整理程序"是 Windows 7 操作系统提供的磁盘工具之一。其功能是重新安排文件的存储位置、硬盘上的未用空间,使磁盘上的文件存储在连续的簇中,以提高文件的访问速度。

磁盘使用一段时间后,由于经常安装和卸载应用程序、复制和删除程序等操作,造成文件可能保存在不连续的簇中,即磁盘碎片。定期整理磁盘碎片是非常必要的。

具体操作步骤:

① 单击"开始"→在"搜索程序和文件夹"框中输入"磁盘整理"后按回车键,打开整理磁

盘的属性窗口。

② 双击"磁盘碎片整理"选项,屏幕显示"磁盘碎片整理程序"窗口。

③ 单击"磁盘碎片整理"命令按钮,按照配置计划的设置进行碎片整理。

提示:根据用户使用计算机的情况,设置配置计划,包括整理磁盘的时间间隔、指定磁盘等。具体配置如图 2-36 所示,单击"配置计划"按钮进行设置即可。

图 2-36　"磁盘碎片整理程序"窗口

2.6.4　清理磁盘

用户可以使用 Windows 7、360 安全卫士软件、Windows 优化大师等软件清理系统垃圾文件。

1. 使用 Windows 7 清理磁盘垃圾文件

具体操作步骤:

① 单击"开始"→在"搜索程序和文件夹"框中输入"清理磁盘"后按回车键,打开"磁盘清理:驱动器选择"窗口。如图 2-37 所示。

② 根据用户需要选择清理的磁盘,然后单击"确定"命令按钮即可。

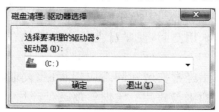

图 2-37　清理磁盘窗口

2. 使用360安全卫士清理垃圾文件

具体操作步骤：

打开360安全卫士窗口，单击"电脑清理"项即可，如图2-38所示。

图2-38 清理垃圾文件窗口

2.6.5 更改驱动器名和删除逻辑分区

具体操作步骤：

① 在桌面右击"计算机"图标→选择"管理"命令→双击"磁盘管理"，打开"计算机管理"窗口。

② 右击"逻辑驱动器"，选择快捷菜单中的命令，如"更改驱动器名"或"删除逻辑驱动器"，即可实现相应的操作。如图2-39所示。

图2-39 计算机管理

2.7 系统设置与个性化桌面

2.7.1 设置计算机名

具体操作步骤：

① 右击"计算机"图标→选择快捷菜单中的"属性"命令。

② 单击"高级系统设置"按钮，打开"系统属性"窗口。

③ 单击"计算机名"选项卡→单击"更改"命令按钮。

④ 在"计算机名"文本框输入计算机名即可。

⑤ 单击"确定"按钮即可。

2.7.2 设置分辨率

显示分辨率是显示器在显示图像时的分辨率，分辨率是用像素点来衡量的，显示分辨率的数值是指整个显示器所有可视面积上水平像素和垂直像素的数量。

具体操作步骤：

① 在桌面右击，选择快捷菜单中的"屏幕分辨率"命令→打开修改分辨率窗口。

② 在"分辨率"选项中选择推荐的分辨率或根据用户需要进行设置。

③ 单击"确定"按钮即可。

2.7.3 设置屏幕颜色和刷新频率

刷新频率就是屏幕刷新的速度。刷新频率越低，图像闪烁和抖动的就越厉害，眼睛疲劳得就越快，有时会引起眼睛酸痛。刷新频率越大，对眼睛的伤害越小，一般达到 75～85 Hz 就可以了，但是不要超出显示器所能承受的最大刷新频率，否则会减小显示器的使用寿命。液晶显示器的内部不是阴极射线管，不是靠电子枪去轰击显像管上的磷粉产生图像。液晶显示器是靠后面的灯管照亮前面的液晶面板而被动发光，只有亮与不亮、明与暗的区别。液晶显示器的刷新频率一般默认为 60 Hz。

具体操作步骤：

① 在桌面右击，选择快捷菜单中的"屏幕分辨率"命令→打开修改分辨率窗口。

② 单击"高级设置"命令按钮，打开"通用即插即用监视器"对话框。

③ 单击"监视器"选项卡，选择系统的"刷新频率"和"屏幕颜色"值，如图 2-40 所示。

④ 单击"确定"按钮即可。

提示：笔记本计算机的刷新频率的值一般设置为 60 Hz 即可。

图 2-40 设置显示器的颜色和刷新频率

2.7.4 设置桌面背景

具体操作步骤：

① 在桌面上右击→选择快捷菜单中的"个性化"命令,屏幕出现"个性化"窗口。

② 在"个性化"窗口中,单击"桌面背景"图标,屏幕显示"桌面背景"窗口。

③ 选择一个风景图片作为屏幕的背景即可。也可以单击"浏览"按钮选择计算机中的图片。

提示:获取图片的途径,使用 Windows 7 提供的背景图片、数码照片和网上下载的图片。

2.7.5 设置屏幕保护程序

1. 设置屏幕保护程序

具体操作步骤：

① 在桌面上右击→选择快捷菜单中的"个性化"命令,屏幕出现"个性化"窗口。

② 在"个性化"窗口中,单击"屏幕保护程序"图标,屏幕显示"屏幕保护程序设置"窗口。

③ 单击"屏幕保护程序"下拉列表框,选择一种屏幕保护程序,单击"浏览"命令按钮,观察显示的效果。

2. 设置个性幻灯片的屏保程序

具体操作步骤：

① 在桌面上右击→选择快捷菜单中的"个性化"命令→打开"个性化"设置窗口。

② 单击"屏幕保护程序"图标→屏幕显示"屏幕保护程序设置"对话框。

③ 单击"屏幕保护程序"下拉列表框,从中选择"照片"项,单击"设置"命令按钮,设置幻灯片放映的速度等,如图 2-41 所示。

④ 单击"确定"按钮即可。

图 2-41　"屏幕保护程序设置"对话框

2.7.6　在桌面添加小工具

Windows 7 提供了许多实用的小工具,包括"日历"、"时钟"、"天气"、"源标题"、"幻灯片放映"和"图片拼图板"等。通常把这些常用的小工具添加到桌面上。

1. 在桌面添加小工具

具体操作步骤:

① 在桌面上右击→选择快捷菜单中的"小工具"命令→打开"小工具"窗口,如图 2-42 所示。

图 2-42　Windows 7 提供的小工具窗口

② 例如添加一个时钟程序,右击"时钟"图标→选择快捷菜单中的"添加"命令,在屏幕上添加一个时钟。

提示:根据需要随时可以关闭小工具,单击"小工具",选择"小工具"右上角的关闭按钮即可。

2. 设置小工具

具体操作步骤:

① 单击小工具→单击小工具右上角上的"![icon]"图标,打开小工具的设置窗口,用户可以设置时钟的样式、时区、秒针等。

② 设置完后,单击"确定"按钮结束。

3. 关闭小工具

关闭小工具方法是单击"关闭"按钮。

2.7.7 在桌面添加提醒便笺

1. 在桌面添加一个或多个便笺

具体操作步骤:

① 单击"开始"按钮→指向"所有程序"→单击"便笺"命令,打开"便笺"窗口。

② 在便笺上输入便笺的内容,并将便笺拖到桌面即可。

提示:单击便笺上的"+"符号,可以增加一个或多个便笺;单击"×"符号,可以删除该便笺。

2. 设置便签的颜色

具体操作步骤:

在便签上右击→在快捷菜单上选择一种合适的颜色即可。

2.7.8 在桌面创建操作对象的快捷方式

将正在使用或频繁使用的设备(如打印机、扫描仪)、磁盘、文件夹以快捷方式的形式放在桌面上,便于用户使用。

1. 在桌面创建文件夹的快捷方式

方法1:单击"开始"→在"搜索程序和文件"框中输入要搜索的文件夹名→在搜索到的文件夹上右击→选择快捷菜单上的"发送到"命令→选择"桌面快捷方式"命令即可。

方法2:在文件夹上右击→选择快捷菜单上的"发送到"命令→选择"桌面快捷方式"命令即可。

2. 在桌面创建设备(如光驱、打印机、磁盘)的快捷方式

具体操作步骤:

① 打开资源管理器,直接拖动磁盘到桌面即可。

② 单击"开始"按钮→选择"控制面板"→单击"设备和打印机"→打开"设备和打印机"窗口→直接拖动"打印机"设备到桌面即可。

2.7.9 自定义任务栏

系统默认情况下，任务栏就是操作系统中最底部的工具栏、开始菜单、启动的应用程序等，全部都展现在任务栏中。在 Windows 7 中的任务栏，图标显示变大，变得更加清晰直接。当然用户还可以根据自己的习惯或者需要选择设置任务栏的外观，甚至是把任务栏放到屏幕的左边、右侧或者顶部等。

具体操作步骤：

① 右击任务栏→选择快捷菜单中的"属性"命令→打开"任务栏和「开始」菜单栏属性"对话框。

② 选中"锁定任务栏"、"使用小图标"复选框→选择"屏幕上的任务栏位置"，即可让任务栏在桌面底部、左侧、右侧或顶部等不同位置显示。

③ 单击"确定"按钮即可，如图 2-43 所示。

图 2-43　"任务栏和「开始」菜单属性"对话框

2.7.10 自定义开始菜单

1. 在"开始"菜单添加常用程序的快捷方式

具体操作步骤：

① 单击"开始"菜单→指向"所有程序"命令→在"所有程序"列表中选择需要固定在"开始"菜单中的应用程序，如"飞信 2011"。

② 右击"飞信 2011"图标，选择"快捷菜单"中的"附到开始菜单"即可。

提示：如果要删除"开始"菜单中的应用程序的快捷方法，则右击该程序的项，选择"从列表中删除"即可。

2. 在开始菜单添加计算机和控制面板的级联菜单

具体操作步骤：

① 右击任务栏→选择快捷菜单中的"属性"命令→打开"任务栏和开始菜单栏"对话框。

② 单击"开始菜单"选项卡→单击"自定义"命令按钮→打开"自定义开始菜单"对话框。

③ 在"自定义「开始」菜单"对话框中，选中"计算机"和"制面板"下的"显示为菜单"单选按钮，再单击"确定"按钮即可，如图 2-44 所示。

④ 单击"开始"菜单，发现"计算机"和"控制面板"都能显示出级联菜单项。

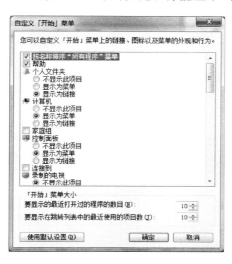

图 2-44 "自定义「开始」菜单"对话框

习　　题

一、选择题

1. 在窗口中关于当前窗口的有关信息显示在_____中。

A. 标题栏　　　　B. 任务窗格　　　　C. 状态栏　　　　D. 地址栏

2. 要在多个窗口中进行切换，应按_____组合键。

A. "Alt＋Tab"　　　　　　　　B. "Ctrl＋Alt＋Tab"

C. "Alt＋F4"　　　　　　　　D. "Ctrl＋Alt＋F4"

3. 要选中某个对象时，通常使用鼠标的_____操作。

A. 单击　　　　B. 双击　　　　C. 右击　　　　D. 拖动

4. 可执行文件的扩展名为_____。

A. .com　　　　B. .bak　　　　C. .exe　　　　D. .bar

5. 在 Windows XP 中，可使用桌面上的_____来浏览和查看系统提供的所有软硬件资源。

A. 我的文档　　　　B. 回收站　　　　C. 我的电脑　　　　D. 网上邻居

6. 在 Windows XP 中，要选中不连续的文件或文件夹，先用鼠标单击第一个，然后按住_____键，用鼠标单击要选择的各个文件或文件夹。

A. "Alt"　　　　B. "Shift"　　　　C. "Ctrl"　　　　D. "Del"

7. "回收站"是_____文件存放的容器,通过它可恢复误删的文件。

A. 已删除   B. 关闭   C. 打开   D. 活动

8. 清除"开始"菜单"文档"项中的文件列表的正确方法是_____。

A. 在任务栏和开始菜单"属性"对话框的"开始菜单"选项卡中单击"清除"按钮

B. 用鼠标右键把文件列表拖到"回收站"中

C. 通过鼠标右键的快捷菜单中的"删除"命令

D. 通过"资源管理器"进行删除

9. 在 Windows XP 中,全/半角转换的默认热键是_____。

A. "Ctrl＋Space"   B. "Ctrl＋Alt"

C. "Shift＋Space"   D. "Ctrl＋Shift"

10. 资源管理器中的文件夹图标大小的命令是在_____菜单中。

A. 文件   B. 编辑   C. 查看   D. 工具

11. 查看磁盘驱动器上文件夹的层次结构可以通过_____实现。

A. 我的文档   B. 任务栏

C. Windows 资源管理器   D. "开始"菜单中的"搜索"命令

12. 关于添加打印机,正确的描述是_____。

A. 在同一操作系统中只能安装一台打印机

B. Windows XP 不能安装网络打印机

C. 可以安装多台打印机,但同时间只有一台打印机是默认的

D. 以上都不对

13. "画图"程序可以实现_____。

A. 编辑文档   B. 查看和编辑图片

C. 编辑超文本文件   D. 制作动画

14. 下列情况在"网上邻居"中不可以实现的是_____。

A. 访问网络上的共享打印机   B. 使用在网络上共享的磁盘空间

C. 查找网络上特定的计算机   D. 使用他人计算机上未共享的文件

15. 在 Windows XP 中对系统文件的维护的工具是_____。

A. 资源管理器   B. 系统文件检查器

C. 磁盘扫描   D. 磁盘碎片整理

16. 利用"系统工具"中的"任务设计"可以_____。

A. 对系统资源进行管理   B. 设置 Windows XP 启动方式

C. 对系统进行设置   D. 定期自动执行安排好的任务

17. 在 Windows XP 中要移动窗口,应该_____。

A. 用鼠标拖动窗口标题栏   B. 用鼠标拖动窗口边框

C. 用鼠标拖动窗口的四个角中的一个   D. 用鼠标拖动窗口的菜单栏

18. 在资源管理器中用鼠标拖动 D 盘上一个文件夹到桌面上时_____。

A. 该文件夹移动到桌面上

B. 在桌面上创建了该文件夹的快捷方式

C. 该文件夹被删除

D. 该文件夹被复制到桌面上

19. 在资源管理器中,用鼠标将 C 盘上一个文件夹拖动到 D 盘上,在拖动过程中按住"Shift"键,则_____。

A. 该文件夹被复制到 D 盘上

B. 该文件夹被移动到 D 盘上

C. 该文件夹被删除

D. 在 D 盘上创建该文件夹的快捷方式

20. 在 Windows XP 中,许多应用程序的"文件"菜单,都有"保存"和"另存为"两个命令,下列说法正确的是_____。

A. "保存"命令只能用原来的文件名存盘,"另存为"命令不能用原文件名存盘

B. "保存"命令不能用原来的文件名存盘,"另存为"命令只能用原文件名存盘

C. "保存"命令只能用原来的文件名存盘,"另存为"命令也能用原文件名存盘

D. "保存"和"另存为"命令都能用任意文件名存盘

21. _____不是操作系统关心的主要问题。

A. 管理计算机裸机

B. 设计、提供用户程序与计算机硬件系统的界面

C. 管理计算机系统资源

D. 高级程序设计语言的编译器

22. 单击带有_____的菜单命令就会弹出一个相应的对话框,要求用户输入某种信息或改变某种设置。

A. √号   B. 省略号   C. 三角标记   D. 着重符号

23. 进行磁盘碎片整理的目的是_____。

A. 增大磁盘的容量   B. 增加磁盘的转速

C. 提高访问文件的速度   D. 增加磁盘的缓存

24. 卸载应用程序可以通过打开_____窗口来进行。

A. "开始"菜单   B. 属性设置

C. 菜单   D. 添加或删除程序

25. 菜单名字右侧带有 ▶ 表示这个菜单_____。

A. 可以复选   B. 重要

C. 有下级子菜单   D. 可以设置属性

26. 在桌面建立_____可以快速打开该对象的窗口。

A. 程序   B. 文件夹的快捷方式

C. 应用程序   D. 屏保程序

27. 在 Windows XP 操作系统中"我的电脑"和_____是相通的信息浏览平台。

A. 资源管理器   B. 对话框

C. 控制面板   D. IE 浏览器

28. Windows XP 操作系统中,主要用_____来进行人与系统之间的信息对话。

A. 资源浏览器   B. 对话框   C. IE 浏览器   D. 菜单

29. 操作系统是_____。

A. 用户与软件的接口   B. 系统软件与应用软件的接口

C．主机与外设的接口   D．用户与计算机的接口

30．以下四项不属于 Windows XP 操作系统特点的是_____。

A．图形界面   B．多任务

C．即插即用   D．不会受到黑客攻击

二、简答题

1．Windows 7 操作系统的功能主要有哪些？

2．说明 Windows 7 操作系统的最新版本及特点。

3．在 Windows 7 中，如何在桌面创建文件夹磁盘的快捷方式？

4．在 Windows 7 中，如何在桌面添加时钟、日历、便笺等小工具？

5．Windows 7 操作系统中用户和组的作用是什么？

6．简述在 Windows 7 中清理垃圾文件的方法和作用。

7．简述在 Windows 7 中整理磁盘的方法和作用。

8．如何将应用程序的快捷方式建立开始菜单、快速启动栏？

9．在 Windows 7 中，如何快速使所有启动程序最小化？

10．简述在 Windows 7 中库的作用。

11．简述在 Windows 7 中收藏夹的作用。

12．在 Windows 7 中，如何将文件夹包含在库中？

13．在 system 32 文件夹中，实现按文件名、文件类型、文件大小、修改时间排列文件、文件夹的功能。

14．简答启动和退出应用程序最快的 3 种方法。

15．简答强制退出应用程序的方法。

16．在 Windows 7 中，如何创建一个受限用户的帐号和密码？

第 3 章　Word 文字处理

本章学习重点：

1. Word 2003 的基本操作
2. 编辑文档
3. 文档的美化与排版
4. 编辑表格和图表的方法
5. 页面设置与打印

3.1　Word 2003 基本操作

Word 2003 文字处理软件是微软公司的 Microsoft Office 2003 系列办公软件之一。它是集文字编辑、图片、表格、Internet、排版及打印为一体的文字处理软件。掌握 Word 2003 提供的操作和编辑命令就可以制作出专业的文档。

3.1.1　Word 2003 功能

（1）强大的编辑文档、表格、图表等功能，支持多种类型的文档；

（2）强大的翻译功能，支持十多种语言的翻译，并支持全文翻译；

（3）快捷的搜索功能，Office 2003 内嵌的搜索引擎可快捷地查找资料；

（4）Word 2003 增加了阅读器，增加了阅读功能；

（5）完善的保护功能，文档的安全得到了保障。

3.1.2　Word 2003 工作窗口

Word 2003 工作窗口如图 3-1 所示，其组成如下：

① "菜单栏"用于显示新建、编辑、打印和保存以及对文档操作的所有命令按钮。对于不常用的命令将被隐藏起来，需要时单击菜单下面的双箭头按钮显示。

② "工具栏"位于菜单栏的下方，工具栏上以图标的形式显示常用的工具按钮，用户可直接单击工具按钮执行该项操作，比菜单操作更加方便、快捷。用鼠标拖动"工具栏"最前面的灰色竖线，可以改变工具栏在窗口中的位置。右击"工具栏"的空白处，

即可设置所有工具栏的显示或隐藏。如图 3-2 所示。

③ "常用"工具栏包含了对文档操作的命令按钮,右击"工具栏"的空白处,即可设置所有工具栏的显示或隐藏。

④ 使用"格式"工具栏可以快速改变文字字型、字体、字号和对齐方式等。

⑤ 标尺用来确定文本、图片、表格在屏幕和纸上的位置,也可以利用水平标尺上的缩进按钮进行段落缩进和边界调整。还可以利用标尺上的制表符来设置制表位。标尺的显示或隐藏可以通过单击"视图"菜单中的"标尺"命令来实现。

⑥ 文档编辑区用来输入、编辑文档。

⑦ Word 2003 提供了垂直滚动条和水平滚动条。使用滚动条可以快速移动文档和确定文档在窗口中的位置。

⑧ 状态栏位于窗口的最下方,显示编辑文档的状态,如当前的页号、节号、当前页及总页数、光标插入点位置、改写/插入状态、使用的语言等信息。

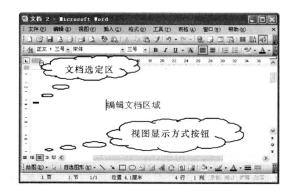

图 3-1 Word 2003 工作窗口

图 3-2 "菜单栏"与"工具栏"

3.1.3 文档的创建、保存和保护文档

Word 2003 自动创建了一个默认的文档名:"文档 1"。单击"工具栏"的"新建空白文档"按钮可创建多个新文档。新建文档文件的类型有.doc、.dot、.xml 和.html。其中,用 Word 2003 建立的文档文件为.doc 类型;用 Word 2003 建立的模版文件为.dot 类型;用 Word 2003 建立的 XML 原代码文件为.xml 类型;用 Word 2003 建立的网页文件为.html 类型。

1. 创建文档

双击桌面的 Word 2003 快捷方式图标,打开 Word 2003 编辑文档窗口,如图 3-1 所示,创建一个默认的文档,其名称为"文档1"。

2. 输入文档

输入文档的途径有多种,有键盘输入、语音输入、联机手写体输入和扫描仪输入等。其中最常用的是键盘输入法。一般是利用输入法软件通过键盘输入计算机。

（1）中文输入

Word默认为英文输入状态。按"Ctrl＋Space"组合键,在中文和英文输入法之间进行切换;按"Ctrl＋Shift"组合键,进行中文输入法的切换。

（2）英文输入

在Word中输入英文,系统会启动自动更正功能。在英文状态下,可以快速更正已经输入的英文字母或英文单词的大小写。

（3）特殊符号的输入

Word中允许输入一些特殊的符号,选择"插入"菜单的中的"符号"命令,打开插入特殊"符号"对话框,如图3-3所示。

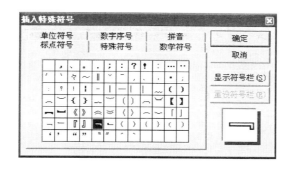

图3-3 "插入特殊符号"对话框

单击"标点符号"选项卡,选择要插入的字符,单击"确定"按钮,即可在文档的光标处插入该字符。

（4）日期和时间的输入

在文档中可插入固定的日期和时间,也可插入自动更新的日期和时间,例如文档的创建日期、最后打开日期或保存日期等信息。

具体操作步骤:

① 单击要插入日期和时间的位置。

② 选择"插入"菜单中的"日期和时间"命令,打开"日期和时间"对话框,如图3-4所示。

③ 在可用格式列表框中,选择一种需要的格式。

④ 如果选中"自动更新"复选框,可在打印文档时自动更新日期和时间。

⑤ 单击"确定"按钮。

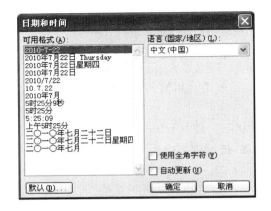

图 3-4　"日期和时间"对话框

3. 保存文档

单击"文件"菜单中的"保存"命令,屏幕显示如图 3-5 所示。在"另存为"对话框中,选择保存文档的位置,输入要保存文档的文件名。

图 3-5　"另存为"对话框

提示:保存文档时不需要选择文档的类型,默认类型名为". doc"。若是第一次保存,系统会提示让用户输入相对应的文件名。若一个文件已经保存过了,但还想保存一份副本,则可以选择"另存为"方式。

为防止在录入文本时死机或突然断电情况下丢失录入的文本,Word 2003 提供了自动保存功能,具体操作如下:

在 Word 2003 中,选择"工具"菜单中的"选项"命令,单击"保存"选项卡,设置"自动保存文档的间隔时间",一般设置为 5～10 分钟,可以避免丢失录入的文本。

4. 保护文档

如果文档要求保密,则可设置"打开权限密码",没有密码或密码错都无法打开此文档;如果文档允许他人查看但禁止修改,则设置"修改权限密码",此文档只能以"只读"方式打开。

具体操作步骤:

① 选择"文件"菜单中的"另存为"命令,打开"另存为"对话框,单击工具按钮的向下箭

头，选择"工具"菜单中的"安全措施选项"命令，打开"安全性"对话框，如图3-6所示。

图 3-6 "安全性"对话框

② 在图3-6所示的对话框中，设置打开文件时的密码和修改文件时的密码，然后单击"确定"按钮，系统要求再输入一遍密码确认。

③ 返回"另存为"对话框，单击"保存"按钮。

3.1.4 打开文档

打开文档就是将保存在磁盘的文档读入到内存中打开。打开文档的方法有以下几种：

① 打开"文件"菜单，选择"文件"菜单底部最近使用过的文档，可快速打开最近使用的文档。

② 选择"文件"菜单中的"打开"命令，或单击常用工具栏上的"打开"按钮。

③ 在"查找范围"中查询要打开的文档，双击要打开的文档。

④ 单击"开始"菜单，双击"我最近的文档"。

3.1.5 编辑文本

编辑文本包括选定文本、插入文本、删除文本、移动文本、复制文本、撤销与重复操作、查找与替换、拼写和语法检查等操作。

在编辑文档时，根据用户编辑内容的需要选择 Word 2003 提供的视图显示方式。

提示：用户可通过单击窗口左下角的"视图方式"按钮或"视图"菜单中的命令切换视图显示的方式；也可以单击左下角的视图按钮选择文档显示的方式。

编辑文档时可以选择以下几种显示方式：

① 页面视图：选择"视图"菜单中"页面视图"项，可以按照用户设置的页面大小显示文档内容，并且可以显示分栏、页眉、页脚、水印等项的设置效果。

② 普通视图：选择"视图"菜单中"普通视图"项，主要用于文档的输入、编辑和排版工作，但不能显示文档中的分栏、页眉、页脚、水印等项的设置效果。

③ Web 版式视图:选择"视图"菜单中"Web 版式视图"项,可以创建显示在 Web 页面上文件。

④ 大纲视图:选择"视图"菜单中"大纲视图"项,可以按照文档中标题的层次结构来显示标题的内容。

⑤ 阅读版式:选择"视图"菜单中"阅读版式"项,将文档分屏显示,便于用户阅读文档。

输入文本之后,如果需要移动文本、复制文本、删除文本等操作,都必须先选定文本,然后才能进行复制、移动、删除等操作。

1. 选定文本

使用鼠标选定文本的方法:

① 选定一个字或词,可以双击该字或词。

② 选定一句,可以按住"Ctrl"键,再单击句子的任意位置。

③ 选定一行,单击该行左侧的选定区。

④ 选定多行,将鼠标指针移至第一行左侧的选定区中,按住鼠标左键在选定区中拖动。

⑤ 选定一段,双击该段左侧的选定区。

⑥ 选定多段,先把插入点置于要选定文本的开始处,按住"Shift"键,再单击要选定文本的末尾。

⑦ 选定整个文档,将鼠标移到选择区内单击三下左键。

⑧ 选定图形,单击图形即可。

2. 设置插入和改写方式

在默认状态下,输入文本是"插入"状态,在光标处插入新文本,原来的文本向右移动。用户可以切换到"改写"状态,使新输入的文本替换已有的文本。用户可按"Insert"键在"插入"和"改写"状态之间切换。

3. 删除与恢复文本

(1) 删除字符

首先选定要删除的文字,然后按"Del"键或"Backspace"键即可。

(2) 撤销与恢复操作

在编辑文本时,Word 2003 将自动记录下每次的操作及内容的变化,以后可以多次撤销与恢复在文档中所作的各种操作。

撤销操作步骤:

① 单击"常用"工具栏中的"撤销"按钮即可撤销上一次所作的操作。

② 单击"常用"工具栏的"撤销"按钮右边向下箭头,出现下拉列表,然后在下拉列表中选择要撤销的一次操作或多次操作甚至全部操作。

恢复操作步骤:

① 单击"常用"工具栏中的"恢复"按钮即可取消刚撤销的操作。

② 单击"常用"工具栏的"恢复"按钮右边向下箭头,出现下拉列表,然后在下拉列表中选择要恢复的一次操作或多次操作甚至全部操作。

提示:"编辑"菜单中的"撤销"命令与用户最近完成的操作有关。

4. 复制与移动

使用快捷键"Ctrl＋C"、"Ctrl＋V"与"Ctrl＋X"与"Ctrl＋V"组合键完成文本的复制和移动操作。

复制操作：先选定要复制的文本，然后"Ctrl＋C"组合键，移动光标到目标处用"Ctrl＋V"组合键即可实现文本的复制。

移动操作：先选定要复制的文本，然后"Ctrl＋X"组合键，移动光标到目标处用"Ctrl＋V"组合键即可实现文本的移动操作。

5. 查找与替换

（1）查找指定的文本

用户可以查找指定的文本，文本包含中文、英文、制表符、分节符、段落标记等。利用查找功能可以快速定位文本、格式、特殊字符及其组合，并且可在文档的若干个位置查找出指定的文本。

具体操作步骤：

① 选择"编辑"菜单中的"查找"命令。

② 在"查找内容"列表框中输入要查找的文本，例如，输入"科技"，如图 3-7 所示。

③ 单击"查找下一处"按钮，直到文件的结束。

④ 设置高级查找选项：在查找对话框中单击"高级"按钮，出现高级"查找和替换"对话框，如图 3-8 所示。

图 3-7 "查找和替换"对话框

⑤ 在"查找和替换"对话框中单击"高级"按钮后，单击"特殊字符"按钮，则显示一个由各种可用特殊字符构成的菜单，选择菜单中的某一项，则"查找内容"文本框中出现相应的特殊字符。如图 3-8 所示。

高级查找选项的说明：

➢ 搜索范围包括"全部"、"向上"和"向下"。

➢ 若选择"区分大小写"项，则要求大小写字母精确匹配，否则在查找时将不区分大小写。

➢ 若选择"全字匹配"项，则只匹配整个单词。例如要查找 Word，则只查找与 Word 整个单词完全一样的单词。

（2）替换文本

替换功能就是用指定的新文本替换指定的旧文本。

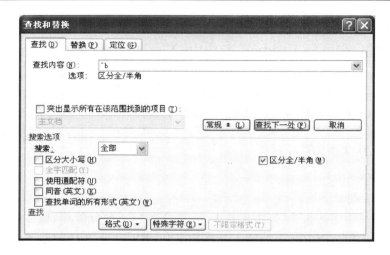

图 3-8 "查找和替换"对话框

具体操作步骤：

① 选择"编辑"菜单中的"替换"命令，"替换"对话框的内容大部分与"查找"对话框类似。如图 3-9 所示。

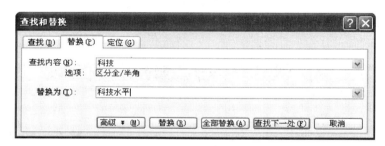

图 3-9 "查找和替换"对话框-"替换"选项卡

② 在"查找内容"文本框中，输入要被替换的文本。

③ 在"替换为"文本框中，输入替换的新文本。

④ 单击"查找下一处"按钮开始搜索。查找要替换的内容时，可以单击"替换"、"全部替换"按钮，实现替换功能。

提示：利用替换功能还可以删除找到的文本。方法是在"替换为"一栏中不输入任何内容，替换时会以"无字符"代替找到的文本，等于进行了删除操作。

3.2 文档的美化与排版

3.2.1 设置字符格式

字符格式化是指改变字符的外观。在字符的输入和编辑文档过程中，为了突出某些字符或使所编辑的文档更整洁、美观，用户可通过"格式"菜单命令或"工具"栏中的格式按钮设置字符的格式,并且可以直接看到字符格式化的结果。

设置字符的格式,包括字体、字号、字型、特种字体的设置和对字符的各种修饰。这里所说的字符包括汉字、英文、字母、数字和各种符号等。

一般常用的字体有宋体、仿宋体、楷体、黑体、隶书和幼圆,英文、数字和符号常用的字体等。

1. 设置字符格式

(1) 使用"格式"工具栏设置字符格式

具体操作步骤:

① 选定要设置格式的字符。

② 选择"格式"工具栏中"样式"列表中的字符样式改变所选字符的格式。

③ 选择"格式"工具栏中"字体"、"字号"、"粗体"、"下画线"、"边框"、"底纹"、"缩进量"按钮中的任何一项修改字符的格式。

(2) 使用"格式"菜单设置字符格式

具体操作步骤:

① 选定要格式化的字符。

② 单击"格式"工具栏中"字体"命令,出现如图 3-10 所示的"字体"对话框。

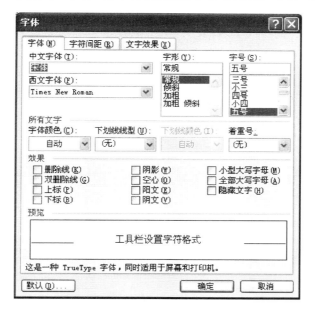

图 3-10 "字体"对话框

③ 在"字体"对话框中,选择所需的"字体"、"字型"、"字号"、"下画线"等选项即可改变所选字符的格式。

➢ 选择"格式"工具栏中"字体颜色"列表中的一种字符的颜色即可改变所选字符的颜色。

➢ 设置字符特殊效果。在"效果"区域,可以设置一些特殊的效果。

➢ 选择"删除线"复选框,在所选定的文本中间添加一条水平线。

➢ 选择"双删除线"复选框,在所选定的文本中间添加两条水平线。

➢ 选择"上标"复选框,可将选定的文本变小,并提高到文本的右上方显示。

➢ 选择"下标"复选框,可将选定的文本变小,并降低到文本的右下方显示。

➢ 选择"阴影"复选框,在所选文本后添加阴影。

➢ 选择"空心"复选框,可将所选文本设成空心字。

➢ 选择"阳文"复选框,使所选文本显示出高于纸面的浮雕效果。

➢ 选择"阴文"复选框,使所选文本显示刻入纸面的效果。

➢ 选择"小型大写字母"复选框,可将所选的英文小写字母变成小型的英文大写字母,即这些字母比大写字母略小一些。

➢ 选择"全部大写字母"复选框,可将所选的英文字母均改为大写字母。

➢ 选择"隐藏文字"复选框,可将所选文字变为隐藏文字,隐藏文字不被打印出来。

➢ 如果要设置下画线的颜色,从"下画线"列表中选择"下画线",再从出现的"下画线颜色"列表中选择所需的颜色。

➢ 选择"着重号"列表框中的"·",可给选定的文本添加"着重号"。

2. 设置字符间距

字符间距就是指相邻文字之间的距离。Word 2003 有默认的字符间距。

具体操作步骤:

① 选定要设置字符间距的文本。

② 选择"格式"菜单中的"字体"命令,打开"字体"对话框。

③ 单击"字符间距"标签,屏幕显示"字符间距"对话框。

④ 在"字符间距"标签中,单击"间距"框右边的向下箭头,显示出"间距"的三个选项,即"标准"、"加宽"和"紧缩"。用户可根据需要选择并单击其中的一项。如果选择的是"加宽"或"紧缩",在"间距"框的右边,有一个"磅值"框。用户可以选择或输入"加宽"、"紧缩"的磅。

⑤ 单击"确定"按钮。

3. 利用格式刷复制字符格式

对一个选定范围应用了多种格式(如设置了字体、字号、字体颜色等)之后,也可以把同样的格式快速应用于其他文本。如果要复制标题或文本格式,则可使用"常用"工具栏中的"格式刷"按钮来实现。

具体操作步骤:

① 选定要复制格式的文本。

② 双击"常用"工具栏中的"格式刷"按钮,此时鼠标指针变为成刷子形状。

③ 在需要格式化文本的左边单击即可实现文本的格式化。可以重复使用"格式刷"的功能。

4. 设置首字下沉

在报纸或杂志上经常会看到首字符下沉的文章,即在每一段开头的第一个字被放大并占据 2 行或 3 行,其他字符围绕在它的右下方。其目的是使文本更加醒目。

具体操作步骤:

① 把插入点放到要设置首字下沉的段落中。

② 选择"格式"菜单的"首字下沉"命令,出现"首字下沉"对话框,如图 3-11 所示。

图 3-11　"首字下沉"对话框

➢ 在"首字下沉"对话框的"位置"区中,选择所需的格式类型。例如,选择"下沉"。

➢ 在"字体"列表框中指定首字的字体。

➢ 在"下沉行数"框中指定首字的放大值。在此所设置的单位是行数,也就是该字的高度占多少行。

➢ 在"距正文"框中指定首字与段落中其他文字之间的距离。

➢ 单击"确定"按钮即可按照所需的要求设置段落首字。

提示:首字下沉只有在页面视图中,才能看到实际的排版效果。

3.2.2　设置段落格式

段落是指任意数量的文本、图形、对象或其他项目的集合。在 Word 2003 中,用回车键代表段落的结束标记。段落标记不仅标识一个段落的结束,还保存段落的格式信息。当按回车键开始一个新段时,Word 2003 复制前一段的段落标记及其中所含的格式信息。如果删除了某一个段落标记,系统仍保留该段格式信息。

段落的格式设置:包括段落缩进方式、对齐方式、行间距以及制表位的位置等操作。

段落缩进:段落缩进是指改变文本和页边距之间的距离。在 Word 2003 中,段落缩进一般包括首行缩进、悬挂缩进、左缩进和右缩进,如图 3-12 所示。

图 3-12　水平标尺上的缩进钮名称

➢ 首行缩进:控制段落的首行第一个字的起始位置。

➢ 悬挂缩进:控制段落中第一行以外的其他行的起始位置。

➢ 左缩进:控制段落左边界的位置。

➢ 右缩进:控制段落右边界的位置。

1. 使用标尺设置左缩进、右缩进和首行缩进

在水平标尺上有几个缩进标记,通过拖动缩进标记来改变段落的缩进方式。水平标尺上标出缩进钮的名称。

具体操作步骤:

① 选定要设置缩进的段落,如果仅想缩进某个段落,可以把插入点移到该段落中。

② 用鼠标分别拖动各缩进钮到指定的位置,松开鼠标即可。

精确缩进:使用标尺只能粗略地缩进正文,要想精确地设置缩进可以按住"Alt"键,再拖动缩进钮即可实现精确缩进。

2. 使用"格式"→"段落"命令设置段落格式

(1)使用"段落"命令设置左缩进、右缩进和首行缩进

具体操作步骤:

① 选定想要缩进的段落,如果只想对一个段落进行缩进,则将插入点移动到该段落中。

② 选择"格式"菜单中的"段落"命令,出现"段落"对话框。

③ 在"缩进"选项区中有 3 个选项:"左"、"右"和"特殊格式"。

④ 在"左缩进和右缩进"框中输入或设置左右缩进的数值。在"特殊格式"框中选择"首行缩进"或"悬挂缩进",并输入数值。

⑤ 提示:设置段落左缩进的数值时,输入一个正值表示向右缩进,输入一个负值表示向左缩进。

⑥ 单击"确定"按钮。

(2)设置对齐方式

Word 2003 提供了五种对齐方式,即左对齐、右对齐、居中对齐、两端对齐和分散对齐。默认的对齐方式是左对齐。用户可根据需要进行设置。

➢ 左对齐:将选定段落除首行外的所有行与段落左端缩进对齐。

➢ 右对齐:将选定段落除首行外的所有行与段落右端缩进对齐。

➢ 居中对齐:将选定段落各行置于左、右缩进之间。

➢ 两端对齐:将选定的段落各行字符间距均匀调整,使文字均匀填满左、右缩进标记之间的区域。

➢ 分散对齐:与两端对齐相似,只是最末行字符拉的距离可能会比较大。

(3)设置段落间距

所谓段落间距是指段落与它相邻的段落之间的距离。为了使文档层次清晰,可以选择"格式"菜单中的"段落"设置段间距的精确值。

系统默认的段间距为单倍行距。单倍行距是根据该行中最大字体的高度加上空余的距离。

具体操作步骤:

① 选定要设置段间距的段落。

② 选择"格式"菜单中的"段落"命令,打开"段落"对话框并单击"缩进和间距"标签。

③ 在"段前"文本框中输入与段前的间距。例如,输入"6"磅。

④ 在"段后"文本框中输入与段后的间距。例如,输入"6"磅。

⑤ 单击"确定"按钮。

（4）设置行间距

所谓行距是指段落中行与行之间的距离。设置行距的目的是使得行与行之间的文字距离大于默认的行距。Word 2003 默认的行距为 15.6 磅。用户可根据需要进行设置。

具体操作步骤：

① 将插入点移动到设置行距的段落中。

② 选择"格式"菜单中的"段落"命令，打开"段落"对话框。

③ 单击"行距"列表框右边的向下箭头，打开行距列表框。

④ 在"行距"列表框中，选择所需的行距选项：

➤ "单倍行距"：每行的高度可以容纳该行的最大字体，再加上一点空余距离。

➤ "1.5 倍行距"：把行间距设置为单行间距的 1.5 倍。

➤ "2 倍行距"：把行距设置为单行间距的 2 倍。

➤ "最小值"：行距为能容纳本行中最大字体或图形的最小行距。如果在"设置值"框内输入一个值，则行距不会小于这个值。

➤ "固定值"：行与行之间的间隔精确地等于在"设置值"文本框中设置的距离。

➤ "多倍行距"：允许行距以任何百分比增减。

⑤ 单击"确定"按钮。

（5）段落的换行与分页

在输入和排版文本时，Word 2003 自动将文档分页。当满一页时，自动增加一个分页符，并且开始新的页面。有时，会使一个段落的第一行排在页面的底部或者使一个段落的最后一行排在下一页的顶部，给阅读带来了麻烦。利用"段落"对话框的"换行与分页"标签中的选项，可以控制自动插入分页符。

具体操作步骤：

① 将插入点置于要调整的段落中，或者选定要调整的多个段落。

② 选择"格式"菜单中的"段落"命令，打开"段落"对话框。

③ 单击"换行与分页"选项卡，屏幕显示"换行与分页"对话框。

④ 在"换行与分页"对话框中，可以设置以下一些选项。

➤ "孤行控制"：可以防止段落的第一行出现在页面底部或者段落最后一行在页面顶部，Word 2003 将把上一页的最后一行移到下一页。

➤ "段中不分页"：可以避免在段中分页。这样，如果一个段落在一页上显示不下，会自动全部移到下一页。

➤ "段前分页"：可以使分页符出现在选定段落之前。

➤ "与下段同页"：可以避免所选段落与后一个段落之间出现分页符。当要求标题和其后续段落在同一页上时，该选项非常有用。

➤ "取消行号"：取消选定段落中的行编号。

➤ "取消断字"：取消段落中自动断字的功能。

3. 设置段落编号及项目符号

在编辑文档时，编号和项目符号是很有用的格式工具。对于有顺序的项目使用编号，而对于有并列关系的项目则使用项目符号。在 Word 2003 中，可以在输入文本时自动创建项目符号或编号列表，也可以在输入文本之后进行该项工作。

（1）对已存在的文本建立编号和项目符号

具体操作步骤：

① 选定要加编号和项目符号的文本。

② 单击"格式"菜单中的"项目符号和编号"命令，出现"项目符号和编号"对话框。

③ 在"项目符号和编号"对话框中，可以进行如下选择：

➢ 若单击所要的"项目符号"或自定义"项目符号"，即可在所选定的文本前添加项目符号。

➢ 若单击"编号"标签，则显示"编号"对话框，选择需要的编号格式或通过自定义选择所需的编号形式即可在所选定的文本前添加编号。

④ 单击"确定"按钮。

（2）在输入文本时设置编号和项目符号

具体操作步骤：

① 将插入点定位在要输入文本的位置。

② 单击"格式"菜单中的"项目符号和编号"命令，出现"项目符号和编号"对话框。

③ 在"项目符号和编号"对话框中，可以进行如下选择：

➢ 若单击所要的"项目符号"或自定义"项目符号"，即可在所选定的文本前添加项目符号。

➢ 若单击"编号"标签，则显示"编号"对话框，选择需要的编号格式或通过自定义选择所需的编号形式即可在所选定的文本前添加编号。

④ 单击"确定"按钮。

提示：使用"常用"工具栏中的"编号"按钮或"项目符号"按钮，可以直接给文本添加"编号"或"项目符号"。输入文本。在每个段落结尾按回车键，Word 2003 会为每个段落自动加编号或项目符号。

（3）取消编号或项目符号

具体操作步骤：

单击"常用"工具栏中的"编号"或"项目符号"按钮取消"编号"或"项目符号"。

3.2.3 设置页眉页脚

页眉与页脚是打印在一页顶部或底部的一些信息。页眉和页脚的内容通常包含章节标题、文件标题、日期或作者姓名及页码。恰当设置页眉可以使得文档更加美观大方。

具体操作步骤：

① 单击"视图"菜单的"页眉和页脚"命令，则屏幕转换为页眉和页脚方式，同时显示"页眉和页脚"工具栏。

② 可在虚线框内的页眉区输入页眉的内容，例如文字或图形。

③ 单击"在页眉页脚间切换"按钮，直接输入页码，然后单击"设置页码格式"按钮，选择页码格式即可完成页眉和页脚的设置。

④ 单击"关闭"按钮结束设置。

3.2.4　插入目录

具体操作步骤：

① 定位到需要插入目录的位置，选择"插入"→"引用"→"索引和目录"命令，显示"索引和目录"对话框，单击"目录"选项卡。

② 在"显示级别"中，可指定目录中包含几个级别，从而决定目录的细化程度。这些级别是来自"标题1"～"标题9"样式。

③ 若要设置更为精美的目录格式，选择常规列表框中的"格式"下拉列表中的其他类型。一般选择默认的设置即可。

④ 单击"确定"按钮，即可插入目录。

3.2.5　样式的创建与使用

所谓样式，就是系统或用户定义并保存的一系列排版格式，包括标题格式（包括字体、字型、字号等）、正文格式（包括字体、字型、字号、首行缩进等）、段落格式（包括对齐方式、制表位和边距等）。每级标题对应着一种样式，设置标题格式时，直接通过样式进行格式化，类似格式刷。同样，各种段落格式也分别对应着不同的样式，需要设置段落格式时，只要选择需要的样式即可。使用样式可以轻松地进行排版，设置标题格式、段落格式，使文档格式保持一致。

使用系统提供的样式或自定义的样式可以迅速改变文档的外观、统一文档的格式，以提高格式化文档的效率。Word 2003 提供了上百种内置样式，如标题样式、正文样式等。

（1）使用已有样式的操作步骤

① 选定应用样式的标题或正文。

② 打开"格式"工具栏中的"样式"下拉列表框，如图 3-13 所示，从列表中选取所需要的标题样式或正文样式。

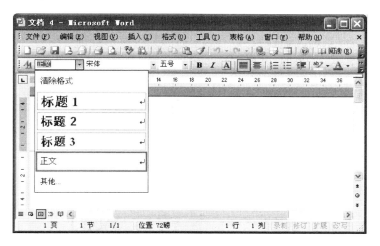

图 3-13　"样式"工具栏

（2）创建样式的操作步骤

① 单击"格式"菜单中的"样式和格式"命令。

② 单击"新样式"按钮,显示"新建样式"对话框。

③ 在"新建样式"对话框中,输入或选择下列各项内容:

➤ 在"名称"文本框中,输入一个新建样式的名称;

➤ 在"样式类型"文本框中选择"段落";

➤ 在"样式基于"文本框中选择"标题 1";

➤ 在"后继段落样式"文本框中选择"标题 2",然后单击"格式"命令,进行字体、段落、边框等 7 个格式的设置。

④ 单击"确定"按钮。

(3)删除样式的操作方法

打开"任务窗格",在"请选择要应用的格式"列表框中选择一种要删除的样式,单击"样式"的向下箭头,选择"删除"命令。

提示:Word 2003 系统只允许用户删除用户创建的样式,而 Word 2003 本身提供的样式只能修改,不能删除。

3.2.6　文档分栏

在编辑报纸、杂志时,经常需要对文章作各种复杂的分栏排版,使得版面更生动、美观。利用"常用"工具栏上的"分栏"命令按钮或者"分栏"对话框便可以在文档中生成分栏数或改变已有的分栏数。注意:建立分栏必须切换到"页面视图"显示方式,才能显示分栏的效果。

1. 使用工具栏进行分栏

具体操作步骤:

① 选中要进行分栏的文档内容,若不选中将对整个文档进行分栏。

② 单击常用工具栏上的"分栏"按钮,拖动鼠标至所需的分栏数,然后释放鼠标。

提示:用上述方法对文档内容分栏时,只能得到等宽的分栏。

2. 使用分栏对话框

① 选中要进行分栏的文档内容,若不选中将对整个文档进行分栏。

② 选择菜单"格式"菜单的"分栏"命令,出现"分栏"对话框,如图 3-14 所示。

③ 在对话框中进行各种设置。

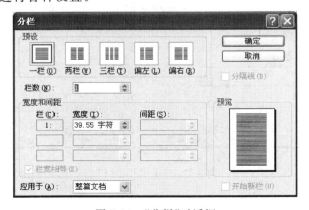

图 3-14　"分栏"对话框

3.2.7 插入图形或图片

1. 在文档中插入"剪贴画"

具体操作步骤：

① 在文档中选定要插入剪贴画的插入点。

② 单击"插入"菜单，选择"图片"菜单中的"剪贴画"命令。

③ 选择一张"剪贴画"插入文本中。

2. 在文档中插入图形或图片

由其他软件创建的图形，一般是以文件的形式保存到磁盘上。图形文件有两种类型：位图文件和矢量文件。位图由许多个像素组成，矢量文件由绘图命令集组成。这些命令描述了图形的每条线、圆弧或矩形等的大小和形状的参数。大多数剪贴画都是矢量文件格式。矢量文件最适用于图形的编辑且不会出现图形的失真。

具体操作步骤：

① 在文档中选定要插入图形的插入点。

② 单击"插入"菜单，选择"图片"菜单中的"来自文件"命令。

③ 在收藏夹中进行查找图片，选中要插入的图片，单击"插入"按钮。

3. 利用"图片"工具栏编辑图片

插入一幅图片后，单击图片可选定该图片，此时图片周围出现八个控点，同时在工具栏上会增加一个"图片"工具栏，或单击菜单栏中的"视图"菜单中"图片"工具栏，显示"图片"工具栏，如图 3-15 所示。可利用"图片"工具栏编辑、裁剪图片。

图 3-15 "图片"工具栏

工具栏主要功能介绍：

➢ "增加对比度"按钮：单击此按钮，增加所选图片中颜色的饱和度和明暗度。对比度越高，灰色越少。

➢ "降低对比度"按钮：单击此按钮，降低所选图片中颜色的饱和度和明暗度。对比度越低，灰色越多。

➢ "增加亮度"按钮：通过添加白色，将所选图片的颜色变亮。亮度越高，颜色越亮，白色越多。

➢ "降低亮度"按钮：通过添加黑色，将所选图片的颜色变暗。亮度越低，颜色越暗，黑色越多。

➢ "裁剪"按钮：单击"裁剪"按钮，在"图片"的周围直接进行裁剪。

➢ "线型"按钮：单击"线型"按钮，可以设置图片的边框。

➢ "文字环绕"按钮：设置图片的环绕方式和编辑环绕顶点。拖动相应环绕顶点，以便更改所选对象周围的文字环绕周界。

➢ "设置图片格式"按钮：与"格式"菜单的"图片格式"命令相同。设置选定对象的线条、颜色、图案、大小、位置及其他属性的格式。

➢ "设置透明色"按钮:设置选定位图的透明色。该工具只对位图图片适用。

4. 调整图片的大小

具体操作步骤:

① 单击要缩放的图片,图片四周出现八个控点。

② 选择图片的一个顶角,鼠标光标变成双向箭头时,拖动鼠标可以成比例缩放图片。

5. 设置图形环绕方式

具体操作步骤:

① 在图片上右击,选择快捷菜单中的"设置图片格式"命令。

② 显示"设置图片格式"对话框,单击"版式"选项卡,如图 3-16 所示。

③ 单击"版式"选项卡,选择一种环绕类即可。

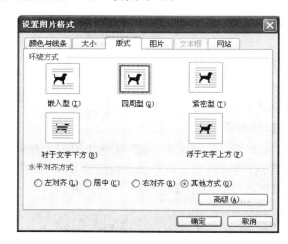

图 3-16 "设置图片格式"对话框

6. 插入文本框

在 Word 2003 中,文本框已经取代图文框,因此在 Word 2003 的菜单中已经看不到图文框。所谓文本框就是把图形或文字、图形和文字用横框或竖框框起来。使用文本框可以突出显示框中的内容,而且文本框的内容不会随着版面的改动而发生变化。

具体操作步骤:

① 选定需设置文本框的文本、段落或图形。

② 从"插入"菜单中选择"文本框"命令。

提示:① 插入文本框后,可用"格式"菜单中的"文本框"命令来设置。也可右击文本框,在快捷菜单中设置。例如,可指定让文字环绕在整个文本框周围或是仅环绕文本框的上下两侧。文本框默认为黑色不透明细线框,如果不希望有框线,可在"颜色和线条"选项卡中设置"线条"颜色为"无线条颜色"。如果不希望有填充,可设置"填充"颜色为"无填充颜色"。

② 在页面视图中,单击文本框的边框以选定该文本框。拖动文本框尺寸控点至所需尺寸。

③ 在页面视图中,单击要删除的文本框,然后按"Del"键删除文本框及其内容。

7. 插入艺术字

为了使文档更美观，可以在文档中插入艺术字。

具体操作步骤：

① 选定要插入艺术字的位置。

② 单击"绘图"工具栏上的"插入艺术字"按钮，也可以使用"插入"菜单上的"图片"下的"艺术字"命令，打开"艺术字库"对话框，如图 3-17 所示。

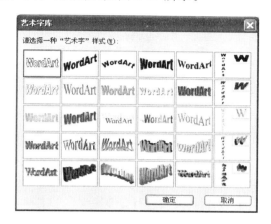

图 3-17 插入艺术字

③ 选择艺术字的类型，在文本框中直接输入文本信息。Word 2003 把输入的文字以艺术字的效果插入到文档中。

8. 绘制图形

Word 2003 提供了绘制图形的功能，还包括任意多边形、流程图、星形、旗帜和标注等各种形状组成的自选图形。可以在文档中直接插入这些图形。可以重新调整图形的大小，也可对其进行旋转、翻转、添加颜色，并同其他图形组合为更复杂的图形。

（1）自选图形、圆或正方形

具体操作方法：

① 在"绘图"工具栏上，单击"自选图形"按钮，出现"自选图形"菜单。

② 从"自选图形"菜单中选择所需的类型和图形。要插入一个尺寸为预先定义的图形，则单击文档中插入图形的位置；如果要插入一个自定义尺寸的图形，则将鼠标指针移到要插入图形的位置，然后按住鼠标左键拖动。如果要保持图形的宽与高的比例，在拖动图形时按下"Shift"键。

③ 如果要绘制圆或正方形，单击"绘图"工具栏上的"椭圆"按钮或"矩形"按钮，然后单击文档。如果要给自选图形添加颜色，改变边框，进行旋转、添加阴影或三维效果，选定该对象，然后使用"绘图"工具栏上的按钮，如图 3-18 所示。

提示：用鼠标右击该图形，在快捷菜单中单击"添加文字"命令即可在图形中添上文字。

（2）绘制线条

具体操作步骤：

单击"绘图"工具栏上的"自选图形"按钮，然后指向"线条"命令，再单击所需线型。拖动鼠标画线即可。

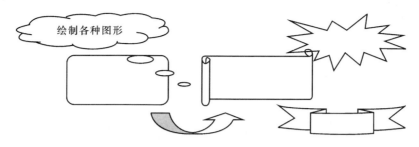

图 3-18   利用"绘图"工具栏绘制图形

3.2.8   设置文档版式

在编辑文档中,尤其是编辑长文档需要将文档划分为若干节,例如,毕业论文分为多章 (每一章设置为一节),以便为各节设置不同的页眉、页脚和版式。

一般情况下,系统会对编辑的文档自动分页,但是用户也可以对文档进行强制分页。

在 Word 中,节是文档格式化的最大单位,只有在不同的节中,才能设置不同的页眉、页脚等。用户需要插入"分节符"才能对文档进行分节。

具体操作方法:

选择"插入"→"分隔符"命令,打开"分隔符"对话框,如图 3-19 所示。

提示:如果选择"分隔符类型"为"分页符",则在文档中从光标处强行分页。

图 3-19   "分隔符"对话框

3.2.9   页面设置与打印

页面设置主要包括设置纸型、纸张来源、版式、页边距和文档网格等。页面设置单击"文件"菜单中的"页面设置"命令,打开"页面设置"对话框,如图 3-20 所示。

设置参数:

➢ 页边距:页边距是文本到页边界的距离。

用户可以通过在"上"、"下"、"内侧"、"外侧"框中输入页边距的尺寸,需要设置装订线,可以指定装订线的位置和装订线的边距。

➢ 选择使用打印纸的方向,如选择"纵向"或"横向"。

➢ 在"纸张大小"下拉列表框中选择一种纸张,在"应用于"下拉列表框中选择纸张应用的范围。

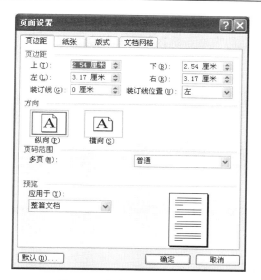

图 3-20　"页面设置"对话框

打印文档的操作步骤：

① 单击"文件"菜单的"打印"命令，显示"打印"对话框，如图 3-21 所示。

② 在"页面范围"列表中，选择打印范围。

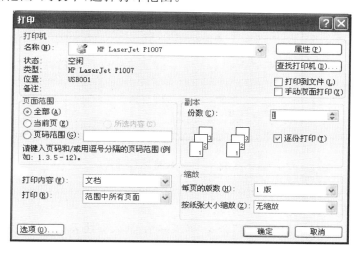

图 3-21　"打印"对话框

③ 在"打印"对话框的底部有一个"打印"列表框，设置"所选页面"、"奇数页"、"偶数页"等选项。

④ 在"份数"框中输入或选择需打印的份数。

3.3　编辑表格

Word 2003 提供了强大的制表功能，用户可以使用 Word 2003 提供的自动创建表格和手动绘制表格功能。自动创建表格的特点是只需要用户输入表格的行数和列数，计算机就

大学计算机应用基础(第2版)

会自动按用户的要求建立一张二维表格。绘制表格的特点是使用鼠标自由绘制,用户可以随心所欲地绘制出各种复杂的表格。掌握制作和绘制表格的操作技术,可以制作出精美而复杂的表格。

3.3.1 创建规范表格

创建规范表格的操作步骤:

① 将插入点移到建立或插入表格的位置。

② 单击"表格"菜单,选择"插入"菜单中的"表格",显示"插入表格"对话框,如图 3-22 所示。

③ 输入或选择"表格尺寸"、"自动调整"项的内容,选择一种自动套用的格式,例如在对话框的"列数"框和"行数"框中分别输入或选择表格的列数和行数。

提示:创建的表格最多可达 32 767 行和 63 列。

④ 单击"确定"按钮即可创建一个空白表格。

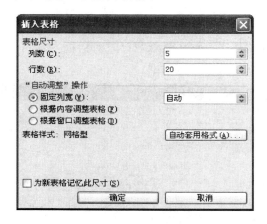

图 3-22 "插入表格"对话框

设置斜线表头的操作步骤:

① 将插入点置于表格的第一个单元格中。

② 单击"表格"→"绘制斜线表头"命令,屏幕显示"插入斜线表头"对话框,如图 3-23 所示。

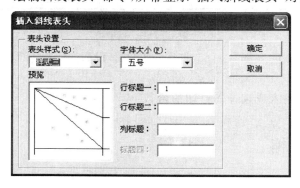

图 3-23 "插入斜线表头"对话框

> 在"表头样式"列表框中选择一种斜线的样式,在下面的"预览"框中会显示相应的效果。
> 在"字体大小"框中选择表头的字体大小。
> 在"行标题"和"列标题"框中输入斜线两侧的栏目内容。

③ 单击"确定"按钮。

3.3.2 绘制表格

具体操作步骤:

① 确定绘制表格的位置。

② 单击"表格"菜单下的"绘制表格"命令,或单击"常用"工具栏的"表格和边框"按钮,显示"表格和边框"对话框,此时鼠标指针在编辑区将变成笔形光标。

③ 从左上角向右下角拖动光标,可以直接绘制出一个表格框,然后再添加内表格线,如图 3-24 所示。

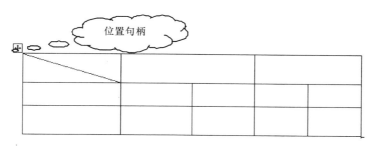

图 3-24 "表格和边框"工具栏

提示:"表格和边框"工具栏提供了绘制表格的笔、橡皮擦、线型等常用的制表工具,用户可以随心所欲地制作、编辑表格。

使用绘制表格的笔从制表的开始位置向它的右下角拖动鼠标,将绘制出表格的部分外框,然后再画出表格的横线和竖线等。

④ 如果要擦除表格线段,单击"表格和边框"工具栏中的"擦除"按钮,此时鼠标指针将变成"橡皮擦"形光标,然后双击要擦除的线段即可将其删除。

提示:许多数据表格包含的表格内容不止一页,为了保证每一页的首行都有表栏目,需要单击"表格"菜单中的"标题行重复"命令,即可实现每页的首行上都有表栏目的内容。

3.3.3 编辑表格

编辑表格包括表格的编辑和表格内容的编辑。表格的编辑包括行列的插入、删除、合并、拆分、高度、宽度的调整等;表格内容的编辑包括文本的插入、删除、更改、复制、移动等操作。

1. 单元格、行、列或整个表格的选定方法

> 选择一个单元格或多个单元格:可单击该单元格的左下角选定一个单元格,按住鼠标左键拖动可以选定多个单元格。

➤ 选择表格中一行或多行:可以把鼠标移至该行的左侧,待鼠标指针变成一个向右箭头后单击可以选定一行,按住鼠标左键向上或向下拖动即可选定多行。

➤ 选择表格中一列或多列:将鼠标移到该列的顶部,待鼠标指针变成一个向下箭头单击即可选定一列,按住鼠标向左或向右拖动,可以选定多列。

➤ 选择矩形表区域:在矩形表区域的第一个单元格向右下角拖动即可。

➤ 选定整个表:当鼠标指向表格内,在表格的左上角会出现一个位置句柄⊞,即为"全选"按钮,单击它可以选定整个表格。

2. 移动、复制和删除

在进行文本的移动、复制和删除等操作之前,先选定,然后再进行操作。

复制操作:使用"Ctrl+C"和"Ctrl+V"组合键。

移动操作:使用"Ctrl+X"和"Ctrl+V"组合键。

删除文本:使用"Del"键。

3. 插入行或列

具体操作方法:

① 若要插入一行,可以将光标移动到要插入行的前一行行尾,表格线外,直接按回车键。

② 若要插入一列,单击"表格"菜单的"插入"命令,再选择"列"命令。

4. 单元格、行、列或整个表的删除方法

具体操作步骤:

① 选定要删除的行、列、单元格或整个表。

② 选择"表格"菜单中的"删除"命令,显示"删除"菜单。

③ 根据用户需要进行删除。例如,选择"表格"命令即可删除整个表格。

5. 合并单元格

合并单元格是指将所选定的若干个单元格合并为一个大的单元格。

具体操作步骤:

① 选定要合并的单元格区域。

② 单击"表格"菜单中的"合并单元格"命令,即可删除所选单元格之间的表格线,使其成为一个大的单元格。

6. 拆分单元格

拆分单元格是指把一个或多个单元格按要求进行拆分。拆分单元格既可以把一个单元格分成多个单元格,也可以把多个单元格拆分成一个或几个。

具体操作步骤:

① 选定要拆分的一个或多个单元格。

② 单击"表格"菜单中的"拆分单元格"命令,显示如图 3-25 所示的对话框。

③ 在"列数"文本框中输入要拆分的列数;在"行数"文本框中输入要拆分的行数。

④ 单击"确定"按钮即可。

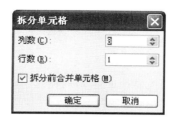

图 3-25　"拆分单元格"对话框

7．调整表格高度、宽度

通常情况下，系统会根据表格字体的大小自动调整表格的行高或列宽。当然，用户也可以手动调整表格的行高或列宽。

使用鼠标改变行高或列宽的具体操作：在页面视图中，使用鼠标移动到表格的行边框线或列边框线上，按住鼠标左键向调整高度或宽度的方向拖动，直到拖放到需要的位置。

精确调整表格的行高或列宽的操作技巧：调整时，按住"Alt"键并拖动鼠标来调整表格的行高或列宽，可以精确调整表格的行高或列宽。

指定行高或列宽的具体操作：

① 选择要改变的行或列。

② 单击"表格"→"表格属性"命令，屏幕显示"表格属性"对话框。

③ 单击"行"选项卡，如图 3-26 所示。

图 3-26　"表格属性"对话框

④ 单击"行"或"列"选项卡，显示"行"或"列"对话框。

⑤ 在"行"或"列"对话框中，用户可根据需要选择或输入行的高度和列的宽度。

8．调整表格位置和大小

调整表格位置：在 Word 2003 中，移动表格非常容易，在表格中单击表格左上角出现"位置句柄"，然后用鼠标拖动"位置句柄"即可移动表格位置。

提示：将光标移动到表格内，才会出现"位置句柄"。

调整表格的大小:在表恪中单击,表格的右下角就会出现"调整句柄"。用鼠标拖动表格的"调整句柄"即按比例缩放表格。

9. 拆分表格

将一个表格拆分成上、下独立的两个表格,可将插入点移到要拆分的位置即表格分隔的任意单元格内,然后单击"表格"菜单中的"拆分表格"即可把表格拆分成两个表。

3.3.4 修饰表格

1. 套用表格的样式

Word 2003 提供了丰富的表格样式,套用现成的表格样式可以快速完成修饰表格的目的。

具体操作步骤:

① 选定要格式化的表格。

② 单击"表格"→"表格自动套用格式"命令或单击"表格和边框"工具栏上的"表格自动套用格式"按钮,出现如图 3-27 所示的对话框。

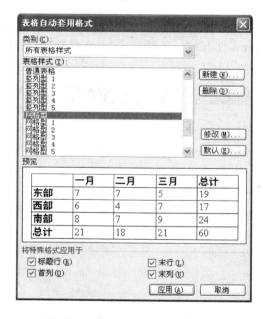

图 3-27 "表格自动套用格式"对话框

③ 在"表格样式"列表框中,选择选择一种样式,在下边的"预览"框中将显示相应的格式。

④ 单击"应用"按钮。

2. 设置文本的格式和对齐方式

设置文本格式的操作步骤:

① 选择需要设置文本格式的行、列或整个表格。

② 使用"格式"工具栏上的"字体"、"字号"、"粗体"、"斜体"等工具对其进行格式化。

提示：若要设置更多的文本格式，可以选择"格式"菜单中的"字体"命令进行设置。

设置文本对齐方式的操作步骤：

① 选中表格字中的文本行、列或整个表格。

② 单击"格式"工具栏上的对齐按钮如"左对齐"、"右对齐"、"居中对齐"等即可。

提示：若要设置更多的对齐方式，可以在选定表格内的文本后，右击选择快捷菜单中的"单元格对齐方式"命令，然后从其级联菜单中选择相应的对齐方式。

3. 改变表格中的文字方向

Word 2003 默认的文字方向为水平方向，也可以根据需要改变文字的显示方向。

具体操作步骤：

① 选定表格字中的文本。

② 单击"格式"→"文字方向"命令，显示"文字方向"对话框，如图 3-28 所示。

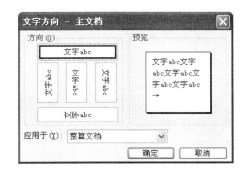

图 3-28 "文字方向"对话框

③ 在"方向"框中单击所需的文字方向，在"应用于"下拉列表中进行选择后，单击"确定"按钮即可。

4. 设置表格的边框和底纹

利用 Word 2003 制作的新表格，系统默认的边框线粗为 1/2 磅。用户根据需要可以改变边框线的宽度，还可以为表格添加不同线型的边框。为了使表格更加醒目，还可以给表格加上底纹。

（1）添加表格框的操作方法

① 把插入点移到要添加边框的表格中。

② 单击"格式"菜单中的"边框和底纹"命令，出现"边框和底纹"对话框。

③ 单击"边框"标签，出现如图 3-29 所示的对话框。

④ 在"边框和底纹"对话框中可以进行下列设置：

➤ 在"设置"区中选择"网格"方框，在"预览"区中将显示表格边框线的情况。

➤ 若想改变外框的线型，可从"线型"列表框中选择一种线型。

➤ 若要设置线的宽度，则单击"宽度"列表框右边的下拉箭头，从下拉列表中选择一种宽度。

➤ 默认情况下，边框的颜色为黑色。用户可以根据需要改变边框的颜色。

⑤ 单击"确定"按钮。

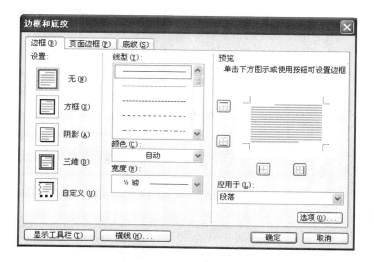

图 3-29 "边框和底纹"对话框

(2) 设置表格底纹的操作方法

① 选定要添加底纹的单元格。

② 选择"格式"菜单中的"边框和底纹"命令,出现"边框和底纹"对话框,如图3-30 所示。

③ 单击"底纹"标签,进行下列设置:

➤ 在"填充"区中,单击填充单元格的颜色。

➤ 在"样式"列表框中选择一种图案。例如,单击"灰色 30%"。

④ 单击"确定"按钮。

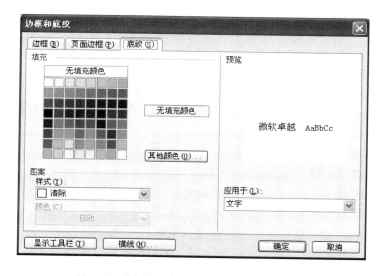

图 3-30 "边框和底纹"对话框-"底纹"选项卡

3.4 Word 2003 操作技巧

1. 去除默认的输入法

单击"工具"菜单中的"选项"命令,打开"选项"窗口,然后选择"编辑"选项卡,取消勾选"输入法控制处于活动状态"复选框即可,如图 3-31 所示。重新启动 Word 后,微软拼音就不会一起启动了。

图 3-31 "选项"对话框

2. 设置特大或特小的字号

Word 2003 文档默认设置最大的字号为 72 磅,最小为 5 磅,那么在实际工作中如何设置比 72 磅还大或者比 5 磅更小的字呢? 具体操作步骤是先选中要修饰的文本,然后单击"格式"菜单中的"字体"命令,直接在"字号"文本框中输入所需的磅值即可,字号大小的磅值范围为 1～1 638 之间。

3. 快速进行语法和拼写检查

Word 2003 提供了语法错误和拼写错误检查的功能,对于一些常用英语词汇有一定作用。但是,当遇到一些专业性较强的词汇时,它也会认为是输入错误的词条,同样添加波浪线条来提醒用户更正。

4. 快速显示文档中的图片

如果一篇 Word 2003 文档中有很多图片,打开后显示比较慢。但我们打开文档时,单击"打印预览"按钮,图片就会立刻清晰地显示出来,然后关闭打印预览窗口,所有插入的图片都会快速显示出来了。

5. 在文档中添加个人信息

根据用户需要,可以在文章里附加用户的个人资料,如姓名、单位、邮编、地址、电话等,如果每次都重复输入则很麻烦，Word 2003 提供了在文档中添加个人信息的功能，具体操作方法为：单击"工具"菜单中的"选项"命令，打开"选项"对话框，选择"用户信息"选项卡，分别在"姓名"、"通讯地址"中输入用户信息。

在文档中添加用户信息的方法：确定插入个人信息的位置，单击"插入"菜单中的"域"命令，在"类别"中选择"用户信息"，单击"确定"按钮。

6. 在图形上注解文字

选定要添加说明的图片，右击在快捷功能菜单中选"题注"，打开题注窗口；然后在"标签"栏选择"公式"、"表格"或"图表"；最后在"题注"栏输入注解文字，单击"确定"按钮即可。此时，注解文字会自动显示在图片上方或下方。

利用此功能在图片下面添加编号，当图形的前面增加或者删除了其他图形而导致图片编号改变时，文档将自动进行相应的更新。

利用组合命令可以把注解文字与某些图形组合成一体，避免编辑排版时图形与注解文字分离，具体操作方法是：用"绘图"工具栏上的相应按钮绘出需要的图形，利用"文本框"添加注解文字，如果不要框线和填充颜色，可双击文本框，在弹出的对话框中选择"颜色与线条"标签，在"填充"的"颜色"选项中选择"无填充颜色"，在"线条"的"颜色"选项中也选择"无线条颜色"；右击选中的注释文本的文本框和图形，选择快捷菜单中的"组合"命令即可。

7. 快速回到上次编辑的位置

在 Word 2003 中提供了快速回到上次编辑过的位置的功能。具体操作方法：按下"Shift＋F5"组合键可以将插入点返回到上次编辑的位置，Word 2003 能够记忆前三次的编辑位置，第四次按"Shift＋F5"组合键时，插入点就会回到当前编辑的位置。

8. 一次保存多个文件

Word 2003 中提供了一次保存多个文件的功能。保存所有编辑的文档文件时，按住"Shift"键再单击"文件"菜单中的"全部保存"命令，如图 3-32 所示。此时选择这个命令可以将所有打开的 Word 文件进行保存。

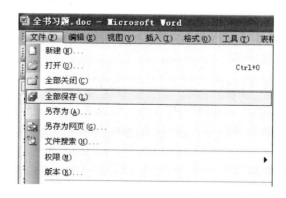

图 3-32 一次保存多个文件

9. 更改大小写

利用"格式"菜单中的"更改大小写"命令可更改大小写。"更改大小写"对话框提供了英文、中文全角与半角共 7 个选择，可根据具体情况进行选择。如图 3-33 所示。

具体操作步骤：

① 选定要更改大小写的文本。

② 单击"格式"菜单中的"更改大小写"命令，出现"更改大小写"对话框。

③ 在"更改大小写"对话框中单击所需形式前面的单选按钮。

④ 单击"确定"按钮，则所选文字更改为所需的形式。

图3-33　"更改大小写"对话框

10．快速组合多个对象

在Word和PowerPoint中都提供了绘制几何图形及流程图的功能，为了使绘制的图形组成一个整体，可以将它们组合成一个对象，常规的方法是按住"Shift"键，依次单击每一个图形，然后右击，从快捷菜单中选择"组合"命令即可。

11．中文版式

在文档排版中，我们往往要把双行合为一行、设置带圈字符、为文字注音、纵横混排等，Word 2003可以方便地用"中文版式"完成此项工作。

并排显示文字："双行合一"命令本来是将选择的两行文字并排显示的，其实对于一行的文本同样适用。只需选择一行中的文本，单击"格式"菜单中"中文版式"下的"双行合一"命令，单击"确定"按钮，Word就会自动将选中的文字进行切分、并排显示。

12．使用Word汉英互译功能

Word 2003提供了汉英互译功能。首先在计算机上安装好字典库，其次保证网络畅通，通过网上资源进行翻译。选中准备翻译的文字，选择"工具"菜单中的"信息检索"命令，界面右边将出现"信息检索"的任务窗格。在任务窗格中的"搜索"栏中选择"翻译"，再在"翻译"栏选择翻译的语种，翻译的结果马上就会显示出来。要快速翻译下一个词，可以按住"Alt"键不放，然后单击生词。借助Internet可以进行九种语言的全文互译。

13．制作水印

Word 2003具有添加文字和图片两种类型水印的功能，而且能够随意设置大小、位置等。在Word 2003菜单栏单击"格式"菜单，选择"背景"菜单中的"水印"命令。在"水印"对话框中选择"文字水印"，然后在"文字"栏选择合适的字句，或另外输入文字，或在"水印"对话框中选择"图片水印"，然后找到要作为水印图案的图片。

14．自动更正功能

在实际工作中，经常要输入一些频繁使用的名称、词语、句子，利用自动更正功能就可以快速地完成一些常用名称、词语、句子的输入。

具体操作步骤：

单击"插入"菜单中的"自动图文集"命令,打开"自动更正"对话框,在"替换"和"替换为"文本框中逐个加入频繁使用的名称、词语、句子,如图 3-34 所示。

图 3-34　自动更正图文集

15．绘制几何图形

在绘图工具栏中单击"椭圆"按钮,拖动鼠标可以画出椭圆图形;按住"Shift"键,按住左键并拖动鼠标,可以画出圆形。单击"自选图形",指向其他菜单命令,可以画出各种几何图形。

精确旋转图形:对于添加到文档中的图形,单击选中它,利用图片上方的调节旋转柄旋转图片。这种调节只是一种粗略的调节,如果要想精确地调整图片的旋转角度,可以双击图片,在弹出的"设置图片格式"对话框中选择"大小",在"旋转"中可以任意输入旋转的角度。

添加文字:在图形上右击选择快捷菜单中的"添加文字"命令,输入文字即可。

16．利用"剪贴板"快速输入剪贴板中的文本内容

按下"Ctrl＋C＋C"键,即在按住"Ctrl"键的同时连按两下字母"C"键,可以快捷打开"剪贴板"任务窗格。利用"剪贴板"任务窗格可以实现快速输入文本内容的功能。先确定输入文本的位置,单击"剪贴板"任务窗格中的文本即可。

17．快速输入系统即时时间

按下"Shift＋Alt＋D"组合键,即可快速输入随系统时间改变而改变的即时日期时间。

18．快速选取超长文本

先将插入点移到要选取的文本开始处,按下"Shift"键再在结束处单击,就可以快速选取超长文本。

19. 一次完成对文章中重复的文本或英文的修改

具体操作步骤：

① 单击"编辑"菜单中的"查找"命令,显示"查找和替换"对话框。

② 在"查找内容"框中输入要查找的单词或词组,然后选中"突出显示所有在该范围找到的项目"复选框。

③ 单击"查找全部"按钮,系统自动选中所有相同的文本或英文,然后单击"关闭"按钮,就可以对选中的文本格式进行统一的修改。

20. 选择单词中的部分字母

在 Word 文档中,有时可能需要选择某个英文单词的一部分,但是只要一选定该单词的一部分,Word 2003 就会自动选定整个单词及其后的空格。这是 Word 2003 提供给用户的智能功能。若要取消此功能,可以单击"工具"菜单下的"选项"命令,接着单击"编辑"选项卡,取消勾选"选定时自动选定整个单词"复选框即可。

21. 快速创建水平线

在 Word 2003 文档中添加各种水平分隔线是很方便的。例如,要想创建一个实心的黑线,只需在段落的开始位置输入 3 个"-"并按下回车键即可快速添加一条水平分隔线;若输入 3 个下划线"_"将生成一个较粗的水平分隔线;输入 3 个星号生成点画线;输入 3 个约等号生成波浪线等。

注意:以上功能必须在选择英文半角符号下进行。如果该技巧不能实现,可以单击"工具"菜单中"自动更正"命令,单击"键入时自动套用格式"选项卡,选择"键入时自动应用"标题下的复选框即可。

22. 在页眉中插入章节号和标题

在页眉中插入章节号和标题,可以利用"书签"进行设置。例如将各章的标题设置成"书签",然后利用分隔符将各章分隔,再利用"交叉引用功能",在每章的页眉处选择引用的"书签",就可以实现页眉随着章节内容的不同而改变。

具体操作步骤：

① 首先将文档分隔成多个节,在表各章的起始处插入分节符。如图 3-35 所示。

图 3-35 "分隔符"对话框

② 在"格式"工具栏中的"样式"框中单击标题样式,将内置标题样式应用于章节号和章节标题。

③ 在每章标题前,单击"视图"菜单中的"页眉和页脚"命令,插入章节号或标题。

④ 单击"插入"菜单,单击"引用"菜中的"交叉引用"命令,在"引用类型"列表框中选择"标题",在"引用内容"下拉列表框选择"标题文字",然后在"引用哪一个标题"列表框中选择要引用的标题,单击包含章节号和章节名称的标题,如图 3-36 所示。取消"页眉和页脚"工具栏上的"链接到前一个"项,这样就可以制作出与上一章不同的页眉。

⑤ 重复步骤③、④的操作,为文档的各章添加不同的页眉。

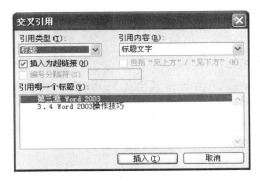

图 3-36　"交叉引用"对话框

23. 创建更丰富的艺术字效果

具体操作步骤:

① 首先把鼠标移动到需要插入艺术汉字的位置,然后单击"插入"按钮,选择"图片"下的"艺术字"命令,选一种艺术字样式,在文档中插入艺术字;

② 选中艺术字,然后将艺术字作为图片进行编辑,单击"绘图"工具栏中的"阴影样式"或"三维效果样式"按钮对艺术字进行三维或阴影效果设置。

24. 快速设置上标、下标

可用快捷键快速设置上标、下标的方法:设置下标的组合键为"Ctrl＋＝";设置上标的组合键为"Ctrl＋Shift＋＋"。

25. 快速添加表格序号

选定需要进行编号的行或列后,单击工具栏中的"编号"或"项目符号"按钮就可以自动对单元格逐项进行编号,这种方法不但对单个的行或列起作用,对整个表格也可以使用。

3.5　Word 2010 文字处理

3.5.1　Word 2010 功能与特点

Word 2010 是一个集文字、图片、表格、排版及打印为一体文字处理软件。利用它可以轻松、高效地组织和创建专业水准的文档,用户还可以与他人协同工作并可在任何地点访问用户的文件。

(1) 与他人协同工作。Word 2010 重新定义了人们可针对某个文档协同工作的方式。

利用共同创作功能,可以在编辑论文的同时,与他人分享自己的观点、查看正与自己一起创作文档的他人的状态。

（2）几乎可从任何位置访问和共享文档。在线发布文档,然后通过任何一台计算机或用户的 Windows 电话对文档进行访问、查看和编辑。借助 Word 2010,用户可以从多个位置使用多种设备来尽情体会非凡的文档操作过程。

（3）向文本添加视觉效果。利用 Word 2010,可以像应用粗体和下画线那样,将诸如阴影、凹凸效果、发光、映像等格式效果轻松应用到文档文本中。可以对使用了可视化效果的文本执行拼写检查,并将文本效果添加到段落样式中。

（4）提供用于使文档增加视觉效果的更多选项。从众多的附加 SmartArt 图形中进行选择,从而只需键入项目符号列表,即可构建精彩的图表。使用 SmartArt 可将基本的要点句、文本转换为引人入胜的视觉画面。

（5）为文档增加视觉冲击力。利用 Word 2010 中提供的新型图片编辑工具,可在不使用其他照片编辑软件的情况下,添加特殊的图片效果。可以利用色彩饱和度和色温控件来轻松调整图片。还可以利用所提供的改进工具来更轻松、精确地对图像进行裁剪和更正,从而有助于将一个简单的文档转化为一件艺术作品。

（6）恢复已丢失的工作。在编辑文档时,在未保存该文档的情况下意外地将其关闭?没关系。利用 Word 2010,可以像打开任何文件那样轻松恢复最近所编辑文件的草稿版本,即使从未保存过该文档也是如此。

（7）跨越沟通障碍。Word 2010 有助于用户使用不同语言进行有效地工作和交流。比以往更轻松地翻译某个单词、词组或文档。针对屏幕提示、帮助内容和显示,分别对语言进行不同的设置。

（8）增加屏幕截图功能。直接从 Word 2010 中捕获和插入屏幕截图,以快速、轻松地将视觉插图纳入到编辑文档工作中。

（9）增强导航窗格。Word 2010 增加了导航窗格,具有标题样式判断、即时搜索等功能。单击主窗口上方的"视图"按钮,在打开的视图列表中勾选"导航窗格"选项即可在主窗口的左侧打开导航窗格。

（10）强大的编辑功能。Word 2010 提供了丰富的字体、段落样式和编排功能及图形的剪裁和添加图片特效等功能,用户利用改进的功能区、快速访问命令,单击几次鼠标即可保存、共享、打印和发布文档。

3.5.2 Word 2010 提供的操作

Word 2010 提供的主要操作如图 3-37 所示。

图 3-37 Word 2010 提供的操作

3.5.3　Word 2010 编辑窗口及窗口设置

Word 2010 编辑窗口是由快速访问工具栏、文件菜单、选项卡、功能区、文档编辑区、窗口控制按钮、标尺、滚动条、滚动块、状态栏等组成,如图 3-38 所示。下面介绍几种实用的操作。

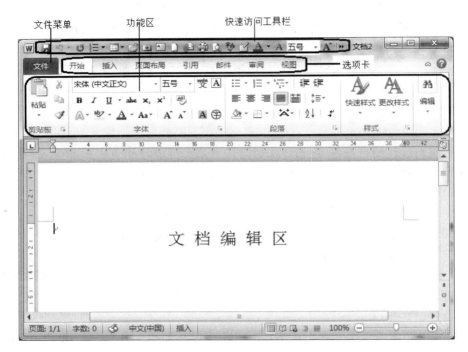

图 3-38　Word 2010 编辑窗口

1. Word 2010 功能选项卡

Microsoft Word 从 Word 2007 升级到 Word 2010,其最显著的变化就是使用"文件"按钮代替了 Word 2007 中的 Office 按钮,使用户更容易从 Word 2003 和 Word 2000 等旧版本中转移。另外,Word 2010 同样取消了传统的菜单操作方式,而代之于各种功能区。在 Word 2010 窗口上方看起来像菜单的名称其实是功能区的名称,当单击这些名称时并不会打开菜单,而是切换到与之相对应的功能区面板。每个功能区根据功能的不同又分为若干个组。

(1)"开始"功能选项卡

"开始"功能区中包括剪贴板、字体、段落、样式和编辑五个组,对应 Word 2003 的"编辑"和"段落"菜单部分命令。该功能区主要用于帮助用户对 Word 2010 文档进行文字编辑和格式设置,是用户最常用的功能区。

(2)"插入"功能选项卡

"插入"功能区包括页、表格、插图、链接、页眉和页脚、文本、符号和特殊符号几个组,对应 Word 2003 中"插入"菜单的部分命令,主要用于在 Word 2010 文档中插入各种元素。

(3)"页面布局"选项卡

"页面布局"功能区包括主题、页面设置、稿纸、页面背景、段落、排列几个组,对应 Word

2003 的"页面设置"菜单命令和"段落"菜单中的部分命令,用于帮助用户设置 Word 2010 文档页面样式。

（4）"引用"选项卡

"引用"功能区包括目录、脚注、引文与书目、题注、索引和引文目录几个组,用于实现在 Word 2010 文档中插入目录等比较高级的功能。

（5）"邮件"选项卡

"邮件"功能区包括创建、开始邮件合并、编写和插入域、预览结果和完成几个组,该功能区的作用比较专一,专门用于在 Word 2010 文档中进行邮件合并方面的操作。

（6）"审阅"选项卡

"审阅"功能区包括校对、语言、中文简繁转换、批注、修订、更改、比较和保护几个组,主要用于对 Word 2010 文档进行校对和修订等操作,适用于多人协作处理 Word 2010 长文档。

（7）"视图"选项卡

"视图"功能区包括文档视图、显示、显示比例、窗口和宏几个组,主要用于帮助用户设置 Word 2010 操作窗口的视图类型,以方便操作。

提示:隐藏功能区可以在任意选项卡上右击,然后选择快捷菜单中的"功能区最小化"命令即可。

2."快速访问工具栏"命令的添加与隐藏

添加"快速访问工具栏"命令的操作方法:

添加"快速访问工具栏"的命令按钮,可以单击该工具栏最右侧的下拉按钮,在下拉列表中选择要添加的命令项即可,如图 3-39 所示。

图 3-39　增加快速工具栏中的命令按钮

提示:隐藏"快速访问工具栏"中的命令按钮,可以单击该工具栏最右侧的下拉按钮,在下拉列表中取消选择即可。

3．改变"快速访问工具栏"的位置

具体操作方法：

在"快速访问工具栏"中任意命令按钮上右击→选择快捷菜单中的"在功能区下方显示快速访问工具栏"命令即可改变"快速访问工具栏"的位置。

4．隐藏功能区

具体操作方法：

右击"选项卡"，然后选择"快捷菜单"中的"功能区最小化"命令即可。

3.5.4 配置一个轻松的编辑环境

在 Word 2010 编辑窗口，通过修改系统默认设置，可以创建一个轻松的 Word 2010 编辑环境。具体包括设置自动保存文档的时间间隔、默认保存文档的位置、自动恢复文件的位置、默认输入法、快速访问工具栏、隐藏功能区等。设置好编辑环境可以大大提高工作效率。

1．设置自动保存文档的位置

当用户保存文档时，如果不选择保存文档的位置，系统自动将文档保存到系统的默认位置，根据用户需要可以随时设置系统默认保存文档的位置。保存文档的位置可以是桌面、磁盘、文件夹、库中等。

具体操作步骤：

① 单击"文件"菜单中的"选项"命令→单击"保存"选项卡中，打开"Word 选项"对话框，如图 3-40 所示。

图 3-40　修改系统默认设置

② 在"Word 选项"对话框中,将文件的保存格式设置为"＊.docx"或"＊.doc"。

③ 单击"默认文件位置"后的"浏览"按钮,选择一个保存文档的文件夹。

④ 单击"确定"按钮即可。

提示:设置好默认文件夹后,编辑文档时就不用在每次保存文档时考虑选择保存文档的位置问题,系统将会按照"默认文件位置"保存文档文件。

2. 设置自动保存文档的时间间隔

Word 2010 提供了自动保存文档的时间间隔,该项设置避免因停电、死机等意外而造成的文档丢失。

具体操作步骤:

① 单击"文件"菜单中的"选项"命令→单击"保存"选项卡中,打开"Word 选项"对话框。

② 在"Word 选项"对话框,将"保存自动恢复信息时间间隔"设置为"5 分钟"。

3. 设置自动恢复文件的位置

根据用户需要设置自动恢复文件的位置,用户可以从这里找到被恢复的文档文件。

具体操作步骤:

① 单击"文件"菜单中的"选项"命令→单击"保存"选项卡,打开"Word 选项"对话框。

② 单击"自动恢复文件的位置"文本框旁边的"浏览"按钮,设置自动恢复文件的具体位置,可以是磁盘、文件夹等。

4. 设置默认中文输入法

具体操作步骤:

① 单击"文件"菜单中的"选项"命令→单击"高级"选项卡,打开"Word 选项"对话框。

② 单击"输入法设置"命令按钮,显示"搜狗拼音输入法设置",如图 3-41 所示。

图 3-41 "搜狗拼音输入法设置"

③ 设置"输入风格"、"初始状态"、"特殊习惯"和"恢复本页默认设置"选项等。

④ 单击"确定"按钮即可。

5. 在桌面创建常用设备或文件夹的快捷方式

在桌面创建设备或文件夹的快捷方式,其目的是便于快速访问。

具体操作步骤:

① 在桌面单击"计算机"图标→打开"计算机"窗口,找到文档的文件夹→在其上右击选择快捷方式菜单上的"发送到"命令→选择"桌面快捷方式"即可。

② 找到常用的设备图标,在其上右击选择快捷方式菜单上的"发送到"命令→选择"桌面快捷方式"即可。

6. 创建自动更正文本词条

所谓文本词条就是指日常工作中,经常输入的长句子。设置常用文本词条,就是把经常输入的长句子添加到"自动更正词条"中,使用时直接输入简单的字符,自动更换成文本词条。

具体操作步骤:

① 单击"文件"菜单中的"选项"命令→单击"校对"命令,打开"Word 选项"对话框。

② 在打开"Word 选项"对话框→单击"自动更正选项"命令按钮→打开自动更正对话框。

③ 在"替换"框中键入"wyxy",在"替换为"框中输入"×××大学外语学院"→单击"添加"按钮,如图 3-42 所示。

图 3-42 "自动更正"对话框

④ 单击"确定"按钮即可。

3.5.5 Word 2010 文档操作

文档操作包括创建文档、保存文档、打开文档和保护文档。

1. 创建文档文件

启动 Word 2010 后会自动创建一个默认的文档文件,其文档名为"文档 1"。文档的类型有 docx、.dotx、.xml 和.html、txt 等。其中".docx"类型为文档文件;".dotx"类型为模版文件;".html"或".htm"类型为网页文件。".XML"类型为使用 Word 软件建立的原代码文件。常用文档文件的类型为".doc"、".docx"、dot 和".dotx"。

具体操作步骤:

① 双击桌面的 Word 2010 快捷方式图标→打开 Word 2010 编辑文档窗口。

② Word 2010 自动创建了一个默认的文档名,例如"文档 1"。

③ 单击"文件"→"保存"命令→屏幕显示"保存"文件的对话框,如图 3-43 所示。

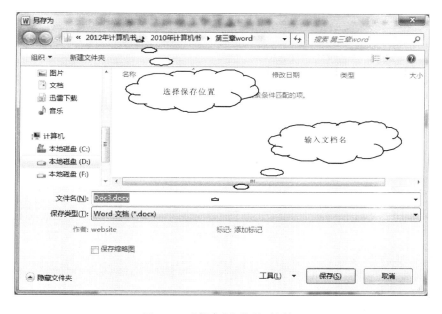

图 3-43 "保存"文件的对话框

④ 单击"保存"按钮即可。

提示:保存文档时不需要选择文档的类型,默认类型名为".docx"。

2. 创建模板文件

模板文档是一种预先设置好文档版面结构及文档格式的特殊文档,如空白的毕业证书、简历表、空白的个人登记表、空白的介绍信、论文模板等。用户使用 Word 2010 提供的、网上的文档模板,输入自己的相关信息,就可以快速建立自己的文档文件。使用模板创建文档既方便又快捷。但是,Word 提供的、网上的文档模板未必对用户适用,学会建立模板也是非常有用的。

具体操作步骤:

① 单击"文件"菜单中的"新建"命令→在窗口右侧选择"我的模板"。

② 单击"空白文档"图标→在新建选择区中选择"模板"单选按钮。

③ 输入模板的内容、设计格式和外观。如设计一份简历空白表。

④ 单击"文件"菜单中的"保存"命令,打开"另存为"对话框,在"文件名"文本框中输入模板的文件名,如"大学简历",如图 3-44 所示。

⑤ 单击"确定"按钮即可。

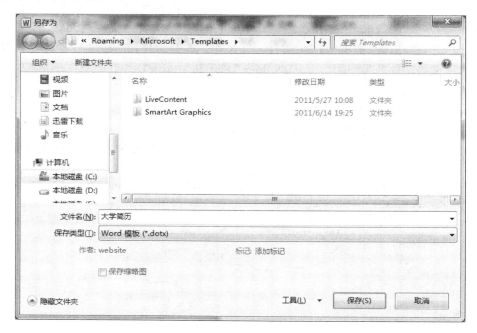

图 3-44   保存"模板"对话框

3. 保存文档

使用 Word 2010 创建的文档类型为". docx"和". doc"。除此以外,还可以将 Word 2010 文档直接保存为 PDF 文件。

具体操作步骤:

① 打开 Word 2010 文档窗口→单击"文件"菜单下的"另存为"命令→打开"另存为"对话框,如图 3-45 所示。

② 在"另存为"对话框,选择文件的类型为". docx"、". doc"、". PDF"等类型,输入文档名。

③ 单击"确定"命令按钮即可。

4. 打开文档

打开文档就是将存储在磁盘中的文档文件读到内存,并显示到 Word 2010 窗口中,供用户编辑。

具体操作步骤:

单击"开始"按钮,用鼠标指向"Microsoft Word 2010"菜单命令→选择级联菜单中要打开的文档文件即可。

图 3-45 保存 PDF 文档的对话框

5．设置文档密码

如果文档要求保密，则可设置"打开权限密码"，没有打开权限密码，将无法打开文档；如果文档允许用户看，但不允许修改，则可设置"修改权限密码"，没有修改权限密码，将只能以"只读"方式打开浏览。

具体操作步骤：

① 单击"文件"菜单中的"保存"命令→打开"保存"对话框。

② 单击"保存"对话框中的"工具"命令按钮→选择"工具"菜单中的"常规选项"命令→打开"常规选项"对话框，如图 3-46 所示。

图 3-46 "常规选项"对话框

③ 在"常规选项"对话框中设置"打开文档时的密码"和"修改文档时的密码"→单击"确定"按钮即可。

3.5.6 插入文本、日期和特殊符号

1. 输入文本

具体操作步骤：

① 首先要确定输入文本的位置。在输入文本的位置上双击→并将光标移动到该位置。

② 直接输入英文、中文、日期、数字、各种符号和运算符等。

提示：中英文输入法切换键为"Ctrl"+"空格键"；中文输入法的切换键为"Ctrl"+"Shift"。

提示：录入文本的方法，以自然段为一个编辑单位，当输入内容超过页面宽度时，Word 2010 会自动换行，当录入完一段文字后，应该按"Enter"键强制换行。采用此方法录入文档，利于文档的排版。

快速输入刚输入过的字、词和句子的方法：按"F4"功能键即可实现重复输入刚输入过的字、词和句的功能。例如，在输入课表内容时，对于课表中重复出现的文本，就可以采用这种方法输入。

2. 使用快捷键输入文本

将文档中重复出现的词组或句子复制到剪贴板中，需要键入时再粘贴到文档中。例如，输入一篇文章，多处出现"电脑"一词。输入时只需输入一遍，然后选中它并按"Ctrl"+"C"组合键将其复制到剪贴板中，以后再输入时直接按"Ctrl"+"V"即可。

3. 使用替换命令输入文本

具体操作步骤：

① 在输入文档时，对于重复出现的词组或句子可以先用一个字符，例如"1"来代替输入的词组或句子；用"2"来代替输入的另外一个词组或句子；

② 输入结束时，用替换的方法把文档中的用"1"或"2"的标记替换成需要的词组或句子，例如用"1"来替换成"社会主义"一词，如图 3-47 所示。

③ 单击"全部替换"按钮即可。

图 3-47 "查找和替换"对话框

4. 在文档中插入日期和时间

具体操作步骤：

① 选择要插入日期和时间的位置。

② 单击"插入"选项卡→在文本功能区单击"日期和时间"命令按钮→显示"日期和时间"对话框。

③ 在"可用格式"列表中选择一种"日期和时间"格式。

④ 单击"确定"按钮即可。

提示：如果选择"自动更新"复选框，插入文档中的日期和时间会自动更新。

5. 在文档中插入特殊符号

具体操作步骤：

① 选择要插入符号的位置。

② 单击"插入"选项卡→在符号功能区中的下拉列表中选择"其他符号"命令→打开"符号"对话框。

③ 选择一种"特殊符号"→单击"插入"命令按钮即可。

6. 插入编号及项目符号

插入编号的具体操作步骤：

① 选定要添加编号的位置。选定要添加编号的位置或选中要添加编号的文本。

② 单击"插入"选项卡→在符号功能区中单击"编号"命令按钮→打开"编号"对话框。

③ 在"编号"框中输入起始编号，如5，在"编号类型"框中选择一种编号类型→单击"确定"命令按钮即可。如图3-48所示。

图3-48 "编号"对话框

插入项目符号的具体操作步骤：

① 选定要添加项目符号的位置或选中要添加项目符号的文本。

② 右击选择"快捷菜单"中的"项目符号"菜单命令→选择一种项目符号即可。

3.5.7 编辑文档

编辑文本包括文本的选定、复制、移动、删除、撤销键入与重复键入、查找、替换、修改、拼写、语法检查等操作。

1. 确定输入文本的位置

确定输入文本的位置就是输入文本的位置或即为当前光标的位置。在编辑文档过程中，首先要确定光标的位置，然后才可以进行修改、复制、移动、删除等操作。

2. 选定文本

在输入文本之后，如果需要修改文本、移动文本、复制文本、删除文本等操作，必须先选定文本，然后才能对其进行复制、移动等操作。

3．编辑文本

文本的插入、修改、复制、移动、删除、查找、替换等操作，请参阅 Word 2003 相关章节，在此不再阐述。

3.5.8　文档的美化与排版

1．设置字符格式

具体操作步骤：

① 选定要设置格式的文本。

② 单击"开始"选项卡→选择"字体"、"字号"、"粗体"、"斜体"或其他格式按钮即可改变所选文本的格式。

提示：字号大小有两种表达方式，以"初号"为最大字号，"八号"为最小字号；以"72"磅字为最大字号，"5"磅字为最小字号。根据页面大小可以设置特大号的字。

2．利用格式刷格式化文本

利用"格式刷"可以将选定的文本格式快速地应用于其他文本。

具体操作步骤：

① 选定要复制格式的文本。

② 双击"开始"选项卡中的"格式刷"　按钮，此时鼠标指针变为成"刷子形状"。

③ 用格式刷可以重复进行文本的格式化。

提示：如果单击"开始"选项卡中的"格式刷"　按钮，则只能进行一次格式化；如果双击，则可以进行多次格式化。

3．利用样式格式化文本

所谓样式就是应用于文档中的一套格式命令的集合，它能迅速改变文档的标题、文本样式。使用 Word 提供的样式，快速统一文档的格式，以提高格式化文档的效率。

（1）使用已有样式

具体操作步骤：

① 打开 Word 2010 文档窗口，单击"开始"选项卡→单击功能区的"样式"组中"更改样式"按钮。

② 在打开的"更改样式"下拉菜单中指向"样式集"选项，并在打开的样式集列表中选中其中一种样式即可

（2）创建新样式

具体操作步骤：

① 打开 Word 2010 文档窗口，选中事先已经设置格式的文本或段落。在"开始"功能区中单击"样式"组旁边的下拉列表按钮，显示所有样式。

② 在所有"样式"窗口单击"将所选内容保存为新快速样式"命令，显示"根据格式设置创建新样式"对话框，在"名称"框中输入样式名称。

③ 单击"确定"按钮即可。

3.5.9　设置首字下沉

在报纸或杂志上经常会看到首字符下沉的文章,即在文章开始的首字被放大并占据 2 行或 3 行,其他字符围绕在它的右下方。其目的是使文本更加醒目。

具体操作步骤:

① 移动光标到要设置首字下沉的段落中。

② 选择"插入"选项卡中的"字体"功能区→单击"首字下沉"的下拉列表中"首字下沉选项"菜单。

③ 命令,显示"首字下沉"对话框。

④ 在"首字下沉"对话框中进行"首字下沉"相关参数的设置即可。

提示:首字下沉只有在页面视图中,才能看到实际的排版效果。

3.5.10　插入艺术字

具体操作步骤:

① 移动光标到要设置艺术字的段落中。

② 选择"插入"选项卡中的"文本"功能区中的"艺术字"下拉列表按钮,显示"艺术字"效果窗口,如图 3-49 所示。

③ 选择"艺术字"列表中的一种字类型。

④ 在文本框中输入文本信息并设置字体和字号。

⑤ 单击"确定"按钮即可。

图 3-49　"艺术字"窗口

3.5.11　设置分栏

具体操作步骤:

① 选中需要分栏的文本。

② 单击"页面布局"选项卡→在"页面设置"功能区中单击"分栏"下拉列表中的菜单命

令→进行分栏。

③ 如果选择"更多分栏"菜单命令→显示"分栏"对话框。

④ 可以在"预设"的 5 种分栏设置中选择一种分栏方式,也可以在"栏数"中输入需要的栏数;如果需要分隔线可以选中"分隔线"复选框;在"宽度和间距"中可以设置栏宽、栏与栏之间的间距,一般情况下取 Word 2010 默认值。

⑤ 单击"确定"按钮结束设置。

3.5.12 编辑图片

图形文件有两种类型:位图文件和矢量文件。位图由许多个像素组成,矢量文件由绘图命令集组成。位图文件放大后容易矢量,而矢量文件不易失真。

1. 插入"剪贴画"

具体操作步骤:

① 单击"插入"选项卡→在"插图"功能区中单击"剪贴画"命令按钮。

② 在"剪贴画"窗口,单击"搜索"按钮,显示"剪贴画"列表→选择一种"剪贴画"即可。

2. 插入图片

具体操作步骤:

① 在文档中选定要插入图片的位置。

② 单击"插入"选项卡→单击"图片"命令按钮→在计算机中查找图片文件。如图 3-50 所示。

③ 单击图片的文件→单击"插入"按钮即可。

图 3-50 "插入图片"对话框

3. 编辑图片

(1)移动的方法

① 单击需要移动的剪贴画、图片,按"Ctrl"+"X"键,移动鼠标到新的位置,按"Ctrl"+"V"键完成图片的移动。

② 使鼠标指向剪贴画、图片的外边框,直接拖动图片的一边到新的位置即可。

提示:如果限制图片只能横向移动,可以把插入点定位到图片左小下方,使用"空格键"和"退格键"即可完成图片移动。

(2)调整图片大小的方法

具体操作步骤:

① 单击要调整的剪贴画、图片,剪贴画、图片四周出现八个控点。

② 使用鼠标拖动图片的四个角中的一角,即可成比例地缩放图片。

(3)删除剪贴画、图片的方法

具体操作步骤:

选定要删除的图片,按"Del"键即可将其删除,或选择快捷菜单中的"删除"命令。

(4)裁剪图片的方法

具体操作步骤:

① 右击要裁剪剪贴画、图片,选择快捷菜单中的编辑图片的命令。

② 单击快捷菜单中的"裁剪"命令 ,单击任意控点并向裁剪方向拖动鼠标即可。

3.5.13 设置图片的版式

具体操作步骤:

① 在页面视图中,右击"图片"选择快捷菜单"设置图片格式"命令,显示"设置图片格式"对话框。

② 单击"版式"选项卡→显示"版式"对话框,如图 3-51 所示。

③ 单击"紧密型"→单击"确定"命令按钮。

图 3-51 "设置图片格式"对话框

3.5.14 编辑文本框

所谓文本框就是把图形或文字用方框框起来。使用文本框中的内容不受整个版面排版的影响,同时在排版时,利用文本框规划文档的版面。

1. 插入文本框

具体操作步骤:

① 在页面视图中,确定插入文本框的位置。

② 单击"插入"选项卡→单击文本功能区的"文本框"下拉列表按钮→单击"绘制文本框"命令→鼠标光标变成十字光标。

③ 在插入文本框的位置拖动鼠标绘制文本框。

④ 在文本框中→直接输入文本内容即可。

⑤ 单击"文本框"→选定该文本框,然后拖动文本框尺寸控点至所需尺寸。

2. 删除文本框

在页面视图中,单击要删除的文本框,然后按"Del"键即可删除文本框及其内容。

3.5.15 绘制图形

Word 2010 提供了绘图工具,利用这些工具可以在文档中直接绘制出丰富多彩的图形、流程图、星形、旗帜和标注等自选图形,并且对其进行旋转、翻转、添加颜色、图形组合等,增加整个文档的特殊效果。

具体操作步骤:

① 单击"插入"选项卡→单击"插图"功能区中的"形状"下拉列表按钮→选择一种绘图工具。

② 在绘制图形的位置拖动鼠标或按住"Shift"键拖动鼠标就可以绘制出所需要的图形,然后再调整大小形状即可。

③ 选定刚绘制的图形→使用"绘图"工具栏上的命令按钮→实现"填充颜色"、"添加阴影或三维效果"等功能。如图 3-52 所示。

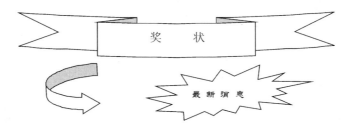

图 3-52 绘制图形

3.5.16 插入 SmartArt 图形

用户借助 Word 2010 提供的 SmartArt 功能,可以在 Word 2010 文档中插入丰富多彩、表现力丰富的 SmartArt 图形。

具体操作步骤:

① 打开 Word 2010 文档窗口→单击"插入"选项卡→单击"插图"功能区中的"Smart-Art"命令按钮→显示"选择 SmartArt 图形"对话框,如图 3-53 所示。

② 单击左侧的类别名称选择合适的类别,然后在对话框右侧单击选择需要的 Smart-Art 图形,并单击"确定"按钮。

③ 使用鼠标单击 SmartArt 图形→选择快捷菜单中的板式,如标准、两边悬挂、左悬挂、右悬挂、自动板式,调整图形后输入文字即可。

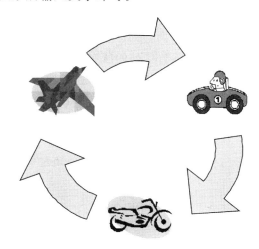

图 3-53　"选择 SmartArt 图形"对话框

3.6　文档排版与打印

3.6.1　设置左、右边界

段落缩进是指改变文本和页边距之间的距离。在 Word 2010 中,段落缩进一般包括首行缩进、悬挂缩进、左缩进和右缩进。如图 3-54 所示。

图 3-54　利用标尺的缩进钮设置左、右边界

➢ 首行缩进:控制段落的首行第一个字的起始位置。

➢ 悬挂缩进:控制段落中第一行以外的其他行的起始位置。

➢ 左缩进:控制段落左边界的位置。

➢ 右缩进:控制段落右边界的位置。

通过拖动标尺的缩进钮改变文本和页边距之间的距离,具体操作步骤:

① 选定要设置缩进的段落或把光标移到需要设置缩进的段落中。

② 用鼠标分别拖动各"缩进"钮到指定的位置,然后松开鼠标左键即可。

提示:使用标尺只能粗略地缩进操作,要想精确地设置缩进可以按住"Alt"键,再拖动"缩进"钮即可实现精确地缩进操作。

3.6.2　设置对齐方式

Word 2010 提供了五种对齐方式,即左对齐、右对齐、居中对齐、两端对齐和分散对齐。默认的对齐方式是左对齐。

➢ 左对齐命令按钮:将选定段落除首行外的所有行与段落左端缩进对齐。

➢ 右对齐命令按钮:将选定段落除首行外的所有行与段落右端缩进对齐。

➢ 居中对齐命令按钮:将选定段落各行置于左、右缩进之间。

➢ 两端对齐命令按钮:将选定的段落各行字符间距均匀调整,使文字均匀填满左、右缩进标记之间的区域。

➢ 分散对齐按钮:与两端对齐相似,只是最末行字符可能会拉的距离比较大。

具体操作方法:

将光标移到需要对齐的段落→单击"开始"选项卡→单击"段落"功能区中的"左对齐"▤、"两端右对齐"▤、居中对齐▤和"右对齐"▤按钮即可完成设置。

3.6.3　设置段落间距

所谓段落间距是指段落与它相邻的段落之间的距离,而行距是指段落中行与行之间的距离。

具体操作步骤:

① 将光标移到需要设置段落间距和行距的段落。

② 在设置段落间距和行距的段落中右击→选择快捷菜单中的"段落"菜单命令→打开"段落"对话框。

③ 在"段落"对话框中设置段落前、段落后的间距。例如,在段落前框中输入或选择"6",在段落后框中输入或选择"6";在"行距"列表框中选择所需的行距,如图 3-55 所示。单击"确定"按钮结束设置。

设置行距参数的说明:

➢ "单倍行距":每行的高度可以容纳该行的最大字体,再加上一点空余距离。

➢ "1.5 倍行距":把行间距设置为单行间距的 1.5 倍。

➢ "2 倍行距":把行距设置为单行间距的 2 倍。

> ➤ "最小值":行距为能容纳本行中最大字体或图形的最小行距。如果在"设置值"框内输入一个值,则行距不会小于这个值。
> ➤ "固定值":行与行之间的间隔精确地等于在"设置值"文本框中设置的距离。
> ➤ "多倍行距":允许行距以任何百分比增减。

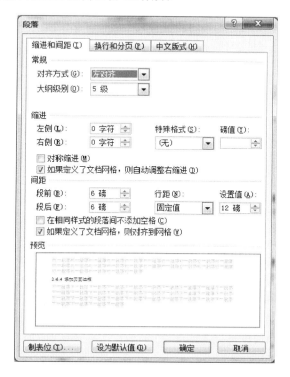

图 3-55 设置"段落"对话框

3.6.4 设置页面边框

在编辑的文档后,可以在编辑的文档上添加花边,使文档更加美观。Word 2010 提供了多种花边的样式,用户可根据需要进行选择。

具体操作步骤:

① 选择需要设置"边框和底纹"的段落。

② 单击"页面布局"选项卡→单击"页面背景"功能区中的"页面边框"命令按钮→打开"边框和底纹"对话框。

③ 在"边框"对话框中→单击"页面边框"选项卡→选择"线条"、"颜色"、"宽度"、"艺术型"和"应用范围"项→单击"选项"按钮→选择"度量依据"即可完成花边的设置,如图 3-56 所示。

提示:当选择"艺术型"时,需要调整"宽度"的值。一般"宽度"的值设置小一些效果比较好。

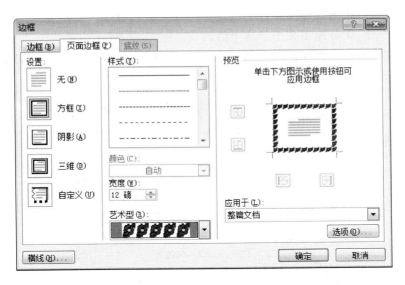

图 3-56 "边框"对话框

3.6.5 创建目录

具体操作步骤:

① 单击"引用"选项卡→单击"目录"功能区中的"目录"下拉列表按钮→显示菜单。

② 单击"插入"目录命令,显示目录对话框,如图 3-57 所示。

③ 在"目录"对话框中,根据需要进行选择。

④ 单击"确定"按钮即可。

提示:如果要删除目录,先选中然后按"Del"键即可。

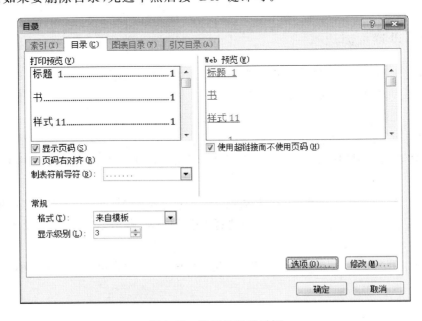

图 3-57 设置目录对话框

3.6.6 设置页眉、页脚和页码

页眉与页脚是打印在一页顶部或底部的一些信息。页眉和页脚的内容通常包含章节标题、文件标题、日期或作者姓名及页码。恰当设置页眉可以使得文档更加美观大方。

1. 插入页眉、页脚

具体操作步骤：

① 单击"插入"选项卡→单击"页眉页脚"功能区中的"页眉"下拉列表框→选择编辑"页眉"命令→在虚线框内的页眉区中输入页眉的内容,例如输入"大学计算机基础"。

② 单击"页眉页脚"功能区中的"页脚"下拉列表按钮→选择编辑"页脚"命令→虚线框内的页脚区域中输入页脚的内容即可。

③ 单击"功能区"最右边的"关闭"按钮结束设置。

2. 插入页码

具体操作步骤：

① 单击"插入"选项卡→单击"页眉页脚"功能区中的"页码"下拉列表→显示"页码列表"。

② 在"页码"列表中选择"页码底部"下拉列表中的一种页码格式。

③ 在"页码"列表中选择"设置"页码格式"命令→打开"页码格式"对话框。

④ 在"页码格式"对话框中,进行格式设置。

⑤ 单击"确定"按钮。

3.6.7 设置分页与分节

在输入和排版文本时,Word 2010 自动将文档分页。当满一页时,自动增加一个分页符,并且开始新的页面。有时,会在段落中添加一个分页符强制换页。为了便于对文档进行格式化,可以将文档分隔成若干个节,用户可以对每个节进行格式化。节与节之间的分界线是一条双虚线。

1. 强制换页

具体操作步骤：

① 将光标移动到要调整的段落中,或者选定要调整的多个段落。

② 单击"插入"选项卡→单击"页"功能区中的"分页"命令按钮即可在当前光标处插入一个"分页"符→强制换到下一页。

2. 插入分节符

在 Word 文档排版时,经常需要对同一个文档中的不同部分采用不同的版面设置,例如,设置不同的页面方向、页边距、页眉和页脚,或重新分栏排版等。这时,如果通过"文件"菜单中的"页面设置"来改变其设置,就会引起整个文档所有页面的改变。怎么办呢？这就需要对 Word 文档进行分节。

默认方式下,Word 将整个文档视为一"节",故对文档的页面设置是应用于整篇文档的。若需要在一页之内或多页之间采用不同的版面布局,只需插入"分节符"将文档分成几

"节",然后根据需要设置每"节"的格式即可。

插入"分节符"的步骤：

① 单击需要插入分节符的位置。

② 单击"页面布局"选项卡→选择"页码设置"功能区中的"分隔符"下拉列表按钮→单击"连续"命令→插入"分节符"即可。

3.6.8　打印预览

在页面设置完后，可以预览打印效果。在打印预览文档过程中，用户可以进行常规的编辑，还可以对页边距、格式、分栏等做最后的修改。

具体操作步骤：

① 打开文档窗口。

② 单击"文件"菜单中的"打印"命令，在打印窗口的右侧显示了文档的打印效果。

③ 拖动滚动条中的滚动块可以调整预览页面的多少。

3.6.9　打印文档

具体操作步骤：

① 单击"文件"菜单中的"打印"命令→显示"打印"对话框。如图 3-58 所示。

② 在"打印"窗口的设置包括打印页、打印份数、横向用纸、纵向用纸等。

其中，打印份数是指打印整个文档的份数，一般选中"逐份打印"复选框即可。

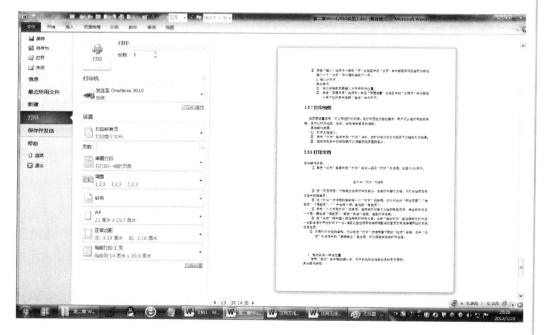

图 3-58　"打印"对话框

习　题

一、选择题

1. 在 Word 2003 编辑状态下,改变段落的缩进方式、调整左右边界等操作,最直观、快速的方法是利用_____。

    A. 菜单栏   B. 工具栏   C. 格式栏   D. 标尺

2. 进入 Word 2003 的编辑状态后,进行中文与英文标点符号之间切换的快捷键是_____。

    A. Shift＋Space   B. Shift＋Ctrl   C. Shift＋End   D. Ctrl＋PageUp

3. 在 Word 2003 编辑状态下,若要进行选定文本行间距的设置,应选择的操作是单击菜单项_____。

    A. "编辑"→"格式"   B. "格式"→"段落"

    C. "编辑"→"段"   D. "格式"→"字体"

4. 页眉和页脚的建立方法相似,都是使用_____菜单中的"页眉和页脚"命令进行设置。

    A. "编辑"   B. "工具"   C. "插入"   D. "视图"

5. 在 Word 2003 编辑状态下,不可以进行的操作是_____。

    A. 对选定的段落进行页眉、页脚设置

    B. 在选定的段落内进行查找、替换

    C. 对选定的段落进行拼写和语法检查

    D. 对选定的段落进行字数统计

6. 在 Word 2003 的编辑状态,为文档设置页码,可以使用_____菜单中的命令。

    A. "工具"   B. "编辑"   C. "格式"   D. "插入"

7. 在 Word 2003 的文档中,选定文档某行内容后,使用鼠标拖动方法将其移动时,配合的键盘操作是_____。

    A. 按住"Esc"键   B. 按住"Ctrl"键   C. 按住"Alt"键   D. 不做操作

8. 在 Word 2003 的编辑状态,当前编辑的文档是 C 盘中的 d1.doc 文档,要将该文档复制到 U 盘上,应当使用_____。

    A. "文件"菜单中的"另存为"命令   B. "文件"菜单中的"保存"命令

    C. "文件"菜单中的"新建"命令   D. "插入"菜单中的命令

9. 在 Word 2003 的编辑状态,当前正编辑一个新建文档"文档1",当执行"文件"菜单中的"保存"命令后_____。

    A. "文档1"被存盘   B. 弹出"另存为"对话框

    C. 自动以"文档1"为名存盘   D. 不能以"文档1"存盘

10. 在 Word 2003 中,当多个文档打开时,关于保存这些文档的说法中正确的是_____。

    A. 用"文件"菜单的"保存"命令,只能保存活动文档

B. 用"文件"菜单的"保存"命令,可以重命名保存所有文档

C. 用"文件"菜单的"保存"命令,可一次性保存所有打开的文档

D. 用"文件"菜单的"全部保存"命令保存所有打开的文档

11. 在 Word 2003 中,关于表格自动套用格式的用法,以下说法正确的是_____。

A. 只能直接用自动套用格式生成表格

B. 可在生成新表时使用自动套用格式或插入表格的基础上使用自动套用格式

C. 每种自动套用的格式已经固定,不能对其进行任何形式的更改

D. 在套用一种格式后,不能再更改为其他格式

12. Word 2003 提供了多种执行 Word 2003 命令的方法,除了可以使用已有的菜单、工具栏按钮和快捷菜单外,还可以使用_____。

A. 窗口命令　　　　B. 对话框命令　　　　C. 快捷键　　　　D. 任务栏

13. 在 Word 2003 中,默认为页面视图,改变视图模式可通过"视图"菜单选择其相应命令来实现,但最快的方法是单击_____按钮。

A. 垂直滚动条上方　　　　　　　　B. 垂直滚动条下方

C. 水平滚动条左侧　　　　　　　　D. 水平滚动条右侧

14. 在 Word 2003 文档操作中,经常利用_____操作过程相互配合,用以将一段文本内容移动到另一处。

A. 选取、复制、粘贴　　　　　　　B. 选取、剪切、粘贴

C. 选取、剪切、复制　　　　　　　D. 选取、粘贴、复制

15. Word 2003 在_____菜单中提供了查找与替换功能,可以用于快速查找信息或成批替换信息。

A. 编辑　　　　B. 文件　　　　C. 视图　　　　D. 工具

16. 在 Word 2003 文档编辑状态下,文档内容要求采用居中对齐时,可选择_____功能。

A. "格式"菜单下的"字体"　　　　B. "格式"菜单下的"段落"

C. "工具"菜单下的"自动更正"　　D. "工具"菜单下的"修订"

17. 在 Word 2003 的编辑状态下,可以按"Del"键来删除插入点右边的一个字符,按_____键删除光标左面的一个字符。

A. "Backspace"　　B. "Insert"　　　C. "Alt"　　　　D. "Ctrl"

18. 在 Word 2003 中,为了修饰表格,用户可以_____,也可以利用"表格"菜单中的"表格自动套用格式"命令。

A. 单击"格式"菜单中的"边框和底纹"命令

B. 单击"插入表格"按钮

C. 单击常用工具栏的"格式刷"按钮

D. 调用附件中的"画图"程序

19. 在 Word 2003 中,插入图片可通过_____菜单下的"图片"进行操作。

A. 文件　　　　B. 编辑　　　　C. 插入　　　　D. 格式

20. 在 Word 2003 中,要给文档编页码,需_____。

A. 选择"文件"菜单的"页面设置"　　　B. 选择"编辑"菜单的"定位"

C. 选择"视图"菜单的"页面"　　　　　D. 选择"插入"菜单的"页码"

21. 在表格制作中,Word 2003 _____。

A. 可以画斜线　　　　　　　　　　　B. 不可以画斜线

C. 不可以改变表格线的线型和粗细　　D. 不可以清除表格内部的格子线

22. 下列不正确的是_____。

A. 用"格式"菜单中的"段落"命令可以改变字间距和行间距

B. 用"格式"菜单中的"段落"命令不可以改变字间距

C. 用"格式"菜单中的"字体"命令不可以改变行间距

D. 用"格式"菜单中的"字体"命令可以改变字体的颜色

23. 在 Word 2003 编辑状态下,绘制文本框,应使用的下拉菜单是_____。

A. "插入"　　　　B. "表格"　　　　C. "编辑"　　　　D. "工具"

24. Word 2003 的替换功能所在的菜单是_____。

A. "视图"　　　　B. "编辑"　　　　C. "插入"　　　　D. "格式"

25. 在 Word 2003 编辑状态下,若要进行字体效果的设置,首先应打开_____下拉菜单。

A. "编辑"　　　　B. "视图"　　　　C. "格式"　　　　D. "工具"

26. Word 2003 文档中,每个段落都有自己的段落标记,段落标记的位置在_____。

A. 段落的首部　　　　　　　　　　　B. 段落的结尾处

C. 段落的中间位置　　　　　　　　　D. 段落中,但用户找不到的位置

27. 在 Word 2003 编辑状态下,若光标位于表格外右侧的行尾处,按"Enter"键,结果为_____。

A. 光标移到下一列

B. 光标移到下一行,表格行数不变

C. 插入一行,表格行数改变

D. 在本单元格内换行,表格行数不变

28. 关于 Word 2003 中的多文档窗口操作,以下叙述中错误的是_____。

A. Word 2003 的文档窗口可以拆分为两个文档窗口

B. 多个文档编辑工作结束后,不能一个一个地存盘或关闭文档窗口

C. Word 2003 允许同时打开多个文档进行编辑,每个文档有一个文档窗口

D. 多文档窗口间的内容可以进行剪切、粘贴和复制等操作

29. 在 Word 2003 中,创建表格不应该使用的方法是_____。

A. 用绘图工具画一个

B. 使用工具栏按钮创建

C. 使用菜单命令创建

D. 使用"表格和边框"工具栏绘制表格

30. 在 Word 2003 中,下述关于分栏操作的说法,正确的是_____。

A. 可以将指定的段落分成指定宽度的两栏

B. 任何视图下均可看到分栏效果

C. 设置的各栏宽度和间距与页面宽度无关

D. 栏与栏之间不可以设置分隔线

二、简答题

1. 简述在 Word 2010 中格式刷和样式的作用。

2. 简述在 Word 2010 中设置分节符的作用。

3. 简述在 Word 2010 中多级标题建立的方法。

4. 在 Word 2010 中,如何生成快速工具栏?

5. 在 Word 2010 中,如何实现快速排版功能?

6. 在 Word 2010 中,如何实现插入图片、超项链接、文本框、艺术字、首字下沉等功能?

7. 在 Word 2010 中,如何实现屏幕截图功能?

8. 简述简单分页符与分节符的区别。

9. 在 Word 2010 中,如何设置页面花边?

10. 在 Word 2010 中,如何快速制作二维表格?

11. 在 Word 2010 中,如何设置稿纸功能?

12. 在 Word 2010 中,如何添加页眉、页脚、水印功能?

13. 说明选择窗格的作用。

第4章 Excel 电子表格

 **本章学习重点：**

1. Excel 的基本操作

2. 编辑、美化 Excel 工作表

3. 编辑、美化 Excel 图表

4. 函数的应用

5. 数据管理

6. 打印 Excel 工作表

4.1 Excel 2003 基本操作

Microsoft Excel 2003 是微软公司 Microsoft Office 2003 系列办公软件之一。它是基于 Windows 操作系统环境，专门用于数据计算、统计分析和报表处理的软件。利用它可制作各种复杂的电子表格，完成烦琐的数据计算，将枯燥的数据转换为彩色的图形形象地显示出来，大大增强了数据的可视性，并且可以将各种统计报告和统计图打印出来，掌握了 Excel 可以成倍地提高工作效率。

4.1.1 电子表格处理软件的功能

电子表格处理软件一般具有以下功能。

（1）创建工作表：包括输入、编辑和格式化工作表。

（2）制作图表：包括创建、编辑和格式化图表等。

（3）管理和分析数据：用于数据计算、统计分析和报表处理的软件。

（4）打印工作表：包括打印选定数据区域、选定工作表或整个工作簿等。

4.1.2 Excel 2003 编辑窗口

Excel 2003 的工作窗口主要由标题栏、菜单栏、工具栏、编辑栏、编辑表格区、滚动条、任务窗格和状态栏等组成，如图 4-1 所示。Excel 2003 工作窗口的主要元素如下：

图 4-1   Excel 2003 的工作窗口

（1）编辑栏。位于工具栏的下方，用来显示当前输入与编辑单元格的内容、公式或函数。编辑栏中的"×"按钮表示取消输入，"√"按钮表示确认，"f_X"为输入函数按钮。

（2）名称框。位于编辑栏的左边，用于显示当前单元格或单元格区域的名称或快速确定当前单元格或单元格区域的位置。

（3）表格编辑区。用来建立、显示和编辑表格的区域。

（4）工作簿。一个 Excel 文件就是一个工作簿，用来处理和存储数据的文件，其扩展名为.xls，它由 255 个工作表组成。建立工作表之前，首先要创建工作簿。

（5）工作表。工作簿中的每一张表格称为工作表，也叫做电子表格。每张工作表由65 536行和 256 列单元格组成。工作表是 Excel 存储和处理数据最重要的部分。使用工作表可以对数据进行显示和分析。可以同时在多张工作表上输入并编辑数据，并且可以对来自不同工作表的数据进行汇总计算。在创建图表之后，既可以将其置于源表格之上，也可以放置其他位置。

（6）列标与行标。列标通常用英文字母依次由左至右排列。即从"A"开始到"Ⅳ"，共256 列，如果单击某一列标（如"B"），则可选中此列中的全部单元格。行标通常用阿拉伯数字自上向下排列，从 1～65 536 行。如果单击某一行标（如"3"），则可以选中此行中的全部单元格。

（7）工作表标签。每个工作簿中有三个默认工作表，其名称为 Sheet1、Sheet2、Sheet3。单击工作表标签可激活相应工作表。

（8）单元格。单元格是组成工作表的最小单位。正在编辑的单元格称为活动单元格。

4.1.3 工作簿的创建、保存与打开

1. 创建工作簿

创建工作簿的基本过程包括建立工作簿文件、编辑表格、修饰表格、预览和打印输出等操作。工作簿管理包括创建工作簿、打开工作簿和保存工作簿。

工作簿文件的类型可以是.xls、.xlt、.xml 和.html。其中,.xls 为电子表格文件的类型名,.xlt 为模版文件的类型名,.xml 为 XML 表格的类型名,.html 或.htm 为网页文件的类型名。常用电子表格文件的类型名为.xls 和.xlt。

创建工作簿的操作步骤:

① 在桌面上双击"Microsoft Excel 2003"图标,打开 Excel 2003 窗口,并自动建立一个新的空白的工作簿,其临时文件名为 Book1。用户根据需要可创建多个工作簿文件。

② 设置保存表格的默认位置。可以将所建的电子表格文件自动保存到指定的位置即默认位置。单击"工具栏"菜单的"选项"命令,单击"常规"选项卡,显示"常规"对话框,在"默认文件位置"文本框中,输入保存工作簿文件的默认位置,例如输入"D:\学生成绩单",如图 4-2 所示。

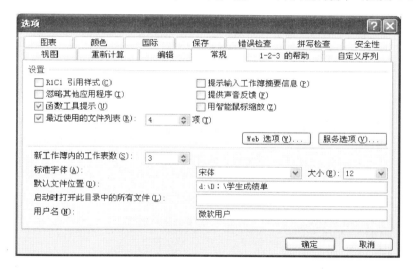

图 4-2 设置保存工作簿文件的默认位置

2. 输入工作表的数据

例如输入学生成绩单,如图 4-3 所示。

3. 添加表格线

具体操作方法:

① 单击"格式"菜单中的"单元格"命令,显示如图 4-4 所示的"单元格格式"对话框。

② 选择表格的内表格线和外表格线,单击"确定"按钮。

③ 设置对齐方式,例如,本例选择居中对齐表中的数据。

④ 美化表格,对表标题、表格中的数据进行格式化。显示结果如图 4-5 所示。

图 4-3　学生成绩单

图 4-4　"单元格格式"对话框

图 4-5　学生成绩单

4．保存工作簿

具体操作步骤：

① 选择"文件"菜单中的"保存"命令，按照前面设置的默认保存位置进行保存。

提示：第一次保存工作簿时，选择"保存"或"另存为"操作的功能相同，以后再选择"保存"时，直接保存不再出现对话框，只有选择"另存为"才会出现对话框。

② 单击"关闭"按钮。

5．打开工作簿

具体操作步骤：

打开已建立的工作簿文件，对其进行编辑等操作。单击"开始"菜单中的"我最近的文档"命令，找到要打开的工作簿文件名单击。

4．1．4　编辑工作表

1．激活一个工作表

单击某个工作表标签，该工作表被激活，成为当前可以操作的工作表。此时的操作只能改变当前工作表的内容，而不会影响其他工作表。

2．激活多个工作表

如果要同时选择多个工作表，按住 Ctrl 键，再单击工作表标签，被选定的多个工作表标签均显示为白色，多个工作表同时被激活，成为当前可以使用的工作表。如果要同时选择多个相邻工作表，按住 Shift 键，可以选定多个相邻工作表，使之成为当前工作表。

3．添加工作表

如果工作簿中需要使用的工作表超过了系统提供的默认的 3 个工作表，那么可以在工作簿中插入更多的工作表。先选定一个工作表标签，该标签位置即是将插入工作表的位置。再执行"插入"菜单中的"工作表"命令，则一张新的工作表被插入到选定的位置，重复以上操作可以插入更多的工作表。

提示：通过设置可以使系统在新建工作簿时设置更多默认的工作表。执行"工具"菜单中的"选项"命令，在"常规"选项卡的"新工作簿内的工作表数"栏中输入工作表数，以后在新建工作簿时，工作表数即为设定的数目。但设定的数目不能超过 255。

4．删除工作表

删除不需要的工作表时，首先单击要删除的工作表，选择快捷菜单中的"编辑"命令即可删除。

5．移动工作表

在工作簿内可以移动工作表。调整工作表的次序非常简单，只需要用鼠标指向需要移动的工作表标签，按住鼠标左键横向拖动标签到所需位置即可。

6．选定工作表的方法

• 选定单个工作表。单击"表格标签"，例如，单击"Sheet1"。

• 选定多个连续的工作表。单击第一张要选的"工作表标签"，然后按住"Shift"键，再单击最后一张"工作表标签"即可选定连续的工作表。

- 选定多个不连续的工作表。先选定第一张工作表，然后按住"Ctrl"键，再单击其他工作表的"工作表标签"即可。

7. 工作表的更名

右击需要更名的"工作表标签"，选择快捷菜单中"重命名"命令，然后输入新的工作表名称。例如输入"2010 级成绩单"，按回车键即可。

4.2 编辑文本

工作簿由工作表组成，而一张工作表由若干单元格组成。Excel 允许从工作表的任何位置开始输入工作表的内容。

1. 自动填充文本序列

Excel 2003 为方便用户，提供了自动填充数据和文本的功能，帮助用户避免重复的操作。自动填充是根据初始值决定以后的填充项，选中初始值所在的单元格，将鼠标指针移到该单元格的右下角，指针变成小十字形，称为填充柄，输入时按下鼠标左键拖曳至需填充的最后一个单元格，即可完成自动填充工作。

例如，系统提供了"星期一"到"星期日"序列，在建立课表时，利用自动填充功能可以快速完成时间的输入。

例如，系统提供了"1 月"到"12 月"序列，在建立年度表考核表时，利用自动填充功能可以快速完成"1 月"到"12 月"的输入工作。

2. 添加自定义序列

用户在使用自动填充功能时，如果系统提供的序列不能满足用户的需要，用户还可以添加自定义序列。添加一次，可以多次使用。掌握此操作，可以大大提高工作效率。

例如，添加一个"一车间"到"十二车间"序列，利用自动填充功能可以快速建立一张车间作息表。

例如，添加一个"学生×××"到"学生×××"序列，利用自动填充功能可以快速完成建立学生信息表的工作。

具体操作步骤：

① 单击"工具"菜单中的"选项"命令，屏幕显示"选项"对话框。

② 在"选项"对话框中，单击"自定义序列"选项卡，出现"自定义序列"对话框。

③ 在"自定义序列"对话框的右边窗口，输入用户自定义的序列。

提示：自定义序列可以是表格的栏目，例如添加一个部门序列：计算机学院、自动化学院、信息与通信学院、语言学院等、管理学院，如图 4-6 所示。

④ 添加完自定义序列后，单击"添加"按钮。

⑤ 单击"确定"按钮完成该序列的添加工作，以后就可以直接使用填充功能完成该序列的输入。

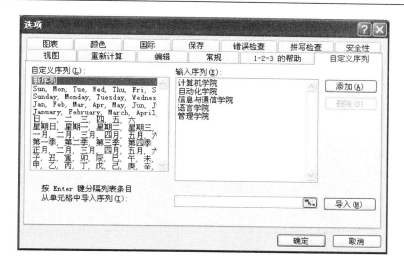

图 4-6　添加自定义序列对话框

3. 自动填充数值数据

自动填充相同的数值数据：选定需要输入数据的单元格区域，输入一个数据，然后按"Ctrl＋Space"组合键完成数据的填充。

4. 自动填充等差数列

例如，输入 5,10,15,20,25,30,35,40,45,50。

具体操作步骤：

① 确定输入数据的元格，输入数据序列的第一个数据，例如，输入 5，按回车键，然后输入第二个数据，例如，输入 10。

② 选定数据 5 和 10 的单元格，然后拖动"填充柄"完成该序列的填充。

5. 输入特大或特小的数值

输入数值时，默认形式为普通表示法。如 123,12.567 等。当数据的长度超过 11 位时，或者整数部分的位数超过了单元格的宽度，Excel 2003 将自动用科学记数法表示或显示数据。例如，在单元格中输入数值 123456789999，则显示为"1.23457E＋11"。

6. 输入分数和负数

为避免将输入的分数视为日期，可以在分数前输入单引号"'"或"空格"，然后输入分数，例如输入"'5/8"。输入负数时，在负数前输入一个减号"－"即可。

7. 输入时间和日期

常用的内置日期与时间格式有：mm/dd、dd-mm-yy、yy/mm/dd、hh. mm. ss 、hh. mm. ss PM 等。

输入日期和时间的步骤：

① 选择插入日期和时间的位置。

② 右击"单元格"，选择快捷菜单中的"日期和时间"命令，选择"可用格式"中的一种格式，如图 4-7 所示。

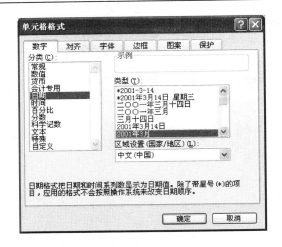

图 4-7　选择插入"日期和时间"的格式

③ 单击"确定"按钮。

快速输入日期和时间的方法：

如果按组合键"Ctrl＋;"则取出当前系统日期。

如果按组合键"Ctrl＋Shift＋;"则取出当前系统时间。

8. 输入批注

批注是对于单元格内容的进一步说明。一般在单元格中输入的信息是比较简洁的,通过批注可以得到一些详细的说明。

具体操作步骤：

① 单击选定一个需要添加批注的单元格。

② 单击"插入"菜单的"批注"命令,在选定的单元格附近会出现一个编辑框,在"批注"编辑框内,直接输入批注内容。

③ 完成批注输入后,在编辑框外面任何位置单击结束添加批注。

9. 输入公式和函数

Excel 2003 提供了 11 类、数百个内置函数,包括数学和三角函数、统计函数、逻辑函数、日期与时间函数、文本函数、财务函数、查询和引用函数、数据库函数以及用户自定义函数等。通过在单元格内输入公式和函数可以完成复杂的计算功能。例如,单击求和的单元格 F4,在 F4 中输入公式"＝C4＋D4＋E4",然后按回车键即可完成求和的计算。

如果要使用函数求和,单击要插入函数的单元格,然后单击"常用"工具栏求和函数
Σ ▼,然后按回车键即可完成求和的计算。

常用的数学函数有以下几种。

① 绝对值函数 ABS

格式：ABS(number)。功能：返回参数 number 的绝对值。

例如,ABS(3.14)的值为 3.14,ABS(−3.14)的值为 3.14。

② 取整函数

格式：INT(number)。功能：返回参数 number 向下取整后整数值。

例如，INT(3.14)的值为 3，INT(−3.14)的值为−4。

③ 求余函数 MOD

格式：MOD(number,divisor)-。功能：返回参数 number 除以参数 divisor 所得余数，结果的正负号与 divisor 相同。

例如，MOD(3,2)的值为 1，MOD(−3,2)的值为 1，MOD(3,−2)的值为−1。

④ 符号函数 SIGN

格式：SIGN(number)。功能：参数 number 为正数时返回 1，负数时返回−1，零时返回 0。

例如，SIGN(3.14)的值为 1，SIGN(−3.14)的值为−1，SIGN(2−2)的值为 0。

⑤ 圆周率函数 PI

格式：PI()。功能：返回圆周率 n 的值。该函数为无参函数，但一对括号不能省略。

例如，PI()的值为 3.1415926。计算半径为 3 的圆周长为−2 * PI() * 3。

⑥ 随机数函数 RAND

格式：RAND()。功能：返回一个[0,1]之间的随机数。该函数为无参函数，但一对括号不能省略。

例如，40＋INT(RAND() * 61)可以返回一个 40～100 之间的随机整数。

⑦ 四舍五入函数 ROUND

格式：ROUND(number,Num_digits)。功能：返回 number 按四舍五入保留 num_digits 位小数的值。其中 num_digits 为任意整数。

例如，ROUND(3.1415,1)的值为 3.1，ROUND(3.1415,3)的值为 3.142，ROUND(3.1415,0)的值为 3，ROUND(31.41 5,−1)的值为 30。

⑧ 求平方根函数 SQRT

格式：SQRT(number)。功能：返回 number 的平方根。其中 number 为非负实数。

例如，SQRT(2)的值为 1.414，SQRT(−2)的值为♯NAME?。

⑨ 求和函数 SUM

格式：SUM(number1,number2,…)。功能：返回参数表中所有参数之和，参数个数最多不超过 30 个，常使用区域形式。

例如，SUM(A1:A3,A5,A7:A10)表示单元格区域 A1:A3、单元格 A5、单元格区域 A7:A10 中所有数值之和。

⑩ 条件求和函数 SUMIF

格式：SUMIF(range,criteria,sum_range}。功能：返回区域 range 内满足条件 criteria 的单元格所顺序对应的区域 sum_range 内单元格中数值之和，如果参数 sum_range 省略，求和区域为 range。值得注意的是条件 criteria 是以数字、表达式、字符串形式给出，而不能使用函数。

常用的文本函数有以下几种。

① 代码转换字符函数 CHAR

格式:CHAR(number)。功能:返回对应代码参数 number 的字符。其中 number 为 1~255 之间的任意整数。

例如,CHAR(65)等于"A"。

② 字符串长度函数 LEN(text)

格式:LEN(text)。功能:返回字符串 text 中的字符个数。其中一个空格长度为1。

例如,LEN("北京邮电大学")的值为 6,LEN("good bye")的值为 8。

③ 左截取子串函数 LEFT

格式:LEFT(text,num_digits}。功能:返回字符串 text 左起 num_digits 个字符的子字符串。其中,num_digits 为非负整数,如果省略则默认为 1。

例如,LEFT("北京邮电大学",2)的值为"北京",LEFT("good bye",4)的值为"good"。

④ 右截取子串函数 RIGHT

格式:RIGHT(text,num_digits)。功能:返回字符串 text 右起 num_digits 个字符的子字符串。

例如,RIGHT(" 北京邮电大学",2)的值为"大学",RIGHT("good bye",3)的值为"bye"。

前面介绍了一些常用函数的功能,下面举例说明,例如,利用函数求平均值的步骤为:

① 单击要插入公式的单元格,然后单击"常用"工具栏中求和函数 Σ ▾ 的向下箭头,选择"平均值"命令,然后按回车键完成平均值的计算。

② 拖动填充柄即可完成学生平均成绩的填充工作,如图 4-8 所示。

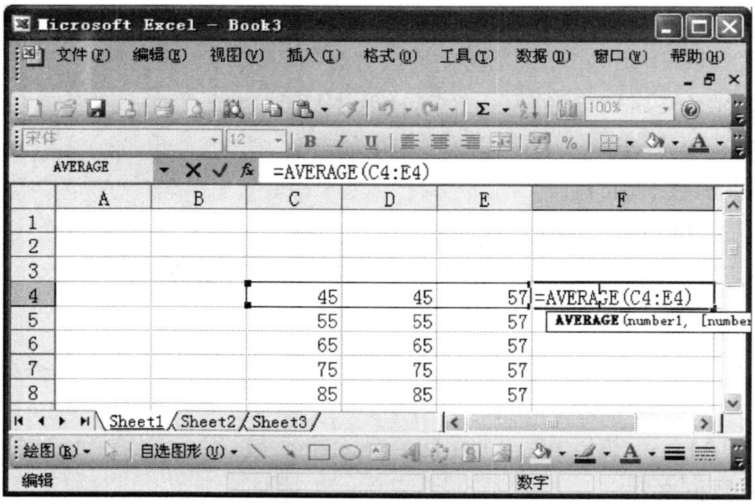

![图4-8 使用函数求平均值 - Excel界面截图,显示=AVERAGE(C4:E4)公式和数据表]

图 4-8　使用函数求平均值

10．选定单元格或单元格区域

具体选定方法:

➢ 选择一个单元格:单击单元格,即可选定这个单元格。

➢ 选择整行:单击"行标",即可选定一整行。

➢ 选择整列:单击"列标",即可选定一整列。

➢ 选择不相邻的列：单击"列标"，再拖动鼠标，可以连续选择相邻的列。按住"Ctrl"键，
单击"列标"，可以选择不相邻的列。

➢ 选择一个连续的单元格区域：用鼠标从要选定区域的左上角拖动到右下角，即可选
定一个连续单元格区域。如从 C1 格拖动到 E5 格，就选定了 C1:E5 区域。也可以
先单击 C1 格，再按住"Shift"键，并单击 E5 格，也可选定 C1:E5 区域。

➢ 选择不连续的单元格区域。单击一个单元格，再按住"Ctrl"键，并单击或用鼠标拖动
选择其他的单元格或单元格区域。

11. 清除、删除、恢复单元格的内容

具体操作步骤：

先选中要清除的一个或多个单元格，选择清除、删除、恢复单元格内容的命令即可。

12. 单元格的拓宽与合并

（1）拓宽行高和列宽

具体操作步骤：

拓宽行高：将光标移动到要拓宽的行号间隔处，待光标的形状变成双箭头时，用鼠标向
下或向上拖动光标即可实现行高的拓宽。

拓宽列宽：将光标移动到要拓宽的列与列间隔处，待光标的形状变成双箭头时，用鼠标
向左或右边拖动光标即可实现列的拓宽。

（2）合并单元格

具体操作步骤：

选定要合并的单元格区域，单击编辑栏上的"合并及居中"按钮🔳即可实现单元格的合
并；再次单击"合并及居中"按钮🔳即可恢复。

13. 选择性粘贴

除了复制整个单元格内容外，还可以有选择地复制单元格中的特定内容。

具体操作步骤：

① 选定需要复制的单元格或单元格区域，右击选择快捷菜单中的"复制"命令。

② 在目标处右击选择快捷菜单中的"选择性粘贴"命令，屏幕显示"选择性粘贴"对话
框，如图 4-9 所示。

图 4-9　"选择性粘贴"对话框

③ 根据需要进行选择,然后单击"确定"按钮。

4.3 使用、美化工作表

1. 插入行、列、多行或多列

(1) 插入行、列的操作

在要插入行的行标上右击,然后选择快捷菜单中的"插入"命令即可完成插入一行的操作。插入列的操作方法与插入行的操作方法相同。

(2) 插入多行或多列

在插入前先要在行标(列标)上选定多行(多列),然后在行标(列标)上右击选择快捷菜单中的"插入"命令。

2. 复制、移动和删除

(1) 删除行、列、多行或多列

删除行、列、多行或多列的方法与插入行的操作方法基本相同。请参照对行的操作方法。

(2) 表格的复制与移动

复制表格步骤:

① 选定整个工作表区域,按"Ctrl+C"组合键复制。

② 选择目标工作表的开始位置,然后按"Ctrl+ V"组合键即可实现工作表的复制。

移动表格步骤:

① 选定要移动的工作表,按"Ctrl+X"组合键。

② 选择目标工作表的开始位置,然后按"Ctrl+V"组合键即可实现工作表的移动。

3. 设置文本格式

设置数据格式化步骤:

① 选定要格式化的单元格区域。

② 单击编辑栏中的"货币样式"、"百分比样式"、"千位分隔样式"、"增加小数位"和"减少小数位"按钮即可对数字格式化。

设置字符格式化步骤:

① 选定要格式化的字符单元格。

② 单击编辑栏中的"字体"、"字号"、"加粗"、"倾斜"、"下画线"和"字体颜色"工具按钮即可对字符进行格式化。

4. 设置对齐方式

具体操作步骤:

① 选定需要对齐的单元格区域。

② 单击编辑栏中的"左对齐"、"居中对齐"、"右对齐"按钮即可。

5. 添加表格边框和底纹

具体操作步骤:

① 选择要设置表格边框的单元格区域。

② 单击"格式"菜单的"单元格"命令,显示"单元格格式"对话框。

③ 单击"边框"选项卡,在"单元格格式"对话框中,设置表格的内表格线和外表格线、线条的样式及颜色等。

④ 单击"确定"按钮。

6. 设置条件格式

具体操作步骤:

① 选定设置条件格式的单元格区域。

② 单击"格式"菜单中的"条件格式"命令,显示条件格式对话框。

③ 在"条件格式"对话框中,选择或输入条件1的内容。

④ 单击"格式"按钮,单击"字体"选项卡,选择字体的颜色,例如,选择红色,如图4-10所示。

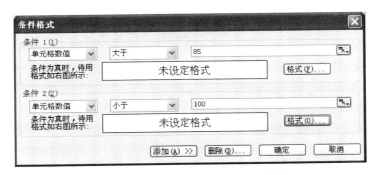

图4-10 用颜色标出85分以上的成绩

7. 自动套用格式化

具体操作步骤:

① 选定要格式化的单元格区域。

② 单击"格式"菜单中的"自动套用格式"命令,显示如图4-11所示的"自动套用格式"对话框,选择一种套用的格式,单击"确定"按钮。

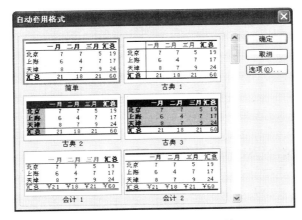

图4-11 "自动套用格式"对话框

8. 复制单元格格式

使用格式刷可以进行一次或多次单元格格式的复制,避免重复设置,提高工作效率。

具体操作步骤:

① 选定需要复制格式的单元格。

② 双击"格式"工具栏上的"格式刷"按钮 ⟋,此时格式刷就变成了一把带有格式的刷子。

③ 用带格式的格式刷单击文本或选定文本即可格式化。直到再次选中"格式刷"时结束复制。

4.4 制作图表

Excel 2003 系统中提供的统计图表有两种,一种图表叫做嵌入式图表,它浮现在工作表之上,可以通过操作来改变图表的位置和大小,其数据和图表都显示在一个工作表中;另一种叫做图表工作表,它是以工作表的形态出现在工作簿中,占据整个工作表的图表,这种图表的数据和图表是不出现在同一个工作表中的。这两种图表之间是可以互相转化的。

1. 使用图表向导创建图表

具体操作步骤:

① 建立数据表格。

② 将光标移动到数据表区域。

③ 单击"工具栏"的"图表"向导,打开"图表向导"对话框,如图 4-12 所示。

图 4-12 "图表向导"对话框

④ 按照提示进行操作,创建图表的结果如图 4-13 所示。

对图表的编辑工作主要包括:

(1)调整图表的位置和大小

修改大小可以通过选中图表后拖动它的尺寸句柄实现。

(2)更改图表类型

在图表区右击,选择快捷菜单上的"图表类型"命令实现更改图表类型。建立图表后,可以根据需要将新的数据系列添加到图表中,也可以删除已有的数据系列。

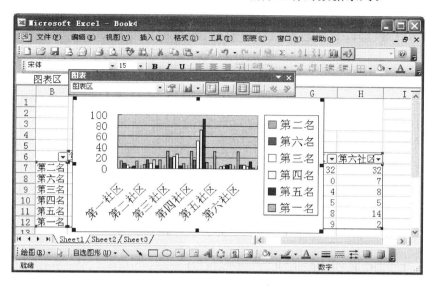

图 4-13 创建图表结果

(3)修改坐标轴格式

在坐标轴上右击,选择快捷菜单上的"坐标轴格式"命令,如图 4-14 所示。

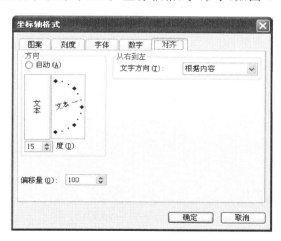

图 4-14 "坐标轴格式"对话框

要添加数据系列,对于独立图表,通过"图表1 添加数据"菜单命令实现,对于嵌入图表,选定要添加的数据系列直接拖曳到图表中即可;要删除数据系列,首先在图表中选定待删除的数据系列,然后按"Del"键。

(4)修改图表项

通过执行"图表选项"菜单命令进行,不同的图表类型有不同的选项。在柱形图的图表选项对话框中可以对标题、坐标轴、网格线、图例、数据标志和数据表进行修改。

(5)添加趋势线

可以在图表中生成趋势线,根据实际数据向前或向后模拟数据的走势。趋势线用来描述已绘制的数据系列,以突出某些特殊数据系列的发展和变化情况。

（6）设置三维视图格式

对于三维视图,可以通过改变透视的深度、俯视的角度和图表旋转的角度来调整三维图表。

2. 格式化图表

生成一个图表后,为了获得理想的效果,可以对图表的各个对象进行格式化。最常用的是双击要进行格式设置的图表对象,在打开的格式对话框中进行设置。不同的图表对象有不同的格式设置,常用的格式设置包括边框、图案、字体、数字、对齐、刻度和数据系列格式等。

3. 添加或删除图表中的数据

（1）删除数据

在图表中单击要删除的数据系列,例如计算机成绩,按"Del"键即可删除该数据系列。此操作并不影响工作表中对应的数据。

（2）添加数据

如果要向图表中添加数据,可以复制工作表中数据并粘贴到图表之中或者直接拖动选定的工作表数据到图表中。

4. 更改图表中的数值

如果要修改图表中的数值,可以通过更改工作表的数值来更改图表中的数值。

5. 图表的缩放、移动和删除

具体操作步骤:

单击图表区空白区域即可选定图表,然后可以进行下面的操作:

➢ 用鼠标拖动图表的控制点即可实现图表的缩放。

➢ 拖动图表即可移动该图表。

➢ 按"Del"键即可删除该图表。

6. 编辑图表

（1）使用工具栏更改图表

根据图表工具栏更改图表各项,工具栏各项功能如下:

① 图表区格式:通过此按钮设置所选对象的图案、字体和属性。

② 图表类型:通过其下拉列表选择不同的图表类型。

③ 数据表:通过此按钮设置在图表中是否显示数据表。

④ 按行:通过此按钮设置数据在图表中按行显示。

⑤ 按列:通过此按钮设置数据在图表中按列显示。

⑥ 顺时针斜排或逆时针斜排:通过此按钮设置数据数值轴、分类轴和标题文字的斜排方式。

具体操作步骤:

① 单击图表中的任意位置以激活图表,选择"视图"→"工具"→"图表"项,显示编辑图形工具栏,如图 4-15 所示。

图 4-15　编辑图形工具栏

② 利用"图表"工具按钮,可以方便地对图表的各个部分进行修饰。

（2）使用快捷菜单更改图表

具体操作步骤：

右击图表区空白位置,选择快捷菜单"图表类型"命令,选择一种新的图表类型,然后单击"确定"按钮。

7. 添加图表标题

具体操作步骤：

① 右击图表区空白位置,选择快捷菜单"图表类型"命令,然后单击"图表选项"命令,显示"图表选项"对话框,如图 4-16 所示。

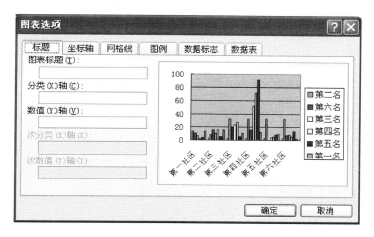

图 4-16　"图表选项"对话框

② 在"图表选项"对话框中输入图表标题、X 轴和 Y 轴的文字标记等。

③ 单击"确定"按钮。

4.5　数据管理

4.5.1　数据排序

所谓的排序,就是根据某一列或几列的数据按照一定的顺序进行排列,以便对这些数据进行直观的分析和研究。排序的顺序包括升序和降序。

在实际中,为了方便查找和使用数据,用户通常按一定顺序对数据清单进行重新排列。其中常用的有数值按大小排序,时间按先后排序,英文字母按字母顺序（默认不区分大小写）

排序,汉字按拼音首字母排序或笔画排序。

用来排序的字段称为关键字。排序方式分升序(递增)和降序(递减),排序方向有按行排序和按列排序,此外,还可以采用自定义排序。

数据排序有两种:简单排序和复杂排序。

1. 简单排序

单击"常用"工具栏中的"升序排序"按钮、"降序排序"按钮实现排序。

2. 复杂排序

对多个字段进行升序或降序排列。当排序的字段值相同时,可按另一个关键字继续排序,最多可以设置 3 个排序关键字。

4.5.2 数据筛选

利用数据筛选可以快速地显示符合条件的行数据,筛选分为自动筛选和高级筛选。

自动筛选可以实现单个字段筛选以及多字段筛选的"逻辑与"关系。操作简便,能满足大部分应用需求;高级筛选能实现多字段筛选的"逻辑或"关系,较复杂,需要在数据清单外面区域,建立一个条件区域。

1. 自动筛选数据

可以根据某一列的筛选条件筛选出符合条件的数据行。

具体操作步骤:

① 单击表格中任意一个单元格。

② 单击"数据"→"筛选"→"自动筛选"命令,如图 4-17 所示。

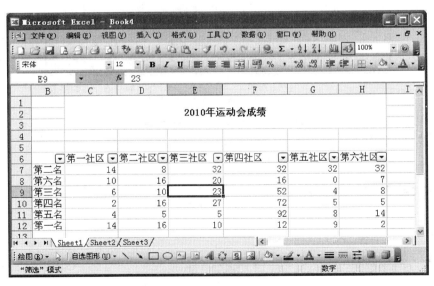

图 4-17　设置"自动筛选"结果

③ 针对第三社区,自定义筛选的条件,如图 4-18 所示。

④ 单击"确定"按钮后,按照条件进行筛选,并显示筛选结果。

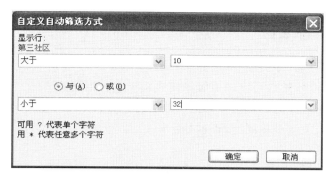

图 4-18 自定义筛选的条件

2. 高级筛选

高级筛选可以对两列或两列以上设置筛选条件，即按照多种条件的组合进行筛选。例如对学生成绩进行高级筛选，筛选出数学、语文、外语成绩都大于或等于85分的学生。

具体操作步骤：

① 设置一个筛选的条件区域，其中，两个或两个以上条件写在同一行时，各个条件之间的关系为"逻辑与"的关系，否则为"逻辑或"的关系。

② 单击"数据"，选择"筛选"中的"自动筛选"命令，显示"高级筛选"对话框。

③ 在"高级筛选"对话框中，设置"方式"，选定列表区域、条件区域、结果区域的某个单元格等项，如图 4-19 所示。

图 4-19 高级筛选的条件设置

④ 单击"确定"按钮即可在指定位置显示高级筛选结果，如图 4-20 所示。

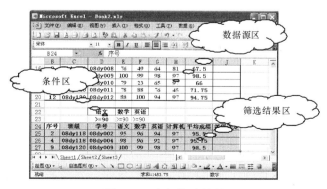

图 4-20 高级筛选结果

4.5.3　分类汇总数据

实际应用中经常用到分类汇总,例如求各班的平均分,首先应按班进行分类,也就是按班级这个字段进行排序,然后可以按班级纵向或横向进行汇总。

Excel 2003 提供了分类汇总功能,分类汇总就是对数据清单按某个关键字(也就是字段)进行分类,然后对关键字相同的(也就是字段相同)数据项进行求和、求平均、求最大值、求最小值等汇总运算。

注意:对一个数据表来说,如果没有一个唯一性的字段作为关键字,如学生证、工作证、班级、单位、部门,就不能进行数据汇总。如果有唯一性的字段作为关键字,但是,对于要汇总的数据表中没有数值型数据,汇总也就没有意义,汇总主要是同类(关键字相同)的数值字段进行纵向或横向汇总。

4.6　Excel 2003 操作技巧

1. 快速插入空行

如果想在工作表中插入连续的空行,用"鼠标"向下拖动选中要在其上插入的行数,右击从快捷菜单中选择"插入"命令,就可在这行的下面插入相应行数的空行。

如果想要在某些行的上面分别插入一个空行,可以按住"Ctrl"键,依次选中要在其上插入空行的行标,将这些行整行选中,然后右击从快捷菜单中选择"插入"命令即可。

2. 快速互换两列中的数据

在 Excel 2003 中有一个很简单的方法可以快速互换两列数据的内容。选中 A 列中的数据,将鼠标移到 A 列的右边缘上,光标会变为十字箭头形。

按下"Shift"键的同时按住鼠标左键,向右拖动鼠标,在拖动过程中,会出现一条虚线,当拖到 B 列右边缘时,屏幕上会出现"C:C"的提示,这时松开"Shift"键及鼠标左键,就完成 A、B 两列数据的交换了。

3. 对单元格进行读写保护

单元格是 Excel 2003 执行其强大的计算功能最基本的元素,对单元格的读写保护是 Excel 2003 对数据进行安全管理的基础。对单元格的保护分为写保护和读保护两类,所谓写保护就是对单元格中输入的信息加以限制,读保护是对单元格中已经存有信息的浏览和查看加以限制。

对单元格的输入信息进行有效性检测。首先选定要进行有效性检测的单元格或单元格区域,然后从"数据"菜单中选择"有效数据"选项,通过设定有效条件、显示信息和错误警告,控制输入单元格的信息要符合给定的条件。

单元格读保护的方法:通过对单元格颜色的设置进行读保护。例如,将选定单元格或单元格区域的背景颜色与字体颜色同时设为白色,这样,从表面看起来单元格中好像是没有输入任何内容,用户无法直接读出单元格中所存储的信息。

4. Excel 2003 中实现行列内容的互换

选中欲转换的区域,然后将其复制,再单击"编辑"菜单中的"选择性粘贴"命令并在打开的粘贴窗口中选择"转置"即可。

5. 彻底清除单元格内容

先选定单元格,然后按"Del"键,这时仅删除了单元格内容,其格式和批注仍然保留。要彻底清除单元格格式,可选定想要清除的单元格或单元格区域,单击"编辑"菜单中的"清除"命令,接着选择"全部"命令即可彻底删除"格式"、"内容"、"批注"等格式。

6. 一次性打开多个工作簿文件

具体操作:按住"Shift"键或"Ctrl"键,并用鼠标选择多个工作簿文件,然后右击选择快捷菜单中的"打开"命令,系统则启动 Excel 2003,并将选中的工作簿文件全部打开。或者在 Excel 2003 中,单击"文件"菜单中的"打开"命令,按住"Shift"键或"Ctrl"键,在文件列表中选择多个工作簿文件,然后按"打开"按钮即可打开多个工作簿。

快速关闭多个文件:按住"Shift"键,打开"文件"菜单,单击"全部关闭"命令,可将当前打开的所有文件快速关闭。

7. 绘制斜线表头

一般情况下,在 Excel 2003 中制作表头,都把表格的第一行作为表头,然后输入文字。Excel 2003 制作斜线表头的具体操作方法:首先调整好作为斜线表头单元格的大小,其次单击选中,并单击"格式"菜单中的"单元格"命令,接着选择"对齐"选项卡,将垂直对齐的方式选择为"居中",将"文本控制"下面的"自动换行"复选框选中,再选择"边框"选项卡,单击"斜线"按钮即可完成添加一条对角线的工作。双击该单元格,输入文字,如"年份"、"季度",然后调整好字的距离即可。

8. 轻松实现隔行换色的效果

在浏览比较长的 Excel 2003 表格中的数据时,很容易出现看串行的情况,如果能隔行换一种颜色即可避免这种现象。利用 Excel 2003 的条件格式和函数就可以轻松地实现隔行换色的功能。

打开 Excel 文件,选中需要设置颜色的表格,单击"格式"菜单中的"条件格式"命令,显示"条件格式"对话框中,单击"条件"下拉按钮,选择"公式"选项,并在右侧的方框中输入公式"＝MOD(ROW(),2)＝0"。接着单击"格式"按钮,在弹出的"单元格格式"对话框中,选择"图案"选项,然后在"单元格底纹"区域的"颜色(C)"标签下选择任一种颜色,如红色,单击"确定"按钮即可实现 Excel 2003 表格隔行换色的效果。

9. 快速输入大写中文数字

选中单元格,利用数字小键盘直接输入数字,如 1、2、3 等,右击该单元格,单击"设置单元格格式",显示"单元格格式"对话框,选择"数字"选项卡,接着在"类型"列表框中选择"特殊"类型,最后选择"中文大写数字"选项即可输入大写的壹、贰、叁等。

10. 同时设置多个工作表的页眉和页脚

在 Excel 2003 中,分别设置工作表的页眉和页脚很烦琐。使用下面介绍的方法就可以同时设置好多个工作表的页眉和页脚。首先选中多个工作表,可以连续选,也可以不连续选；在选择工作表中右击，选择"选择全部工作表"命令，然后再进行页眉和页脚设置，即可完成所选工作表的设置。

11．批量转换日期格式

在 Excel 2003 中，将学生出生日期的格式"yymmdd"转换成"yyyy-mm-dd"格式，最快的方法是：先选定学生出生日期的单元格，单击"数据"菜单中的"分列"命令，出现"文本分列向导"对话框，选择"固定宽度"复选框，单击"下一步"按钮，在"列数据格式"中选择"日期"和"YMD"复选框，单击"完成"按钮即可完成日期格式的转换。

12．快速隐藏

在打印工作表时，有时需要把某些行或列隐藏起来，可是用菜单命令或调整行号（列标）分界线的方法比较麻烦。快速隐藏行或列的方法是：在英文状态下，按"Ctrl＋9"或"Ctrl＋0"组合键，就可以快速隐藏光标所在的行或列。

13．不打印单元格中的颜色和底纹

对那些加了保护的单元格，还有已经设置了颜色和底纹的单元格，打印时却出现了问题，解决办法：选择"文件"菜单中的"页面设置"命令，再选择"工作表"选项卡，在"打印"栏内选择"单色打印"选项即可。如图 4-21 所示。

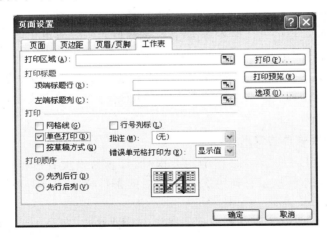

图 4-21 "页面设置"对话框

14．"＄"的功能

Excel 2003 一般使用相对地址来引用单元格的位置，当把一个含有单元格地址的公式复制到一个新的位置，公式中的单元格地址会随着改变。可以在列号或行号前添加符号"＄"来冻结单元格地址，使之在复制时保持固定不变。

15．用汉字代替单元格地址

选定单元格或单元格区域后，在"名字框"直接输入名字即可。使用时直接单击"名字框"下拉列表按钮，选择"名字框"中的选项，可以快速定位单元格或单元格区域。

4.7 认识 Excel 2010

Excel 2010 是微软公司 Microsoft Office 2010 系列办公软件之一。它是基于 Windows 操作系统环境的、专门用于数据计算、统计分析和报表处理的软件。利用它可制作各种复杂的电子表格,完成烦琐的数据计算,将枯燥的数据转换为彩色的图形形象地显示出来,大大增强了数据的可视性,并且可以将各种统计报告和统计图打印出来,掌握了 Excel 可以成倍地提高工作效率。

4.7.1 Excel 2010 功能与特点

(1) 几乎可从任何位置访问和共享文档。用户任何时间、任何地点都可以访问工作簿;无论何时、希望以何种方式,均可获取用户所需的信息。在移动办公时,用户可以通过随时获得 Excel 轻松访问工作簿文件,并始终满足用户的需要。允许用户将电子表格发布到 Web,在 Web 浏览器中查看和编辑用户的工作簿文件。

(2) 与他人协同工作。Excel 2010 改进了用于发布、编辑和与组织中的其他人员共享工作簿的方法。用户可以让不同位置的人员从不同位置同时编辑共享工作簿。以团队方式,共同创作工作簿。用户不必再担心因某人正在编辑工作簿而使用户无法访问此工作簿。

(3) 快速、有效地进行比较。Excel 2010 提供了强大的新功能和工具,可帮助用户发现模式或趋势,从而做出更明智的决策并提高用户分析大型数据集的能力。使用单元格内嵌的迷你图及带有新迷你图的文本数据获得数据的直观汇总。使用新增的切片器功能快速、直观地筛选大量信息,并增强了数据透视表和数据透视图的可视化分析。

(4) 从桌面获取更强大的分析功能。Excel 2010 中的优化和性能改进使用户可以更轻松、更快捷地完成工作。使用新增的搜索筛选器可以快速缩小表、数据透视表和数据透视图中可用筛选选项的范围,立即从多达百万个甚至更多项目中准确找到用户寻找的项目。

PowerPoint for Excel 2010 是一款免费插件,通过它可快速操作大型数据集(通常达数百万行)和简化数据集成。另外,用户可通过 SharePoint Server 2010 轻松地共享分析结果。

(5) 节省时间、简化工作并提高工作效率。当用户能够按照自己期望的方式工作时,就可更加轻松地创建和管理工作簿。恢复用户已关闭但没有保存的未保存文件! 版本恢复功能只是全新 Microsoft Office Backstage™视图提供的众多新功能之一。Backstage 视图代替了所有 Office 2010 应用程序中传统的"文件"菜单,为所有工作簿管理任务提供了一个集中的有序空间。

(6) 强大的制表功能。用户可以在 Excel 2010 的工作表中输入数据,并对用户所输入的数据进行复杂的计算。

(7) 为数据演示添加更多高级细节。使用 Excel 2010 中的条件格式功能,可对样式和图标进行更多控制,改善了数据条并可通过几次单击突出显示特定项目。

(8) 提供强大的图形、图表功能。Excel 2010 可伸缩性和呈现。由于工作表中包含大量图形,因此可伸缩性改进对 Excel 应用场景产生了重大影响。Excel 2010 中的改进提高了包含很多形状的工作表的性能速度。此外,从 Excel 2010 开始,对硬件加速的支持提高了呈现速度。从众多的附加 SmartArt&reg 图形中进行选择,即可构建精彩的图表。

4.7.2 Excel 2010 提供的操作

Excel 2010 提供的操作有基本操作、编辑工作表、编辑图表、美化工作表、数据管理与统计、预览与打印,如图 4-22 所示。

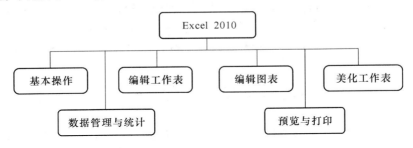

图 4-22　Excel 2010 提供的操作

4.7.3 Excel 2010 窗口元素及相关概念

Excel 2010 编辑窗口由标题栏、快速访问工具栏、文件菜单、选项卡、功能区、编辑栏、编辑工作表区、滚动条、窗口控制按钮、状态栏等组成,如图 4-23 所示。

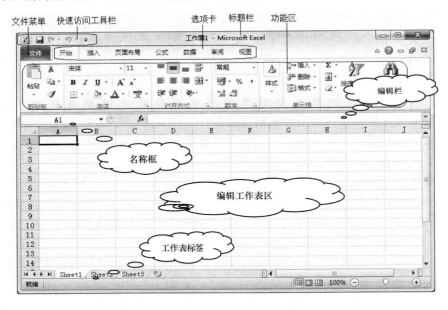

图 4-23　Excel 2010 编辑窗口

工作簿:工作簿通常指电子表格文件,即 Microsoft Office Excel 2010 产生的文件。在"计算机"中看到的 Excel 工作簿文件都有一个 Excel 2010 图标,其扩展名通常为". xls"或". xlsx"。

每次启动 Excel 后,Excel 2010 默认会新建一个名称为"工作簿 1"的空白工作簿,在 Excel 程序界面标题栏中可以看到工作簿名称。

工作表:工作簿中的每一张表格称为工作表,也叫做电子表格。工作表是 Excel 2010

完成工作的基本单位。每张工作表由列和行所构成的"存储单元"组成的。这些"存储单元"被称为"单元格"。输入的所有数据都是保存在"单元格"中,这些数据可以是数值、字符串、一组数字、公式、图形、照片等。

Excel 2010 工作窗口的主要元素如下。

1. 快速访问工具栏

Excel 2010 文档窗口中的"快速访问工具栏"用于放置命令按钮,使用户快速启动经常使用的命令,如新建文档命令、保存命令、打开命令、打印命令等。默认情况下,"快速访问工具栏"中只有数量较少的命令,用户可以根据需要添加多个常用的命令。

2. 功能区的选项卡

功能区中的各选项卡提供了各种不同的命令,并将相关命令进行了分组。以下是对各 Excel 选项卡的概述。

➢ 开始:此选项卡包含剪贴板命令、格式命令、样式命令、插入和删除行或列的命令,以及各种工作表编辑命令。

➢ 插入:该选项卡包含在工作表中插入的数据透视表、表格、图片、剪贴画、各种类型的图表、迷你图、文本框、符号等。

➢ 页面布局:此选项卡包含的命令可影响工作表的整体外观,包括一些与打印有关的设置,如页面纸张的大小、页边距的宽窄等页面参数。

➢ 公式:使用此选项卡可插入公式、命名单元格或区域、访问公式审核工具,以及控制 Excel 执行计算的方式。

➢ 数据:此选项卡提供了 Excel 2010 中与数据相关的命令。

➢ 审阅:此选项卡包含的工具用于检查拼写、翻译单词、添加注释,以及保护工作表。

➢ 视图:"视图"选项卡包含的命令用于控制有关工作表的显示的各个方面。此选项卡上的一些命令也可以在状态栏中获取。

3. 功能区

在 Excel 2010 窗口上方看起来像菜单的名称其实是功能区的名称即选项卡,每个选项卡对应一个功能区,例如有"开始"功能区、"插入"功能区、"页面布局"功能区、"公式"功能区、"数据"功能区、"审阅"功能区和"视图"功能区,每个功能区根据功能的不同又分为若干个组命令。

4. 编辑栏

位于功能区的下方,用来显示当前输入与编辑单元格的内容、公式或函数。编辑栏中的"×"按钮表示取消输入,"√"按钮表示确认,f_x 为输入函数按钮。

5. 名称框

位于编辑栏的左边,用于显示当前单元格或单元格区域的名称或快速确定当前单元格或单元格区域的位置。

6. 表格编辑区

用来建立、显示和编辑表格的区域。

7. 列标与行标

"列标"通常用英文字母依次由左至右排列,共有 16 000 列,用 A~XFD 表示;行标通常用阿拉伯数字自上向下排列,从 1 行至 100 万行,用阿拉伯数字表示。如果单击某一行标如 "3",则可以选中此行中的全部单元格。

8. 工作表标签

每个工作簿中有三个默认工作表,其名称为 Sheet1、Sheet2、Sheet3。单击工作表标签 可激活相应工作表。

9. 单元格

单元格是组成工作表的最小单位。正在编辑的单元格称为活动单元格。每张工作表由 100 万行和 16 000 列单元格组成。

4.7.4 配置编辑环境

在 Excel 2010 编辑窗口,通过修改系统默认设置,可以创建一个轻松的 Excel 2010 编 辑环境。具体包括设置自动保存文档的时间间隔、默认保存文档的位置、自动恢复文件的位 置、增加"快速访问工具栏"中的命令按钮、隐藏与显示功能区、隐藏与显示指定的选项卡等。 配置好 Excel 2010 的编辑环境,可以大大提高工作效率。

1. 设置自动保存文档的位置

当用户保存文档时,如果不选择保存文档的位置,系统自动将文档保存到系统的默认位 置,根据用户需要可以随时改变系统默认保存文档的位置。保存文档的位置可以是桌面、磁 盘、文件夹、库、收藏夹中等。

设置默认保存文档的位置操作:

① 单击"文件"菜单中的"选项"命令→单击"保存"选项卡中,打开"选项"对话框,如图4-24 所示。

图 4-24　修改系统默认设置

② 在"选项"对话框中,将文件的保存格式设置为"＊.xlsx"。

③ 单击"默认文件位置"后的"浏览"按钮,选择一个保存文档的文件夹。

④ 单击"确定"按钮即可。

提示:设置好默认文件夹后,编辑工作表时就不再考虑在每次保存表格时选择保存工作表的位置问题,系统将会按照"默认文件位置"保存 Excel 表格。

2. 设置自动保存文档的时间间隔

Excel 2010 提供了自动保存文档的时间间隔,该项设置避免因停电、死机等意外而造成的文档丢失。

具体操作步骤:

① 单击"文件"菜单中的"选项"命令→单击"保存"选项卡中,打开"Excel 选项"对话框。

② 在"Excel 选项"对话框中,将"保存自动恢复的时间间隔"设置为:5 分钟。

3. 设置自动恢复文件的位置

根据用户需要设置自动恢复文件的位置,用户可以从这里找到被恢复的文档文件。

具体操作步骤:

① 单击"文件"菜单中的"选项"命令→单击"保存"选项卡,打开"选项"对话框。

② 单击"自动恢复文件的位置"文本框旁边的"浏览"按钮,设置自动恢复文件的具体位置,可以是磁盘、文件夹等。

4. 增加"快速访问工具栏"命令按钮

具体操作步骤:

增加快速工具栏中的命令按钮,可以单击该工具栏右侧的下拉按钮,在下拉列表中选择命令项即可,如图 4-25 所示。

图 4-25 增加"快速访问工具栏"中的命令按钮

5. 更改"快速访问工具栏"的显示位置

具体操作步骤：

右击"快速访问工具栏"，选择快捷菜单中的"在功能区下方显示快速访问工具栏"菜单命令即可。

6. 隐藏与显示功能区

具体操作步骤：

右击"选项卡"项，然后选择快捷菜单中的"功能区最小化"命令即可。

7. 隐藏与显示指定的选项卡

具体操作步骤：

① 在任意选项卡右击→选择"快捷菜单"中的"自定义功能区"命令→显示在"从下列位置选择命令"列表框和"自定义功能区"列表框。

② "自定义功能区"列表框中→单击"新建选项卡和新建组"→分别重新命名。例如新建选项卡为"常用工具"，新建组名为"常用命令"，添加结果如图 4-26 所示。

③ 单击"新建组"→在左边窗格选择命令并单击"添加"按钮，重复该步骤可以添加多个常用命令。

④ 单击"确定"按钮。

图 4-26　添加选项卡和新建组

4.7.5 工作簿的基本操作

工作簿的操作包括创建工作簿、保存工作簿、打开工作簿、设置打开工作簿的密码。工作簿文件的类型可以是.xlsx、.xls、.xlt、.xml和.html等。

1. 创建工作簿

创建工作簿文件的具体操作步骤：

在桌面上双击"Microsoft Excel 2010"的图标，打开 Excel 2010 窗口，并自动建立一个新的空白的工作簿，其临时文件名为"工作簿1"。用户根据需要可创建多个工作簿文件。

在工作簿中，输入工作表的信息，例如输入学生成绩单，如图 4-27 所示。

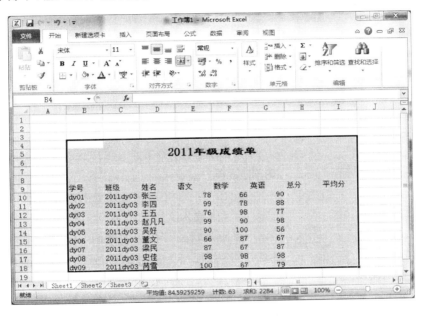

图 4-27　学生成绩单

添加表格线的操作步骤：

① 选中整个表格区域→在该选择区域右击→选择快捷菜单中的"设置单元格格式"命令。

② 单击"边框"选项卡→选择内表格线和外表格线。如图 4-28 所示。

③ 单击"对齐"选项卡→选择对齐方式，本例选择"居中"对齐表中的数据。

④ 单击"确定"按钮。

美化表格的操作步骤：

① 选择整个表格美化表格→对表格中的数据进行格式化。

② 单击"开始"选项卡→选择"字体"功能区中的"字体"、"字号"、"粗体"、"字符底纹"等对表格内容进行格式化。

③ 设置对齐方式，例如设置居中对齐。

④ 单击"确定"按钮。

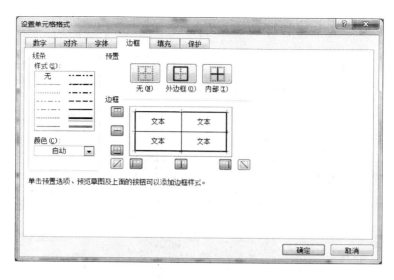

图 4-28　添加表格线对话框

2. 加密、保存工作簿

具体操作步骤：

图 4-29　设置工作簿密码

① 选择"文件"菜单中的"保存"命令→打开"另存为"对话框。

② 在"另存为"对话框中选择保存工作表的位置,在文件名框中输入文件名。

③ 单击"保存"按钮左侧的"工具"按钮→打开"常规选项"对话框。

④ 设置"打开权限密码",例如 2012-gzbwj。如图 4-29所示。

⑤ 设置"修改权限密码",2012-gzbwj。

⑥ 单击"确定"按钮。

提示:第一次保存工作簿时,选择"保存"或"另存为"操作时都可以打开"保存"窗口,对于保存过的文档,选择"保存"时就不会出现"保存"对话框,只有选择"另存为"才会出现对话框。

3. 打开工作簿

打开已建立的工作簿文件,对其进行编辑等操作。

具体操作步骤：

➢ 单击"开始"按钮→指向 Microsoft Excel 2010 图标单击最近编辑的工作簿文件即可。

➢ 双击"开始"菜单中的 Microsoft Excel 2010 图标,打开 Excel 2010 窗口→单击"文件"菜单中最近所用文件中工作簿文件名即可。

4.7.6　输入文本技巧

1. 输入文本技巧

Excel 单元格中的文本时,每个单元格中最多可容纳 32 000 个字符。在 Excel 的单元格中输入一段文本信息时,按一下回车键表示结束当前单元格的输入,光标会自动移到当前单元格的下一个单元格,出现这种情况时,解决办法如下:

① 如果需要在某个单元格中显示多行文本,可选中该单元格,单击"开始"选项卡,单击"自动对齐"功能组中的"自动换行"命令按钮即可。

② 如果需要在单元格中输入硬回车,按"Alt"＋"Enter"键即可。

2. 输入负数

在单元格中输入负数时,可在负数前输入"-"作标识,也可将数字置在( )括号内来标识,比如在单元格中输入"(123)",按一下回车键,则会自动显示为"-123"。

3. 输入人民币符号

Excel 几乎支持所有的货币值,如人民币(￥)、英镑(￡)等。欧元出台以后,Excel 2010 完全支持显示、输入和打印欧元货币符号。用户可以很方便地在单元格中输入各种货币值,Excel 会自动套用货币格式,在单元格中显示出来,如果要输入人民币符号,可以按住"Alt"键,然后在数字小键盘上按数字"0165"即可。

4. 输入日期和时间

输入当天的日期的方法:

输入当天的日期:按"Ctrl"＋";"键即可。

输入当前的时间,按"Ctrl"＋"Shift"＋":"(冒号)即可。

常用的内置日期与时间格式有:mm/dd、dd-mm-yy、yy/mm/dd、hh. mm. ss 、hh. mm. ss PM 等。输入日期和时间的方法:

① 选择插入日期和时间的单元格。

② 单击"插入"选项卡中的"文本"功能区中的"日期和时间"命令按钮即可。

提示:在选定的单元格内输入"＝now( )"后按回车键即可。

5. 利用自动填充功能填充数据

Excel 2010 为方便用户,提供了自动填充数据和文本的功能,帮助用户避免重复的操作。自动填充是根据初始值决定以后的填充项,选中初始值所在的单元格,将鼠标指针移到该单元格的右下角,指针变成小十字形,称为填充柄,输入时按下鼠标左键拖动到最后一个单元格,即可完成自动填充工作。

(1) 使用自动填充功能

例如,系统提供了"星期一"到"星期日"序列,在建立课表时,利用自动填充功能可以快速完成时间的输入工作。

例如,系统提供了"1 月份"到"12 月份"序列,在建立年度表考核表时,利用自动填充功能可以快速完成"1 月份"到"12 月份"的输入工作。

例如,系统提供了"第一季"到"第四季"序列,在建立季度考核表时,利用自动填充功能还可以快速完成"第一季"到"第四季"的输入工作。

（2）使用自动填充功能填充相同的文本

选定需要输入数据的单元格区域,输入第一个数据或文本信息,然后按组合键"Ctrl"＋"Enter"键即可完成自动填充功能。

（3）增加自动填充序列

对于平时建立的表格栏目,例如学生信息表的栏目、教师体积表栏目、工作表栏目等信息,都可以增加到自动填充序列中,一次建立可以重复使用,提高工作效率。

具体操作步骤:

① 单击"文件"菜单中的"选项"命令→单击"高级"按钮,显示"Excel 选项"对话框,如图4-30 所示。

图 4-30 "Excel 选项"对话框

② 单击"编辑自定义列表"按钮,打开"自定义序列"对话框。

③ 在输入序列列表框中输入要填充的序列内容,例如学号、姓名、班级等内容,如图4-31所示。

④ 单击"添加"按钮即可。

图 4-31　"自定义序列"对话框

6. 批注的输入与删除

批注是对单元格内容的进一步说明。

具体操作步骤：

① 单击选定一个需要添加批注的单元格。

② 右击选择快捷菜单中的"插入批注"命令→在选定的单元格附近会出现一个编辑框→在"批注"编辑框内直接输入批注内容即可，如图 4-32 所示。

图 4-32　添加批注窗口

③ 完成批注输入后,在编辑框外面任何位置单击鼠标即可结束添加批注。

提示:如果要编辑批注或删除批注时,右击"批注"单元格→选择快捷菜单中的编辑批注或删除批注即可。

4.7.7 编辑工作表的基本操作

编辑工作表内容包括选择工作表、插入工作表、移动工作表、复制工作表、重命名工作表、选择表中的行和列、插入删除行和列、选择单元格、删除单元格的内容、合并单元格等操作,可以参照 Excel 2003 的相关章节的内容。

4.7.8 编辑图表

编辑图表包括创建图表、移动图表、图表格式化、修改图表元素、删除图表等。Excel 2010 系统中提供了大量的图表类型,例如柱形图、折线图、饼图、条线图、面积图等。通过"图表工具"和鼠标操作来改变图表的位置、大小及图表元素等,其数据和图表可以显示在一个工作表中,也可以不出现在同一个工作表中的。用户可根据实际情况改变图表的位置。

1. 创建图表

图表可以将表格中的数据直观、形象地转化为"可视化"的图形,以较好的视觉效果来表达表格中数据的关系,更利于用户对表格数据的分析。

具体操作步骤:

① 将光标移至表格区。

② 单击"插入"选项卡→单击"图表"功能组中的"图表"按钮,显示"图表"类型下拉列表。

③ 选择一种图标类型,如图 4-33 所示。

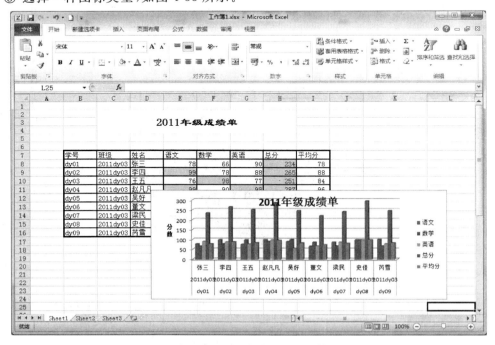

图 4-33 用图表表示学生成绩

2．移动、删除图表

移动图表位置：

在图表中单击鼠标选中图表→当鼠标变成四角光标时直接拖动图表到合适的位置即可。

删除图表：

首先单击图表选中该图表，如何直接按"Del"键即可删除。

3．改变图表大小

在图表中单击鼠标选中图表→将鼠标置于图表区的"控制点"上，当光标变成双向箭头或四角光标时→直接拖动图表的四角中的一角即可调整图表大小。

4．修改图表类型

（1）使用"图表工具"修改图表类型

具体操作步骤：

选中图表→单击"图表工具"栏中的"设计"选项卡→单击"图表布局"和"图表样式"组中的命令按钮→对图表类型进行修改。

（2）使用鼠标修改图表类型

具体操作步骤：

修改图表类型：在图表上单击鼠标右键→选择快捷菜单上的"更改图表类型"命令→打开"更改图表类型"对话框→选择一种所需的图表类型即可。

5．添加图表标题

具体操作步骤：

① 选择图表→单击"图表工具"栏中的"布局"选项卡→单击"标签"组中的"图表标题"下拉列表框中的"图表上方"命令。图表标题如图 4-34 所示。

② 右击"图表标题"→选择快捷菜单中的"编辑文字"命令→直接输入图表标题的内容即可。

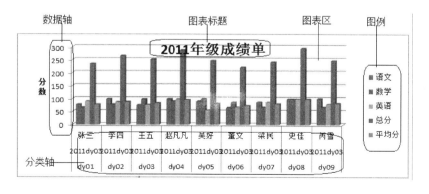

图 4-34　图表标题

6．添加坐标轴标题

具体操作步骤：

① 选择图表→单击"图表工具"栏中的"布局"选项卡→单击"标签"组中的"坐标轴标

题"下拉列表框中的"主要纵向坐标轴标题"下拉列表中"竖排标题"命令。

② 单击竖排标题框→直接输入标题内容即可。

添加横向坐标轴标题的操作步骤：

① 选项图表→单击"图表工具"栏中的"布局"选项卡→单击"标签"组中的"坐标轴标题"下拉列表框中的"主要横向坐标轴标题"下拉列表中"坐标轴下方标题"命令。

② 在"坐标轴标题"框中直接输入标题内容即可。

7. 格式化图表

生成一个图表后，为了获得理想的效果，可以对图表的各个对象进行格式化。最常用的是双击要进行格式设置的图表对象，在打开的格式对话框中进行设置。不同的图表对象有不同的格式设置，常用的格式设置包括边框、图案、字体、数字、对齐、刻度和数据系列格式等。

4.7.9 美化工作表

1. 添加表格边框和底纹

具体操作步骤：

① 选择要设置表格边框的单元格区域。

② 在选定区上右击→选择快捷菜单中的"单元格格式"命令→显示"设置单元格格式"对话框。如图 4-35 所示。

③ 单击"边框"选项卡，设置表格的内表格线和外表格线、线条的样式及颜色等。

④ 单击"确定"按钮。

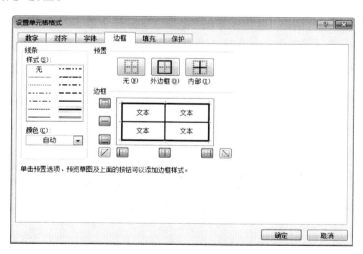

图 4-35　添加表格边框和底纹

2. 设置文本格式

（1）设置数据格式化

① 选定要格式化的单元格区域。

② 单击"开始"选项卡，单击"数字"组中的"百分比样式"、"千位分隔样式"、"增加小数

位"或"减少小数位"按钮。

③ 输入数据即可对数字格式化。

（2）设置字符格式化

① 选定要格式化的字符单元格。

② 单击"开始"选项卡中的"字体"和"对齐方式"组中的命令按钮，例如"粗体"、"倾斜"、"下画线"和"字体颜色"、"左对齐"、"右对齐"、"居中对齐"、"两端对齐"、"分散对齐"等命令按钮即可对字符进行格式化。

（3）使用"格式刷"复制文本格式

① 选定要复制的文本格式。

② 双击"开始"选项卡中的"字体"组中的"格式刷" ◇命令按钮，此时格式刷就变成了一把带有格式的刷子。

③ 用带格式的格式刷单击文本或选定文本即可格式化。直到再次选中"格式刷"时结束复制。

提示：单击格式刷可以按照已复制的格式进行格式化一次，双击格式刷可以按照已复制的格式进行多次格式化。

3. 快速设置单元格格式

具体操作步骤：

① 选定要格式化的单元格。

② 单击"开始"选项卡中的"样式"功能区中的"单元格样式"按钮，显示"单元格样式"下拉列表，如图 4-36 所示。

③ 在"单元格样式"下拉列表选择一种样式进行格式化即可。

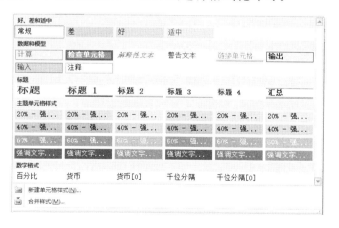

图 4-36 单元格样式

4. 快速套用表格样式

具体操作步骤：

① 单击"开始"选项卡。

② 单击"样式"组中的"套用表格样式"按钮，显示样式下拉列表，如图 4-37 所示。

③ 选择一种表格样式进行格式化即可。

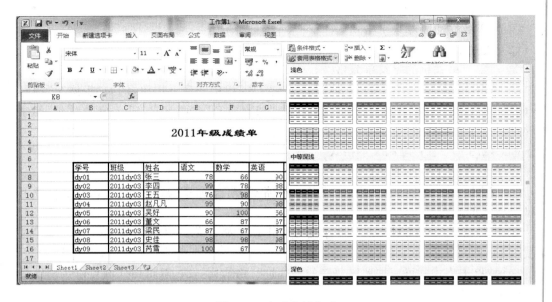

图 4-37　自动套用格式

5. 设置条件格式

具体操作步骤:

① 选定设置条件格式的单元格区域。

② 单击"开始"选项卡中的"样式"组中的"条件格式"命令按钮,显示"大于"对话框,如图 4-38 所示。

③ 在"为大于以下的单元格设置格式"框中输入 90,选择或输入条件的内容,单击"设置为"框的下拉列表按钮,选择一种颜色。

④ 单击"确定"按钮,如 4-39 所示。

图 4-38　用颜色标出 90 分以上的成绩

6. 调整单元格的行高和列宽

使用鼠标调整行高和列宽的方法:

调整行高:将光标移动到要拓宽的行号间隔处,待光标的形状变成双箭头时,用鼠标向下或向上拖动光标即可实现行高的拓宽。

调整列宽:将光标移动到要拓宽的列与列间隔处,待光标的形状变成双箭头时,用鼠标向左或右边拖动光标即可实现列的拓宽。

图 4-39 按设置条件显示结果

4.7.10 公式和函数的使用

Excel 2010 提供了 11 类、数百个内置函数,包括数学和三角函数、统计函数、逻辑函数、日期与时间函数、文本函数、财务函数、查询和引用函数、数据库函数以及用户自定义函数等。通过在单元格内输入公式和函数可以完成复杂的计算功能。

1. 使用公式

如果在公式需要同时使用多个运算符,首先要了解运算符的优先级。运算符的优先级是先乘幂运算,再乘、除运算,最后为加、减运算。相同级别按从左到右的次序进行运算。

输入公式的方法:

① 在单元格中输入公式与输入数据差不多,只是要以"="开始。

② 公式输入完成后,按回车键结束,就可以显示计算结果了或点击其他单元格即可。

2. 复制公式

单击具有格式的单元格,并指向该单元格的填充柄,当光标变成"+"时直接拖动填充柄,被经过的单元格都有了同样的公式。

例如,计算学生的平均分,在 I8 单元格内输入公式为"=H8/3",按回车键结束,然后单击具有公式的单元格,并指向该单元格的填充柄,当光标变成"+"时直接拖动填充柄,被经过的单元格都有了同样的公式,其结果如图 4-40 所示。

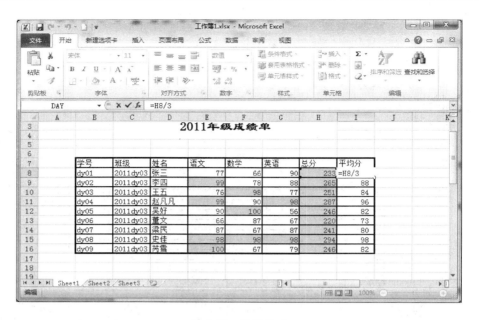

图 4-40　使用公式

3．使用函数

利用函数可以进行简单和复杂的运算，具体操作如下：

① 单击要插入函数的单元格，例如 H8。

② 单击"公式"选项卡中的"函数库"功能组中的"自动求和"命令按钮→显示函数列表，选择需要的函数，例如选择求和函数按回车键即可完成求和的计算，并显示。

③ 拖动函数单元格中的填充柄即可实现函数复制，求出整个班的总分。如图 4-41 所示。

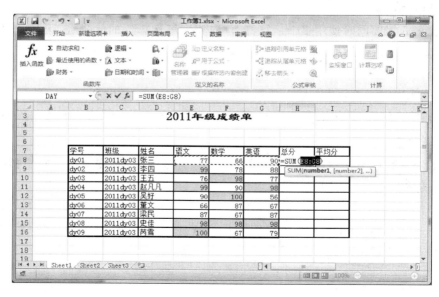

图 4-41　使用函数

常用数学函数：

（1）绝对值函数 ABS,函数格式：ABS(number)。功能：返回参数 number 的绝对值。

例如,ABS(3.14)的值为 3.14,ABS(-3.14)的值为 3.14。

（2）整函数 INT,格式：INT(number)。功能：返回参数 number 向下取整后整数值。

例如,INT(3.14)的值为 3,INT(-3.14)的值为-4。

（3）取余函数 MOD,格式：MOD(number,divisor)。功能：返回参数 number 除以参数 divisor 所得余数,结果的正负号与 divisor 相同。

例如,MOD(3,2)的值为 1,MOD(-3,2)的值为 1,MOD(3,-2)的值为-1。

（4）符号函数 SIGN,格式：SIGN(number)。功能：参数 number 为正数时返回 1,负数时返回-1,零时返回 0。

例如,SIGN(3.14)的值为 1,SIGN(-3.14)的值为-1,SIGN(2-2)的值为 0。

（5）圆周率函数 pi,格式：pi(),功能：返回圆周率 n 的值。该函数为无参函数,但一对括号不能省略。

例如,pi()的值为 3.1415926。计算半径为 3 的圆周长为:$2 * pi() * 3$。

（6）随机数函数 RAND,格式：RAND()。功能：返回一个[0,1]之间的随机数。该函数为无参函数,但一对括号不能省略。

例如,40+INT(RAND() * 61)可以返回一个 40～100 之间的随机整数。

（7）四舍五入函数 ROUND,格式：ROUND(number,Num_digits)。功能：返回 number 按四舍五入,则保留 num_digits 位小数的值。其中 num_digits 为任意整数。

例如,ROUND(3.1415,1)的值为 3.1,ROUND(3.1415,3)的值为 3.142,ROUND(3.1415,0)的值为 3,ROUND(31.41 5,-1)的值为 30。

（8）求平方根函数 SQRT,格式：SQRT{number)。功能：返回 number 的平方根。其中 number 为非负实数。

例如,SQRT(2)的值为 1.414,SQRT(-2)的值为♯NAME?

（9）求和函数 SUM,格式：SUM(number1,number2,…)。功能：返回参数表中所有参数之和,参数个数最多不超过 30 个,常使用区域形式。

例如,SUM(A1:A3,A5,A7:A10)表示单元格区域 A1：A3、单元格 A5、单元格区域 A7:A10 中所有数值之和。

（10）条件求和函数 SUMIF,格式：SUMIF(range,criteria,sum_range}。功能：返回区域 range 内满足条件 criteria 的单元格所顺序对应的区域 sum_range 内单元格中数值之和,如果参数 sum_range 省略,求和区域为 range。值得注意的是条件 criteria 是以数字、表达式、字符串形式给出,而不能使用函数。

常用文本函数：

（1）代码转换字符函数 CHAR,格式：CHAR(number)。功能：返回 number 对应代码参数的字符。其中 number 为 1～255 之间的任意整数。

例如,CHAR(65)等于"A",CHAR(97)等于"a"。

（2）字符串长度函数 LEN,格式：LEN(text)。功能：返回字符串 text 中的字符个数。

其中一个空格长度为1。

例如,LEN("北京×××学院")的值为7,LEN("good bye")的值为8。

(3) 在截取子串函数 LEFT,格式:LEFT(text,num_digits)。功能:返回字符串 text 左起 num_digits 个字符的子字符串。其中,num_digits 为非负整数,如果省略则默认为1。

例如,LEFT("北京×××学院",2)的值为"北京",LEFT("good bye",4)的值为"good"。

(4) 右截取子串函数 RIGHT,格式:RIGHT(text,num_digits)。功能:返回字符串 text 右起 num_digits 个字符的子字符串。

例如,RIGHT("北京×××工程学院",2)的值为"学院",RIGHT("good bye",3)的值为"bye"。

常用函数:

Sum:求和函数。

Count:统计函数。

Average:求平均值函数。

Max:求最大值函数。

Min:求最小值函数。

Product:求乘积函数。

IF:条件函数。符合条件为真,否则为假。

And:逻辑与函数。如果其所有参数均为 TRUE,则返回 TRUE,否则回 FALSE。

Not:逻辑非函数。对其参数的逻辑值求反。

Or:逻辑或函数。只要有一个参数为 TRUE,则返回值就为 TRUE,否则为 FALSE。

4.7.11　数据排序

所谓的排序,就是根据某一列或几列的数据按照一定的顺序进行排列,以便对这些数据进行直观地分析和研究。排序的顺序包括升序和降序。

在实际中,为了方便查找和使用数据,用户通常按一定顺序对数据清单进行重新排列。其中数值按大小排序,时间按先后排序,英文字母按字母顺序(默认不区分大小写)排序,汉字按拼音首字母排序或笔画排序。

用来排序的字段称为关键字。排序方式分升序(递增)和降序(递减),排序方向有按"行"排序或按"列"排序,此外,还可以采用自定义排序。

具体操作步骤:

① 将光标移到要排序的表格中。

② 单击"开始"选项卡中的"编辑"组中的"排序和筛选"命令按钮→显示"排序与筛选"对话框。

③ 在主关键字文本框中选择或输入排序的条件→单击"添加条件"按钮可以完成排序的添加,如图 4-42 所示。

④ 单击"确定"按钮即可。

图 4-42　添加排序条件

4.7.12　数据筛选和高级筛选

利用数据筛选可以快速地显示符合条件的行数据,筛选分为自动筛选和高级筛选。

自动筛选可以实现单个字段筛选,以及多字段筛选的"逻辑与"关系。操作简便,能满足大部分应用需求;高级筛选能实现多字段筛选的"逻辑或"关系,较复杂,需要在数据清单外面区域,建立一个条件区域。

1. 自动筛选

自动筛选是根据某一字段为筛选条件,例如以数学字段或英语字段设置筛选条件筛选出符合条件的数据行。

具体操作步骤:

① 单击表格中任意一个单元格。

② 单击"数据"选项卡→单击"排序和筛选"功能组中的"筛选"按钮,在表格栏目的每个字段旁边添加向下箭头。

③ 单击"英语"旁边的向下的箭头→显示筛选菜单→根据需要选择筛选条件。例如单击筛选菜单中的"数字筛选"下面的"大于或等于"命令,显示"自定义自动筛选条件"对话框。

④ 在"自定义自动筛选方式"对话框中输入筛选的条件→单击"确定"按钮即可。显示筛选结果,如图 4-43 所示。

2. 高级筛选

高级筛选是针对两个字段或两个以上字段组成的筛选条件,进行高级筛选。进行高级筛选前,首先要在表格以外建立一个条件区,输入筛选的条件,计算机按照条件区的条件进行筛选。筛选结果可根据用户指定位置显示筛选结果。如图 4-44 所示。

条件区的规定:两个或两个以上的条件写在同一行时,它们之间的关系系统默认为"与"的关系。两个或两个以上的条件写在不同行时,它们之间的关系系统默认为"或"的关系。

具体操作步骤:

① 首先建立高级筛选条件区,并输入筛选条件。

② 单击表格中任意一个单元格。

③ 单击"数据"选项卡→单击"排序和筛选"组中的"高级"命令按钮→打开"高级筛选"对话框,如图 4-45 所示。

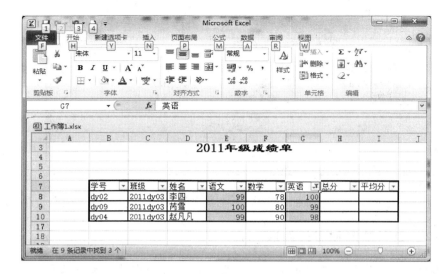

图 4-43 设置"自动筛选"结果

图 4-44 高级筛选条件区

图 4-45 "高级筛选"对话框

④ 在"高级筛选"对话框中选择"将筛选结果复制到其他位置"单选按钮,单击"列表区域"选择按钮,检查工作表区是否处于选定状态;单击"条件区域"选择按钮,检查条件区域是否处于选定状态;单击"复制到"选择按钮,选择显示筛选结果的单元格位置。

⑤ 单击"确定"按钮即可在指定位置显示高级筛选的结果。

4.7.13 分类汇总

Excel 2010 系统提供了分类汇总功能,分类汇总就是对数据清单按某个关键字(也就是字段)进行分类,然后对关键字相同的(也就是字段相同)数据项进行纵向求和、求平均、计数、求最大值、最小值等操作。

实际应用中经常用到分类汇总,例如求各班的平均分,首先应按班进行分类,也就是按班级这个字段进行排序,然后可以按班级进行纵向或横向汇总操作,如图 4-46 所示。

图 4-46 "分类汇总"对话框

注意:对一个数据表来说,如果没有一个唯一性的字段作为关键字,如学生证、工作证、班级、单位、部门,就不能对其进行数据汇总。如果有唯一性的字段作为关键字,但是,对于要汇总的表格中没有数值型数据,汇总也没有意义,汇总主要是对同类(关键字相同)的数值字段进行纵向或横向汇总操作。

具体操作步骤:

① 单击表格中任意一个单元格。

② 单击"数据"选项卡→单击"分级显示"中的"分类汇总"命令按钮→打开"分类汇总"对话框。

③ 在"分类汇总"对话框中,选择分类字段为"班级",汇总方式为"平均值",选择一项或多项汇选项,例如选择汇总项"平均分",选中"汇选结果显示在数据下方"复选框。

④ 单击"确定"按钮即可显示分类汇总结果,如图 4-47 所示。

图 4-47   显示分类汇总结果

习   题

一、选择题

1. 使用 Excel 2003 时,若打开多个工作簿后,在当前可以操作的有_____个。

A. 4 　　　　　　　 B. 1 　　　　　　　 C. 9 　　　　　　　 D. 2

2. Excel 2003 处理的对象是_____。

A. 工作簿 　　　　　 B. 文档 　　　　　　 C. 程序 　　　　　　 D. 图形

3. Excel 2003 默认的工作簿文件扩展名为_____。

A. .doc 　　　　　　 B. .txt 　　　　　　 C. .xls 　　　　　　 D. .xlt

4. 一张 Excel 2003 工作表共有_____列。

A. 265 　　　　　　 B. 65536 　　　　　 C. 256 　　　　　　 D. 24

5. 以下关于 Excel 2003 工作表和工作簿的说法中,正确的是_____。

A. 一张工作表可以最多包含 10 个工作簿

B. 一张工作表可以最多包含 255 个工作簿

C. 一个工作簿可以最多包含 10 张工作表

D. 一个工作簿可以最多包含 255 张工作表

6. Excel 2003 窗口上的"名称框"是一个_____。

A. 下拉列表框,存放一个单元格或单元格区域的名称

B. 固定列表框,存放一个单元格的名称

C. 固定列表框,存放一个单元格区域的名称

D. 下拉列表框,存放多个单元格或单元格区域的名称

7. 关于 Excel 2003 工作表中行和列的说法中,正确的是_____。

A. 最多可以有 256 列、65 536 行

B. 最多可以有 256 行、65 536 列

C. 最多可以有 256 列、256 行

D. 最多可以有 65 536 列、65 536 行

8. Excel 2003 启动后的界面由两个窗口组成,一个是程序主窗口,另一个是_____。

A. 工作表窗口　　　　B. 工作簿窗口　　　　C. 工作区窗口　　　　D. 图表窗口

9. 如果将选定单元格(或区域)的内容去掉,单元格格式依然保留,称为_____。

A. 重写　　　　　　B. 清除　　　　　　C. 改变　　　　　　D. 删除

10. 在对数字格式进行修改时,如出现"＃＃＃＃＃＃＃",其原因为_____。

A. 格式语法错误　　　　　　　　B. 单元格长度不够

C. 系统出现错误　　　　　　　　D. 以上答案都不正确

11. 在 Excel 2003 中,为工作表改名可以通过_____。

A. 右击工作表标签,选择快捷菜单中的"重命名"命令

B. 单击工作表标签,输入新名后按回车键

C. 在将工作表存盘时,输入新名后按回车键

D. 以上均可

12. 在 Excel 2003 中,要进行复杂的计算,单元格首先应该输入的是_____。

A. ＝　　　　　　　B. －　　　　　　　C. 表达式　　　　　D. 函数

13. 如果要按文本格式输入邮政编码 100876,以下输入操作中正确的是_____。

A. ″100876″　　　B. ′100876　　　C. ′100876′　　　D. ″100876

14. 如果要同时复制单元格的格式和内容,应该在"编辑"菜单中选择的命令是_____。

A. 选择性粘贴　　　　　　　　　B. 粘贴为超级链接

C. 粘贴　　　　　　　　　　　　D. 对象

15. 用"编辑"菜单中的"选择性粘贴"命令,不可以完成的操作是_____。

A. 粘贴公式或数值　　　　　　　B. 粘贴内容或格式

C. 粘贴单元格或批注　　　　　　D. 粘贴一部分单元格内容

16. 函数 AVERAGE(A1:B5)相当于_____。

A. 求(A1:B5)区域的最小值　　　　B. 求(A1:B5)区域的平均值

C. 求(A1:B5)区域的最大值　　　　D. 求(A1:B5)区域的总和

17. 在 Excel 2003 的工作表中,数据清单的行就是一个_____。

A. 域　　　　　　　B. 记录　　　　　　C. 字段　　　　　　D. 表

18. 在 Excel 2003 的数据排序中,允许用户最多指定_____个关键字。

    A. 2   B. 3   C. 4   D. 5

19. 在 Excel 2003 中,产生图表的数据发生变化后,图表_____。

    A. 会发生相应的变化   B. 会发生变化,但与数据无关

    C. 不会发生变化   D. 必须进行编辑后才会发生变化

20. 在 Excel 2003 中,要计算一行数值的总和,可以用下面的_____函数。

    A. COUNT   B. AVERAGE   C. MAX   D. SUM

21. 在 Excel 2003 中,最适合反映单个数据在所有数据构成的总和中所占比例的一种图表类型是_____。

    A. 散点图   B. 折线图   C. 柱形图   D. 饼图

22. 在 Excel 2003 中,对数据表进行分类汇总,要先进行_____。

    A. 筛选   B. 选中

    C. 按任意列排序   D. 按分类列排序

23. 在系统默认情况下,输入到单元格中的数值或日期,将自动_____对齐。

    A. 居中对齐   B. 填充   C. 右对齐   D. 左对齐

24. 在默认情况下,当含有公式的单元格成为活动单元格时,该单元格中包含的公式将显示在_____内。

    A. 单元格   B. 名称框   C. 状态栏   D. 编辑栏

25. 在 Excel 2003 中,若 A10 单元格中的公式为"＝MAX(A7:A20)",该公式的功能是_____。

    A. 求表格纵向的最小   B. 求表格横向的最大

    C. 求表格纵向的最大   D. 求表格纵向的最小

26. 在 Excel 2003 的工作表中选定某个单元格后,在插入行或列时,将插在该单元格的_____。

    A. 上方或左方   B. 下方或右方

    C. 下方或左方   D. 上方或右方

27. 选择单元格区域时,正确的操作是_____。

    A. 按"Ctrl"键时选择连续单元格,按"Shift"键选择不连续区域

    B. 按"Ctrl"键时选择不连续单元格,按"Shift"键选择连续区域

    C. 按"Ctrl"键时选择连续单元格,按"Alt"键选择不连续区域

    D. 按"Ctrl"键时选择不连续单元格,按"Alt"键选择连续区域

28. 为避免将输入的分数视作日期,正确的操作是_____。

    A. 在分数前添加一个 0   B. 在分数前添加一个 0 和空格

    C. 在分数前添加一个空格   D. 在分数前添加一个空格和 0

29. 用鼠标拖动生成填充序列时,可以生成的序列_____。

    A. 一定是等差序列   B. 一定是等比序列

    C. 可以是等差序列或等比序列   D. 只能填充相同数据

30．Excel 2003 中，单击格式工具栏里的"千位分隔样式"按钮后，2000 将显示为_____。

A．RMB2,000　　　B．2000　　　C．2,000　　　D．2,000.00

二、简答题

1．在 Excel 2010 中，如何建立快速访问工具栏？

2．在 Excel 2010 中，条件格式的作用和用法是什么？

3．在 Excel 2010 中，如何设置页面的大小、背景、页边距、纸张方向？

4．在 Excel 2010 中，如何快速创建多张工作表？

5．在 Excel 2010 中，如何进行筛选？

6．在 Excel 2010 中，如何进行分类汇总？

7．在 Excel 2010 中，工作表最多可以包含多少行和多少列？

8．在 Excel 2010 中，如何快捷插入表格的序号、身份证号、出生日期等内容？

9．在 Excel 2010 中，如何使用"选择性粘贴"命令，它与直接使用"粘贴"命令有何不同？

10．在 Excel 2010 中，如何增加自动填充序列？

11．在 Excel 2010 中，如何设置自动保存工作簿的方法？

12．在 Excel 2010 中，如何设置自动保存工作簿默认保存位置的方法？

第 5 章　PowerPoint 演示文稿

本章学习重点：

1. 演示文稿的基本操作
2. 演示文稿的美化与排版
3. 添加多媒体对象的方法
4. 设置演示文稿的播放效果
5. 打印演示文稿

5.1　PowerPoint 2003 的基本操作

通过 PowerPoint 2003 软件，可以制作出集声音、文字、图形及视频剪辑于一体的演示文稿。现代的演示文稿软件不仅可以制作如课件、贺卡、电子相册等声音、文字、图像并茂的多媒体演示文稿，还可以加上动画、特技、声音以及其他多媒体效果使得展示效果声形俱佳，更具感染力。

1. PowerPoint 2003 的功能

（1）创建演示文稿。

（2）演示文稿的编辑与浏览。

（3）演示文稿的美化与排版。

（4）设置演示文稿的动画效果和播放效果。

（5）打印打包和发布演示文稿。

2. PowerPoint 2003 功能介绍

（1）创建演示文稿

启动 PowerPoint 2003 后，屏幕上会出现一个启动提示对话框。此对话框提供了三种创建演示文稿的方法。

第一种方法是利用"内容提示向导"创建。这种方法利用 PowerPoint 2003 内置的多种类型的演示文稿，用户在"内容提示向导"的提示下，输入一些必要的信息，可以快速建立一个演示文稿，但是因为很多演示文稿的适应性很差，所以很少使用这种方法。

第二种方法是利用"设计模板"创建。PowerPoint 2003 提供了很多种由专业美术设计人员设计的各种样式、版式、颜色的模板，用户只需添加幻灯片的内容、设计视觉效果即可完成创建。该方法操作简单、效率高，而且效果好。

第三种方法是利用"空演示文稿"创建，即从空白幻灯片开始制作演示文稿。熟练掌握了 PowerPoint 2003 的技术后，应该选择这种方法创建演示文稿，因为它可以充分发挥作者的想象力，制作出富有个性化的演示文稿。

（2）演示文稿的编辑与浏览

演示文稿由多张幻灯片组成。通过系统提供的浏览功能可以观察所有幻灯片的效果。编辑幻灯片包括添加、复制、移动、删除等操作。

（3）演示文稿的美化与排版

演示文稿的排版效果包括美化幻灯片中的对象，利用模板、母版设置幻灯片外观、配色方案等，格式化包括改变文本的字体、字型、字号，改变对象的版式、对齐方式等。

（4）设置演示文稿的动画效果和播放效果

包括设计幻灯片中对象的动画效果、设计幻灯片之间的切换效果和设置放映方式等。

（5）打印、打包和发布演示文稿

制作完演示文稿后，可以采用多种方式打印、打包和网上发布。

5.1.1 创建演示文稿

1. 使用"内容提示向导"创建演示文稿

具体操作步骤：

① 打开 PowerPoint 2003 窗口，单击"文件"菜单中的"新建"命令，然后选择"根据内容提示向导"命令，显示"内容提示向导"窗口。

② 在"内容提示向导"窗口中，单击"下一步"按钮，进入"选择演示文稿的类型"窗口，用户可以根据需要进行选择，例如选择"统计分析报告"类型，如图 5-1 所示，然后单击"下一步"按钮。

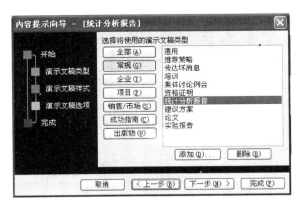

图 5-1 选择演示文稿类型界面

③ 在"统计分析报告"对话框中，选择演示文稿的输出方式，例如选择"使用的输出类型"为"屏幕演示文稿"，如图 5-2 所示。

④ 按照系统提示，进行选择或输入相应的内容即可按照系统设计的背景图案、颜色、版式快速完成制作工作。

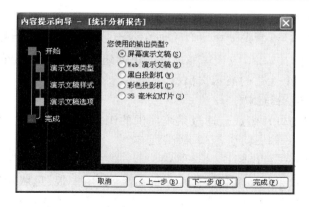

图 5-2　选择演示文稿的输出类型界面

2.使用模板创建

使用系统提供的"设计模板"创建演示文稿,其过程为:①选择"设计模板";②选择幻灯片"版式";③按照版式添加操作对象;④设置操作对象的动画效果;⑤设置切换幻灯片的动画效果。

具体操作步骤:

① 单击"格式"工具栏中的"设计"命令按钮或单击"视图"菜单中的"任务窗格",在左侧打开任务窗口。

② 在应用设计模板框中选择一种设计模板(幻灯片的背景图案),如图 5-3 所示。

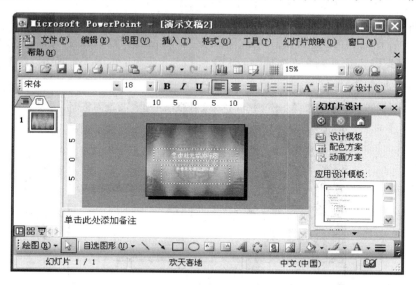

图 5-3　设计模板

③ 选择幻灯片的版式,也就是选择一种幻灯片的版面布局,如图 5-4 所示。

④ 制作第一张幻灯片。

⑤ 按照幻灯片的版式输入标题和内容,设置文本格式。

⑥ 单击工具栏的"新幻灯片"按钮,重复步骤③即可制作多张幻灯片,然后单击"视图"

菜单下的"幻灯片浏览"命令,显示结果如图 5-5 所示。无论采用什么方法制作演示文稿,只要建立好第一张幻灯片,系统将自动显示"幻灯片版式"任务窗格,用户可以直接从中选择幻灯片的布局,然后再进行下一张幻灯片的制作。

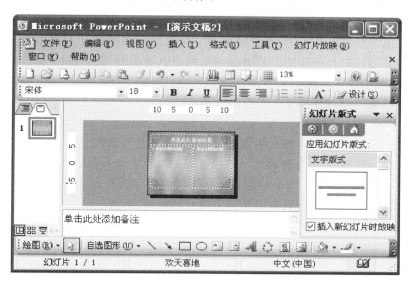

图 5-4 幻灯片的版面

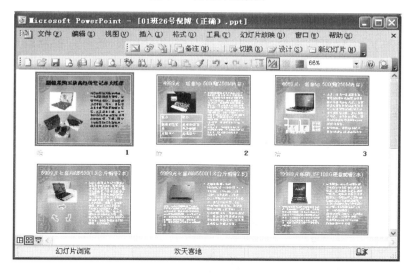

图 5-5 幻灯片浏览结果

5.1.2 编辑演示文稿

用户还可以通过 PowerPoint 2003 提供的四种显示演示文稿的视图方式,浏览演示文稿的标题、内容和整体效果并对其进行编辑操作。在编辑状态下,既可以对幻灯片中的对象进行插入、复制、移动、删除等操作,也可以对幻灯片进行插入、复制、移动、删除等操作。

1. 视图方式

PowerPoint 2003 系统根据建立、编辑、浏览、放映的需要,提供了四种视图方式,分别是:普通视图、大纲视图、浏览视图、放映视图。

(1)普通视图

普通视图属于系统默认视图,在普通视图下只显示一张幻灯片。单击"视图"菜单中的"普通"命令即可切换到普通视图。普通视图是用于创建幻灯片的视图,可以逐一编辑幻灯片,例如在该视图不仅可以编辑文本、剪贴画、表格、图表、艺术字、影片和声音等,还可以设置对象的动画效果和幻灯片切换效果等。

(2)大纲视图

大纲视图只显示演示文稿的文本部分 ,不显示图形对象和色彩。可以看到每张幻灯片中的标题和文字内容 ,并会依照文字的层次缩排,产生整个演示文稿的纲要、大标题、小标题等,当创作者暂时不考虑幻灯片的构图 ,而仅仅建立贯穿整个演示文稿的构思时,通常采用大纲视图,它是整理、组织和扩充文字最有效的途径。

通过大纲视图中的"大纲"工具栏,可以调整幻灯片之间的位置、展开或折叠幻灯片内容、调整幻灯片标题和正文等。

(3)浏览视图

在幻灯片浏览视图中,可以同时显示多张幻灯片,方便对幻灯片进行前后移动、上下移动、复制、删除等操作。

(4)放映视图

在放映视图下,不仅可以在全屏幕上看到幻灯片的效果,还可以控制幻灯片的放映顺序,可以随时改变放映顺序,或按"Esc"键放映结束,单击屏幕即可返回编辑窗口。

2. 视图的切换

通过"视图"菜单或水平滚动条左侧的视图按钮实现快速切换视图的功能,如图 5-6 所示。

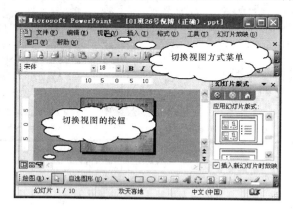

图 5-6　切换视图

3. 编辑演示文稿

在浏览视图方式下可以浏览所有的幻灯片,拖动幻灯片可以调整前后的位置,双击某张幻灯片可以进入编辑幻灯片状态,还可以对幻灯片进行删除、复制、移动等操作。

（1）选择幻灯片

在"幻灯片浏览"视图下，所有幻灯片都会以缩小的图形形式在屏幕上显示出来，在删除、移动或复制幻灯片之前，首先要选定要进行操作的幻灯片。

具体操作方法：

➢ 选择单张幻灯片：在幻灯片上单击即可。

➢ 选择多张连续的幻灯片，单击第一张要选择的幻灯片，按住"Shift"键，然后单击最后一张要选择的幻灯片。

➢ 选择多张不连续的幻灯片，按住"Ctrl"键，然后单击要选择的幻灯片即可。

➢ 选择全部幻灯片，按"Ctrl＋A"组合键。

（2）插入新幻灯片

单击"格式工具栏"中的"新幻灯片"按钮，或选择"插入"菜单中的"新幻灯片"命令，系统会在选定的幻灯片下面插入一张新幻灯片。然后可选择该幻灯片的版式，继续对该幻灯片进行操作。

（3）删除幻灯片

在幻灯片浏览视图中，单击要删除的幻灯片，然后按"Del"键，即可删除该幻灯片。如果要删除两张以上的幻灯片，可选择多张幻灯片，再按"Del"键。

（4）复制幻灯片

选择要复制的幻灯片，单击常用工具栏上的"复制"按钮，或执行"编辑"菜单的"复制"命令，定位到要粘贴的位置，单击常用工具栏上的"粘贴"按钮，或执行"编辑"菜单的"粘贴"命令。

（5）移动幻灯片

直接用鼠标拖动要移动的幻灯片到目标位置即可。也可以用"剪切"和"粘贴"命令实现幻灯片的移动。

5.1.3 编辑幻灯片中的对象

在幻灯片视图下进行，可以对幻灯片中的对象进行添加、删除、复制、移动、修改等操作。用户在幻灯片上添加的对象除了文本框、图片、表格、组织结构图外，还可以是声音、影片和超链接等。

1. 在幻灯片中插入图片

具体操作步骤：

① 确定要插入对象的位置，单击"插入"菜单，然后单击"图片"菜单下的"来自文件"命令，打开"图片收藏夹"窗口，并显示收藏的图片文件。

② 在"图片收藏夹"窗口，选择要插入的对象。

2. 在幻灯片中插入表格

具体操作步骤：

① 在普通视图方式下，选择插入表格的位置。

② 单击"插入"菜单下的"表格"命令，输入表格的行数和列数，系统将自动创建一个二维表格。

③ 单击"格式"工具栏上的"设置表格格式"命令,显示"设置表格格式"对话框,如图 5-7 所示,在该框中完成添加斜线、修改表格边框等功能。

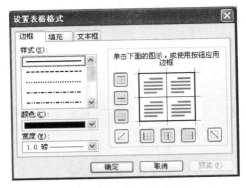

图 5-7　设置表格边框

3. 在幻灯片中插入图表

具体操作步骤:

① 在普通视图方式下,选择插入图表的位置。

② 单击"插入"菜单下的"图表"命令,用户可以直接在系统提供的图表和二维表格上进行编辑、修改等操作,快速生成用户所需的图表,如图 5-8 所示。

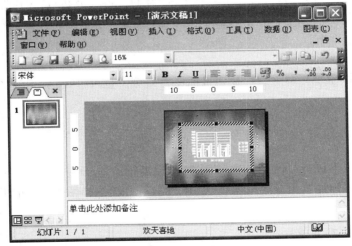

图 5-8　插入图表

提示:在系统提供的表格上修改表格数据,可以自动更新图表;在图表的任意位置右击,选择快捷菜单上的命令即可实现对图表的编辑。

5.2　演示文稿的美化与排版

演示文稿的排版与美化主要是对幻灯片的文字格式、段落格式、对象格式来进行格式化和美化。通过合理地使用母版和模板,可以避免重复制作,在最短的时间内制作出风格统

一、画面精美的幻灯片。

5.2.1 格式化幻灯片

1. 文本格式

选定文本,选择"格式"工具栏中的字体、字号、字体颜色等命令,修饰幻灯片中的文本。

2. 段落格式化

段落格式包括段落对齐、缩进、行距、段间距、项目符号等。

(1) 设置段落对齐

具体操作方法:

将光标移动到需要设置对齐的段落,单击"格式"工具栏中的左对齐、居中对齐、右对齐和分散对齐按钮即可。

(2) 设置段落缩进

具体操作方法:

先选择要设置缩进的文本,然后拖动标尺上的缩进标记或按住"Alt"键,拖动标尺上的缩进标记即可精确缩进。

(3) 设置段落行距和段落间距

具体操作方法:

将光标移动到需要设置的段落,然后单击"格式"菜单中的"行距"命令设置行距间距、段前段后的间距。

制作好的幻灯片可以用文字格式、段落格式、对象格式来进行格式化和美化。通过合理地使用母版和模板,可以避免重复制作,在最短的时间内制作出风格统一、画面精美的幻灯片来。

3. 添加项目符号

具体操作步骤:

① 选定要添加项目符号的文本信息。

② 单击"格式"工具栏的中"项目符号"命令插入项目符号。

4. 对象格式化

除了对文本进行格式化外,还可以对幻灯片的文字框、图形、图片、表格、图表等对象进行格式化操作。

对操作对象的格式化主要包括填充颜色、边框、阴影等。格式化操作主要是通过"绘图"工具栏的命令按钮完成对象的格式化。

5. 复制段落格式

通过"格式刷"完成对标题、文本或段落的格式化。

5.2.2 插入剪贴画和图片

具体操作步骤:

① 在普通视图方式下,确定插入剪贴画或图片的位置。

② 单击"插入"菜单下的"图片"命令下的"剪贴画"或"来自文件"命令,显示"剪辑库"对话框或选择图片文件对话框。

③ 在"剪辑库"对话框中,选择要插入的"剪贴画",然后单击"插入"按钮即可完成"剪贴画"的插入;或者在图形文件对话框中,选择要插入的图片文件,然后单击完成图片的插入。

提示:PowerPoint 2003 中也提供了绘图工具,一般处在窗口的下方。与其他 Office 软件一样,用户可利用其上的任一工具在幻灯片中绘制需要的图形。例如,单击"绘图"工具栏上的"插入艺术字"按钮,可以在幻灯片上添加艺术字,也可绘制各种自选图形。

5.2.3 插入文本框

具体操作步骤:

① 在普通视图方式下,确定插入文本框的位置。

② 单击"插入"菜单中的"文本框"命令,在编辑幻灯片窗口,拖动鼠标完成插入文本框的工作。

提示:文本框的大小与文本框中的内容多少、字体大小有关。拖动文本框的边框可以改变文本框的位置。

5.2.4 在幻灯片上插入页眉页脚

具体操作步骤:

① 打开需要插入页眉页脚的演示文稿。

② 单击"视图"菜单,选择"母版"菜单下的"幻灯片母版"命令,打开编辑幻灯片母版窗口。

③ 在幻灯片母版窗口中,添加"页眉页脚"、"日期和时间"等。

④ 单击"关闭"按钮。

5.2.5 应用母版美化演示文稿

应用母版可以修饰所有幻灯片的标题、正文、页眉和页脚、日期、数字、备注的格式,改变文字的位置和大小、项目符号的样式、背景图案等。幻灯片的母版类型包括幻灯片母版、标题母版、讲义母版和备注母版。要使每一张幻灯片都出现某个对象,可以向母版中插入该对象。

具体操作步骤:

① 单击"视图"菜单,选择"母版"菜单中的"幻灯片母版"命令,打开"母版"编辑窗口。

② 单击"自动版式的标题区",在"格式"菜单中选择"字体"命令,便可以设置标题的字体、字号、颜色以及效果等。

③ 可以对母版进行美化,如插入题头、标志等,如图 5-9 所示。

④ 单击"自动版式的对象区",可以对其进行文本格式的设置和美化。

⑤ 设置页眉、页脚和幻灯片编号,选择"视图"菜单的"页眉页脚"命令,显示"页眉页脚"对话框,可以在该对话框中对幻灯片的页眉和页脚进行设置。

➢ 标题幻灯片母版:标题幻灯片母版控制的是演示文稿的第一张幻灯片,相当于幻灯片的封面,所以一般要把它单独拿出来设计。一般使用"内容提示向导"建立的演示文稿才能对标题幻灯片母版进行修改。修改标题母版时,选择"视图"菜单的"母版"子菜单中的"标题母版"命令,出现"标题幻灯片母版",可进行所需格式的设置。

➤ 讲义母版:用于控制幻灯片以讲义形式打印,可增加页码(并非是幻灯片编号)、页眉和页脚等。修改讲义母版可选择"视图"菜单中"母版"子菜单中的"讲义母版"。

➤ 备注母版:主要供演讲者备注使用的空间以及设置备注幻灯片的格式。

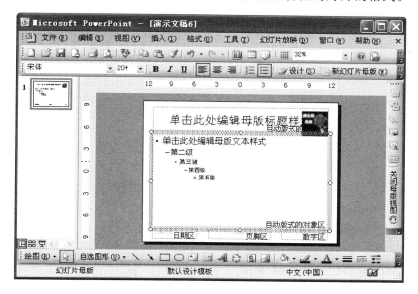

图 5-9　利用母版美化演示文稿

5.2.6　设置幻灯片动画效果

PowerPoint 2003 提供了两种设置动画效果的方法:预设动画和自定义动画。在设计动画时,一方面是设计幻灯片中各个对象(如标题、文本和对象等)出现在幻灯片中的顺序、方式及出现时的伴音,这样可以突出重点、提高演示的生动性;另一方面是设计每张幻灯片的放映方式。

设置动画效果的操作步骤:

① 选定要设置动画的幻灯片,选择"幻灯片放映"菜单中的"自定义动画"命令,打开任务窗口。

② 选中要设置的对象,"添加效果"被激活。

③ 单击"添加效果"命令,选择动画命令进行动画设计。

④ 重复步骤②、③可以完成多个对象的动画设置。

使用"动画效果"工具栏设置动画效果:

① 在幻灯片视图方式下,选定幻灯片。

② 单击"幻灯片放映"菜单中的"自定义动画"命令,在右侧显示"自定义动画"任务窗口。

③ 选定要设置动画的对象,此时"添加效果"按钮被激活。

④ 单击出现"添加效果"菜单,然后选择"修改"列表框中的"开始"、"方向"、"速度"、"播

放"、"幻灯片放映"项,观察动画效果。

⑤ 设置该对象的动画效果后,可以设置该对象动画开始时的形式、方向、速度以及进入的顺序等。

⑥ 在"修改效果"列表框中,右击"对象",选择下拉菜单中的"效果选项"即可进行"效果"、"计时"、"增强"等设置,如图 5-10 所示;还可以单击"播放"或"幻灯片放映"命令,预览动画播放的效果。

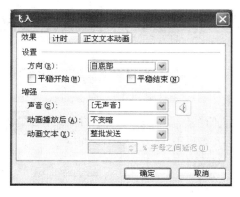

图 5-10　动画效果设置对话框

重复步骤③～⑤即可设置多个对象的动画效果。

5.2.7　设置幻灯片切换效果

PowerPoint 提供了多种切换幻灯片效果,例如水平百叶窗、溶解、盒状展开、随机等。具体操作步骤:

① 切换到幻灯片浏览视图方式下,选择要设置切换效果的幻灯片。或者按"Ctrl＋A"组合键,选定所有幻灯片。

② 单击"幻灯片放映"菜单中的"幻灯片切换"命令,屏幕显示"幻灯片切换"任务窗口,

➤ 在"应用于所选幻灯片"列表框中,选择需要的切换效果,例如选择垂直百叶窗。

➤ 在"修改切换效果"列表框中,设置切换的"速度",例如选择中速。

➤ 在"换页方式"列表框中,选择用鼠标换页、按规定时间换页。

➤ 在"声音"下拉列表框中,可以设定换页的声音。

③ 单击"应用"按钮或"全部应用"按钮完成幻灯片切换的设置。

5.2.8　在幻灯片中插入声音和影片

在幻灯片中可以插入多种声音文件,例如.wav、.rmid、.mp3 和.aif 等。插入声音的方式包括插入文件中的声音,插入 CD 乐曲、录制的声音等。同样,PowerPoint 还可以播放多种格式的视频文件,如.avi、.mov、.mpg、.dat 等。

1. 在幻灯片中插入声音

具体操作步骤:

① 在普通视图方式下,确定要插入声音的幻灯片。

② 单击"插入"中"影片和声音"菜单下的"文件中的声音"命令,选择声音文件,然后单击"确定"按钮,显示如图 5-11 所示的对话框。

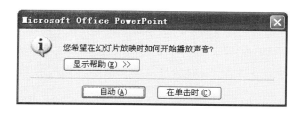

图 5-11 选择播放声音方式

③ 单击"自动"命令即可在幻灯片上建立一个声音图标。

提示:用户可以设置播放音乐的方式和效果。选定"声音"图标,单击"幻灯片放映"菜单下选择"自定义动画"命令,显示"自定义动画"对话框,然后双击插入的"音乐"项,显示"播放声音"对话框,如图 5-12 所示。

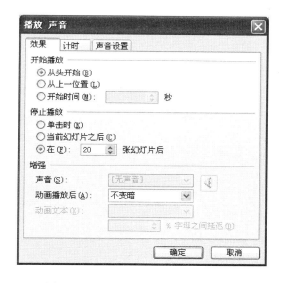

图 5-12 设置播放声音效果的对话框

④ 设置播放音乐的方式和效果,然后单击"确定"按钮。

2. 在幻灯片中插入影片

PowerPoint 2003 支持的影片文件格式有. avi、. mlv、. cda、. dat、. mov 等。

具体操作步骤:

① 在普通视图方式下,确定要插入影片的幻灯片。

② 单击"插入"中"插入影片和声音"下的"文件中的影片"命令,屏幕显示文件的对话框,然后选择影片文件,单击"确定"按钮。

③ 将它拖到指定位置,并调整放映窗口的大小。

提示:单击除了放映窗口的任何位置即可完成影片的插入。

5.3　演示文稿的播放与打印

在 PowerPoint 2003 中,演示文稿放映分为手动放映和自动放映两种方式。用户可以设置放映方式,例如演讲者放映方式、观众自行浏览放映方式和自动播放放映方式等。

5.3.1　播放演示文稿

在播放演示文稿前可以根据使用者的不同需要设置不同的放映方式,通过执行"幻灯片放映设置放映方式"菜单命令,在"设置放映方式"对话框中操作实现,如图 5-13 所示。

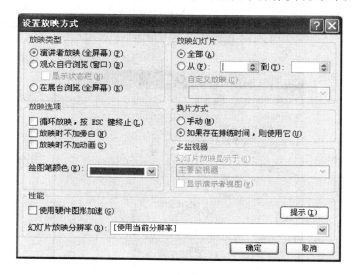

图 5-13　"设置放映方式"对话框

对"设置放映方式"对话框中的选项进行说明:

(1)演讲者放映

以全屏幕形式显示,演讲者可以控制放映的进程,可用绘图笔勾画,适合大屏幕投影的会议、讲课。

(2)观众自行浏览

以窗口形式显示,可编辑浏览幻灯片,适合人数少的场合。

(3)在展台浏览

以全屏幕形式在展台上做演示用,按事先预定的或通过执行"幻灯片放映"中"排练计时"菜单命令设置的时间和次序放映,不允许现场控制放映的进程。

➢ 要播放演示文稿有多种方式:按 F5 快捷键;执行"幻灯片放映观看放映"或"视图幻灯片放映"菜单命令;单击"幻灯片放映"按钮。

其中,除了最后一种方法是从当前幻灯片开始放映外,其他方法都是从第一张幻灯片放映到最后一张幻灯片。

换片方式:

（1）手动放映

在图 5-13 所示的对话框中选择"换片方式"为"手动"，则在放映幻灯片时单击鼠标、按空格键或按回车键都可以放映下一张幻灯片；利用光标移动键也可以播放上一张或下一张幻灯片。

（2）自动放映

如果希望幻灯片在放映过程中自动播放，首先应在"设置放映方式"对话框中的"换片方式"一栏中，选择"如果存在排练时间，则使用它"，然后可以采用以下两种方法的一种：

① 通过"幻灯片放映/幻灯片切换"对话框设置一种切换方式，并指定换片时间。

② 选择"幻灯片放映"菜单中的"排练计时"，弹出一个工具条。工具条中左边显示的时间为本幻灯片的放映时间，右边显示的时间为总的放映时间。单击工具条"预演"左边的第一个按钮可排练下一个对象的放映时间。单击工具条的"关闭"按钮，会弹出一个对话框。可在对话框中选择保留排练时间，自动放映时即可按排练时间放映演示文稿。

5.3.2　普通放映方式

幻灯片放映的操作方法：

➤ 单击"幻灯片放映"菜单中的"观看放映"命令以全屏幕的形式放映幻灯片。

➤ 按快捷键"F5"以全屏幕的形式放映幻灯片。

控制放映的方法：

在放映幻灯片过程中，随时在幻灯片上右击，选择快捷菜单中的控制命令，控制幻灯片的放映顺序，既可以向前翻页，也可以向后翻页，还可以选择"定位至幻灯片"等，也可以选择"结束放映"命令，退出放映。

5.3.3　自定义放映方式

自定义放映是针对不同用户的需要，可以有选择地进行放映而设置的。例如对于一个比较大的演示文稿，设置不同用户的放映方式是非常必要的。

具体操作步骤：

① 单击"幻灯片放映"菜单中的"自定义放映"命令，打开"自定义放映"对话框。

② 单击"新建"按钮，打开"新建"对话框。

③ 在"新建"对话框中，输入放映名称，并从左边窗口列出的幻灯片中选择一些要放映的幻灯片添加到右边窗口，同时对右边窗口中不满意的幻灯片也可以选择删除后放回左边窗口。

④ 重复步骤②、③即可完成多个不同用户放映方式的设置，如图 5-14 所示。

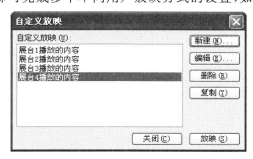

图 5-14　自定义放映方式

⑤ 需要放映自定义的幻灯片,就可以打开"自定义放映"窗口,选择后单击"放映"按钮。
⑥ 单击"关闭"按钮。

5.3.4 放映时在幻灯片上作标记

在幻灯片放映过程中,可以使用鼠标在画面上书写或添加标记。

设置方法:在放映屏幕上右击,在弹出的快捷菜单中选择"指针选项",再选择一种笔,就可以把鼠标当作画笔使用了,按住左键,在屏幕上画图或书写了。

5.3.5 打印演示文稿

演示文稿可以放映,也可以打印出来,打印的方法与 Office 系列其他软件相同,需要安装打印机、设置页面属性和打印范围等。同 Office 系列其他软件所不同的是,PowerPoint 在打印时,可以选择四种不同的打印格式:幻灯片、讲义、备注页和大纲视图。

1. 页面设置

单击菜单栏"文件"菜单中的"页面设置"命令,打开"页面设置"对话框,进行页面设置。

2. 打印幻灯片

一般情况下,幻灯片是用来在屏幕上演示供观众观看的,不过有时也需要把幻灯片打印出来。

具体操作步骤:

① 选定要打印的幻灯片。
② 单击"文件"下拉菜单中的"打印"命令,调出"打印"对话框。
③ 设置打印机,在"页面范围"中设置打印范围,可以是某一张、若干张或全部。
④ "打印内容"选择"幻灯片"。
⑤ 单击"确定"按钮完成打印。

这里需要注意的是,通过工具栏中的"打印"按钮也可以打印幻灯片,但是打印范围是全部幻灯片,并且不会弹出询问窗口,单击后直接打印。

3. 打印讲义

同打印幻灯片相比,更多的时候幻灯片被打印成讲义的形式,对于 A4 或 16 开纸,每页可以放 2 张、3 张、4 张、6 张或 9 张幻灯片。

具体操作步骤:

① 单击"文件"菜单中的"打印"命令,调出"打印"对话框。
② 对打印参数进行设置后,在"打印内容"中选择"讲义"。
③ 在"每页幻灯片数"中选择需要的张数,有 2、3、4、6、9 五种选择。
④ 根据需要,可选择"根据纸张调整大小"和"幻灯片加框"选项。
⑤ 单击"确定"按钮完成打印。

以上介绍了打印幻灯片和打印讲义的方法。另外,PowerPoint 2003 还提供了打印备注页和大纲视图的功能,打印方法基本相同,这里不再赘述。

4. 打印备注页

每页除了打印一张幻灯片以外,还包括幻灯片的备注信息。

5. 大纲视图

选择大纲视图可以只打印出幻灯片中的文本内容,一页可打印多张幻灯片的内容。

5.4　PowerPoint 2003 操作技巧

1. 设置幻灯片的动画效果

(1)制作文字按指定路径运动的动画

在空白幻灯片中,单击"插入"菜单中的"文本框"命令,添加一个文本框,并在文本框中输入文本,同时要注意文本的字体、字型和字号,尽量选择笔画较粗的字体,这样显示效果会更好一点,选中该文本框,并将它拖动到幻灯片标题位置处,然后单击"幻灯片放映"菜单中的"自定义动画"命令,再单击界面中"添加效果"右侧的"▼"按钮,从随后弹出的菜单中执行"进入/其他效果"命令,在打开的效果菜单中,可以选择"华丽型"设置栏处的"挥舞"选项,也可以选择"动作路径"菜单中的命令,例如"曲线",将鼠标移动到幻灯片的编辑区域中,随意画出一条运动曲线就可以了,以后播放幻灯片时,文字就会按照事先指定的路径移动了。

(2)立方体翻转动画

具体操作步骤:

① 单击绘图工具箱中的"自选图形"按钮,在"基本形状"中选中立方体,在幻灯片的空白处画出一个立方体。

② 单击"幻灯片放映"菜单中的"自定义动画"命令,再单击"添加效果"右侧的"▼"按钮,从随后弹出的菜单中执行"退出/消失"命令。

③ 右击这个立方体,选择快捷菜单中的"复制"命令,再右击这个立方体,从快捷菜单中选择"粘贴"命令,形成两个立方体。

④ 选中第二个立方体,移动它使它与第一个立方体形成翻转的结构。

⑤ 选定第二个立方体,打开"自定义动画"设置页面,并在其中将"开始"设置栏处的"之后"选项选中,这样第二个立方体就会在第一个立方体消失动作结束之后自动显示出来。

⑥ 单击"添加效果"右侧按钮,单击"进入"菜单中的"出现"命令,再次单击"添加效果"右侧的按钮,在打开的菜单中执行"退出/消失"命令。

⑦ 按照第二个立方体的动画效果的设置步骤,设计好其他各个立方体,对于最后一个立方体,不要为它设置"退出"效果。

⑧ 选择"播放"按钮,"预览"设置的效果。

2. 使两幅图片同时动作

PowerPoint 2003 动画效果的选项很多,但局限于动画的播放顺序,插入的图片只能一幅一幅地动作。如何使两幅图片同时动作呢?可以人为设置好两幅图片的位置,按住"Shift"键选中两张图片,单击绘图工具栏中的"绘图"。单击"组合",这样两幅图片就变成了一个选定。然后自定义动画,在动画顺序选定其组,到"效果中"选择"左右向中间收缩"或"上下向中部收缩"就可以实现两幅图连动的效果。

3. 统计幻灯片数

在 PowerPoint 2003 中可以统计文字数、段落等,除此之外,还具有统计幻灯片个数的功能。具体操作方法是单击"文件"菜单中的"属性"命令,接着选中"统计"选项卡即可打开"统计"对话框,显示其结果。

4. 自动演示文稿

单击"幻灯片放映"菜单下的"设置放映方式"命令,在出现的对话框中选中"循环放映",按"Esc"键即可终止。

5. 使用 PowerPoint 2003 制作相册

启动 PowerPoint 2003 新建一个幻灯文件,单击"插入"菜单,选择"图片"菜单下的"新建相册"命令,打开"相册"对话框,在该对话框中选择要放入本相册的图片,可以选择从磁盘或是像扫描仪、数码相机设备来添加图片。可以插入一张或者一次把它们都添加进去,按住"Ctrl"键,选择要添加到相册中的所有图片,然后单击"插入";接着在相册版式下指定相册的外观,单击"创建"按钮关闭对话框,回到幻灯编辑模式,编辑相册封面,继续完成幻灯动画、切换、背景、声音等设置。

6. 播放中的技巧

让 PowerPoint 2003 打开就播放:在 PowerPoint 2003 演示文稿中,单击"文件"菜单中的"另存为"菜单命令,在保存类型中选择"PowerPoint 放映. PPS"类型。这样在装有 PowerPoint 2003 系统的计算机中,双击它就可以直接放映了。使用此方法可以省略打开 PowerPoint 2003 再单击"观看放映"的烦琐步骤。

7. 一次性展开全部菜单

打开"工具"菜单栏的"自定义"选项,在弹出的"自定义"对话框中单击"选项"选项卡,选择"始终显示整个菜单"复选框,再单击"关闭"按钮就可以一次性展开全部菜单了。

8. 快速保存演示文稿

为了防止工作过程出现断电等异常现象,可以在 PowerPoint 2003 演示文稿中设置"快速保存",只保存演示文稿中改变的地方。具体操作方法是:单击"工具"菜单中的"选项"命令,再单击"保存"选项卡,选择"允许快速保存"复选框,然后单击"确定"按钮。以后在处理演示文稿过程中,再进行保存时,只保存演示文稿中改变的地方。

9. 输出数据到 Word 2003 文档

在 PowerPoint 2003 中,单击"文件"菜单,选择"发送"菜单中的"Microsoft Word"命令,在"发送"到 Microsoft Office Word"对话框中选择想要在 Microsoft Word 中使用的版式,例如,可以选择"只使用大纲"来创建仅带有文字的文档,也可以选择"空行在幻灯片旁"创建一系列带有注释行的幻灯片缩略图。总之,选择好版式之后,单击"确定"按钮即可把演示文稿发送给 Word 2003,形成一个 Word 2003 的文档。

10. 将 Word 2003 文档转换成演示文稿

在 Word 2003 中打开文档,单击"文件"菜单中的"发送",再单击"Microsoft Power-Point"命令,每个标题 1 样式的段落都会成为新幻灯片的标题,每个标题 2 样式的段落都会成为第一级文本,依次类推。

11. 电影字幕效果

PowerPoint 2003 以前的各个版本没有提供电影字幕效果(文字不断地自下而上流动),但在 PowerPoint 2003 中实现了这种效果。具体操纵方法:在空白幻灯片中加入一个文本框,文本框在幻灯片中居中放置,其宽度要略小于幻灯片。文本框的上边框在幻灯片的上半部,下边框根据需要可大大低于幻灯片边框;在文本框中输入文本,选定文本框,再单击右侧窗格中"添加效果"下拉按钮,选择"进入"菜单中的"其他效果",在"华丽型"栏中选择"字幕式",最后单击"确定"按钮即可。

12. 绘制斜线表头

首先单击"插入"菜单中的"表格"命令,添加一个表格,然后将光标放在第一单元格内,右击,选择快捷菜单中的"边框和填充"命令。在"设置表格格式"对话框中,选择"边框"选项卡,单击添加"斜线"的按钮,然后在表格中输入文字,最后调整文字的大小与距离即可。

5.5　认识 PowerPoint 2010

PowerPoint 2010 是制作集文字、图形、图像、声音及视频剪辑于一体的演示文稿软件。在 PowerPoint 2010 中可以添加淡化、格式效果、书签场景并剪裁视频,为演示文稿增添专业的多媒体体验。用户不仅在投影仪或者计算机上进行演示,也可以将演示文稿打印出来,制作成胶片,以便应用到更广泛的领域中。利用 PowerPoint 2010 不仅可以创建演示文稿,还可以在互联网上召开面对面会议、远程会议或在网上给观众展示演示文稿。

5.5.1　PowerPoint 2010 功能与特点

(1)为演示文稿带来更多活力和视觉冲击。应用成熟的照片效果而不使用其他照片编辑,软件程序可节省时间和金钱。通过使用新增和改进的图像编辑和艺术过滤器,如颜色饱和度和色温、亮度和对比度、虚化、画笔和水印,将图像变成引人注目的、鲜亮的图像。

(2)与他人同步工作。用户可以同时与不同位置的其他人合作同一个演示文稿。当用户访问文件时,可以看到谁在与自己合著演示文稿,并在保存演示文稿时看到他们所作的更改。对于企业和组织,与 Office Communicator 集合可以查看作者的联机状态,并可以与没有离开应用程序的人轻松启动会话。

(3)添加个性化视频体验。在 PowerPoint 2010 中直接嵌入和编辑视频文件。方便的书签和剪裁视频仅显示相关节。使用视频触发器,可以插入文本和标题以引起访问群体的注意。还可以使用样式效果(如淡化、映像、柔化棱台和三维旋转)帮助用户迅速引起访问群体的注意。

(4)网页中的播放效果。通过发送 URL 即时广播,PowerPoint 2010 可以在 Web 上播放演示文稿。用户还可以将演示文稿转换为高质量的视频,通过叙述与使用电子邮件、Web 或 DVD 的所有人共享。

(5)从其他位置在其他设备上访问演示文稿。将演示文稿发布到 Web,从计算机或

Smartphone 联机访问、查看和编辑。使用 PowerPoint 2010,用户可以按照计划在多个位置和设备完成这些操作。Microsoft PowerPoint Web 应用程序,将 Office 体验扩展到 Web 并享受全屏、高质量复制的演示文稿。当用户离开办公室、家或学校时,创建然后联机存储演示文稿,并通过 PowerPoint Web 应用程序编辑工作。

(6)使用美妙绝伦的图形创建高质量的演示文稿。用户不必是设计专家也能制作专业的图表。使用数十个新增的 SmartArt 布局可以创建多种类型的图表,例如组织系统图、列表和图片图表。将文字转换为令人印象深刻的图表可以更好地说明用户的想法的直观内容。创建图表就像键入项目符号列表一样简单,或者只需单击几次就可以将文字和图像转换为图表。

(7)用新的幻灯片切换和动画吸引访问群体。PowerPoint 2010 提供了全新的动态切换,如动作路径和看起来与在 TV 上看到的图形相似的动画效果。轻松访问、发现、应用、修改和替换演示文稿。

(8)更高效地组织和打印幻灯片。通过使用新功能的幻灯片轻松组织和导航,这些新功能可帮助用户将一个演示文稿分为逻辑节或与他人合作时为特定作者分配幻灯片。这些功能允许用户更轻松地管理幻灯片。

(9)简便、快捷地完成任务。PowerPoint 2010 简化了访问功能的方式。新增的 Microsoft Office Backstage 视图替换了传统的文件菜单,只需几次单击即可保存、共享、打印和发布演示文稿。通过改进的功能区,用户可以快速访问常用命令。

(10)跨越沟通障碍。PowerPoint 2010 可帮助用户在不同的语言间进行通信,翻译字词或短语为屏幕提示、帮助内容和显示设置各自的语言设置。

5.5.2　PowerPoint 2010 窗口介绍

启动 PowerPoint 2010 后,打开 PowerPoint 2010 编辑幻灯片的窗口,如图 5-15 所示。

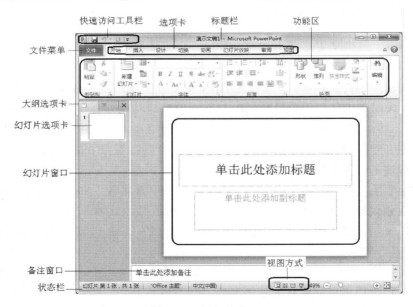

图 5-15　幻灯片窗口

1. 演示文稿概念

演示文稿:一份演示文稿就是一个 PowerPoint 2010 文件,由若干张幻灯片组成。这些幻灯片内容各不相同,却又互相关联,共同构成一个演示主题,也就是该演示文稿要表达的内容。

幻灯片:一张幻灯片上可以包含文字、图形、图像、表格、音乐、视频等各种可以输入和编辑的对象。我们在制作演示文稿时,实际上就是在创建一张张的幻灯片,每一时刻我们只能对一张幻灯片进行操作。

2. PowerPoint 2010 的工作窗口

窗口组成:

(1)快速访问工具栏

该工具栏提供了一些常用的命令按钮。用户可根据需要增加或减少。

(2)选项卡

使用选项卡中的各个功能可以对幻灯片进行编辑。

(3)功能区

包括命令按钮、图片库等。

(4)文件菜单

包括一些对幻灯片文件操作的命令,如新建、保存、打开、另存为等命令。

(5)幻灯片窗口

编辑幻灯片的工作区,主要用于编辑文本,插入文本框、图片、表格、图表、绘图对象、电影、声音、超链接和动画等功能。

大纲选项卡:选择大纲视图选项卡,将显示演示文稿中全部幻灯片的编号顺序、图标、标题和主要文本信息。

幻灯片选项卡:显示幻灯片的缩略图,主要用于添加、调换幻灯片的次序、删除幻灯片以及快速浏览幻灯片。

(6)视图方式

为用户提供观看幻灯片的视图方式,包括普通视图、幻灯片浏览、备注页和幻灯片放映视图。

(7)备注窗口

备注窗口位于下部,主要用于写入与每张幻灯片的内容相关的备注说明。

(8)状态栏

显示页计数、总页数、设计模板、拼写检查等信息。

5.5.3 PowerPoint 2010 视图方式

PowerPoint 2010 提供了许多用于浏览、编辑演示文稿的视图,可帮助用户创建出具有专业水准的演示文稿。

1. 普通视图

普通视图是主要的编辑视图,可用于撰写和设计演示文稿。

普通视图有四个工作区域。

（1）大纲选项卡：以大纲形式显示幻灯片文本。

（2）幻灯片选项卡：在编辑时以缩略图大小的图像在演示文稿中观看幻灯片。使用缩略图能方便地遍历演示文稿，并观看任何设计更改的效果。在这里还可以轻松地重新排列、添加或删除幻灯片。

（3）幻灯片窗口：在 PowerPoint 窗口的右上方，"幻灯片"窗格显示当前幻灯片的大视图。在此视图中显示当前幻灯片时，可以添加文本，插入图片、表格、SmartArt 图形、图表、图形对象、文本框、电影、声音、超链接和动画。

（4）备注窗格：在"幻灯片"窗格下的"备注"窗格中，可以键入要应用于当前幻灯片的备注。以后，用户可以将备注打印出来并在放映演示文稿时进行参考。用户还可以将打印好的备注分发给受众，或者将备注包括在发送给受众或发布在网页上的演示文稿中。

提示：若要查看普通视图中的标尺或网格线，可在"视图"选项卡上的"放映"组中选中"标尺"或"网格线"复选框。

2. 幻灯片浏览视图

幻灯片浏览视图可使用户查看缩略图形式的幻灯片。通过此视图，用户可以轻松地对演示文稿的顺序进行排列和组织。用户还可以在幻灯片浏览视图中添加节，并按不同的类别或节对幻灯片进行排序。

3. 备注页视图

"备注"窗格位于"幻灯片"窗格下。用户可以键入要应用于当前幻灯片的备注。用户可以将备注打印出来并在放映演示文稿时进行参考。

提示：如果要以整页格式查看和使用备注，请在"视图"选项卡上的"演示文稿视图"组中单击"备注页"。

4. 母版视图

母版视图包括幻灯片母版视图、讲义母版视图和备注母版视图。它们是存储有关演示文稿的信息的主要幻灯片，其中包括背景、颜色、字体、效果、占位符大小和位置。使用母版视图的一个主要优点在于，在幻灯片母版、备注母版或讲义母版上，可以对与演示文稿关联的每个幻灯片、备注页或讲义的样式进行统一更改。

5. 幻灯片放映视图

幻灯片放映视图可用于向受众放映演示文稿。幻灯片放映视图会占据整个计算机屏幕，这与受众观看演示文稿时在大屏幕上显示的演示文稿完全一样。用户可以看到图形、计时、电影、动画效果和切换效果在实际演示中的具体效果。

提示：若要退出幻灯片放映视图，请按"Esc"键。

6. 演示者视图

演示者视图是一种可在演示期间使用的基于幻灯片放映的关键视图。借助两台监视器，您可以运行其他程序并查看演示者备注，而这些是受众所无法看到的。若要使用演示者视图，请确保用户的计算机具有多监视器功能，同时也要打开多监视器支持和演示者视图。

7. 阅读视图

阅读视图用于向用自己的计算机查看用户的演示文稿的人员而非受众（例如，通过大屏幕)放映演示文稿。如果用户希望在一个设有简单控件以方便审阅的窗口中查看演示文稿，而不想使用全屏的幻灯片放映视图，则也可以在自己的计算机上使用阅读视图。如果要更改演示文稿，可随时从阅读视图切换至某个其他视图。

5.5.4 PowerPoint 2010 提供的操作

PowerPoint 2010 提供的操作有创建演示文稿、编辑演示文稿、美化与排版设置动画效果、幻灯片的美化与排版、在幻灯片中引入多媒体、演示文稿的播放与打印，如图 5-16 所示。

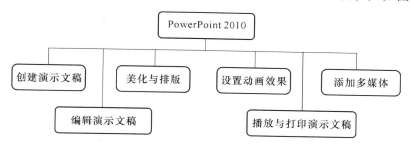

图 5-16 PowerPoint 2010 提供的操作

5.5.5 创建演示文稿

创建演示文稿就是利用 PowerPoint 2010 软件创建一个由若干张幻灯片组成的文件。其内容可以是文本、图片、图形、动画、图表、视频等内容，其文件类型为"*.pptx"或"*.ppt"。

创建演示文稿的过程主要包括创建新演示文稿、选择演示文稿的模板与版式、添加文本、表格、图表、图形、图像、媒体、设置幻灯片的动画和切换效果，最后是演示文稿的放映、打印和发布等，如图 5-17所示。

图 5-17 建立文档的过程

1. 创建风格独特的演示文稿

使用设计模板创建的演示文稿，其特点是具有统一的背景图案和背景颜色。

具体操作步骤：

① 启动 PowerPoint 2010，打开 PowerPoint 2010 编辑窗口。

② 单击"文件"中的"新建"命令→选择"幻灯片背景"→选择"office. com"模板中的"保护地球日"模板类型。

③ 选择幻灯片的版式。第一张幻灯片。在标题文本框中输入标题内容，例如"珍惜地球上每一滴水"；在幻灯片窗口输入"从我做起，节约用水"等内容，如图 5-18 所示。

④ 第二张幻灯片。单击"开始"选项卡→单击"幻灯片"组中的"新建幻灯片"命令按钮即可创建新的幻灯片。

⑤ 单击"幻灯片"组中的"新建幻灯片"命令按钮选择幻灯片的版式→添加幻灯片的内容。

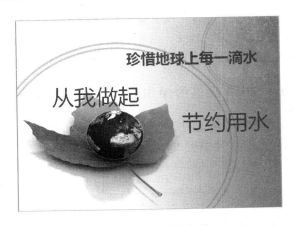

图 5-18　第一张幻灯片

⑥ 第三张幻灯片。单击"幻灯片"组中的"新建幻灯片"命令按钮→单击"插入"选项卡→单击"图像"中的"图片"命令按钮→插入一张图片→插入文本框和文字即可。

⑦ 第四张幻灯片。单击"幻灯片"组中的"新建幻灯片"命令按钮→单击"插入"选项卡→单击"图像"中的"图片"命令按钮→插入第二张图片。

⑧ 单击"快速访问工具栏"中的"保存"命令即可,如图 5-19 所示。

图 5-19　创建演示文稿实例

2. 使用背景样式创建演示文稿

用户在空白的幻灯片上添加背景色或背景图案,从而设计出风格独特的演示文稿。在创建文稿时,大部分的演示文稿是采用了设计模板的方法创建的,而有一些演示文稿则需要特殊的背景,如单色或用其他背景色等,也可以采用这种方法来创建。

具体操作步骤:

① 打开 PowerPoint 2010 编辑窗口。

② 单击"文件"中的"新建"命令→单击"空白演示文档"命令按钮。

③ 单击"设计"选项卡→单击"背景"组中的"背景样式"下拉列表中的"设置背景格式"命令按钮,打开"设置背景格式"对话框,如图5-20所示。

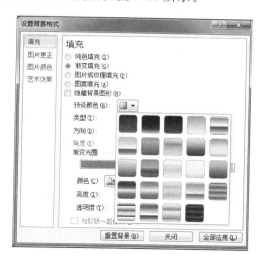

图 5-20 "设置背景格式"对话框

④ 在"设置背景格式"对话框中设置"渐变光圈"、"颜色"、"亮度"、"透明度"等项,单击"全部应用"命令按钮。

⑤ 第一张幻灯片。单击"开始"选项卡→单击"幻灯片"组中的"版式"命令按钮→显示幻灯片版式下拉列表→选择一种版式→添加各板块的内容。

⑥ 第二张幻灯片。单击"开始"选项卡→单击"幻灯片"组中的"新建幻灯片"命令按钮→显示幻灯片版式下拉列表→选择一种版式,添加各板块的内容。

⑦ 重复步骤⑤和步骤⑥可以按照自己设计的背景、版式制作幻灯片,如图5-21所示。

图 5-21 按照自己设计的背景制作的幻灯片

⑧ 单击"保存"命令按钮即可。

3．保存演示文稿

具体操作步骤：

① 单击"文件"菜单中的"保存"或"另存为"命令，然后选择文件的位置，最后单击"确定"按钮即可将演示文稿保存到磁盘上。

② 单击"快速访问工具栏"中的"保存"按钮，然后选择文件的位置，最后单击"确定"按钮即可将演示文稿保存到磁盘上。

4．打开演示文稿

具体操作步骤：

单击"快速访问工具栏"中的"打开"命令按钮或单击"文件"菜单中的"打开"命令都会出现打开对话框，在"查找范围"框内选择演示文稿所在的文件夹，再选择要演示文稿的文件，然后双击它即可打开该演示文稿。

5.5.6　插入图形、图片和文本框

插入几何图形的操作步骤：

① 插入现成的形状。单击"插入"选项卡→单击"插图"组中的"形状"命令按钮 →显示"最近使用的形状"下拉列表→选择一种图形。

② 在插入图形位置按住鼠标左键并向右下角方向拖动鼠标即可。

③ 在图形上右击选择快捷菜单上的"编辑文本"和对文本格式化。

插入 SmartArt 图形的操作步骤：

① 单击"插入"选项卡→单击"插图"组中的"SmartArt"命令按钮→显示"选择 Smart-Art 图形"对话框，如图 5-22 所示。

② 在"选择 SmartArt 图形"对话框中双击选择一种图示类型。

③ 对添加的图形进行大小的调整、位置的调整、添加一些文字、修改文本格式等。

插入剪贴画的操作步骤：

① 单击"插入"选项卡→单击"图像"组中的"剪贴画"命令按钮→显示"剪贴画"下拉列表框→单击"搜索"按钮→双击即可插入选中的剪贴画。

② 选中插入的剪贴画→对其可以调整大小、变换剪贴画的角度等。

插入图片的操作步骤：

① 单击"插入"选项卡→单击"图像"组中的"图片"命令按钮→打开"插入图片"对话框，如图 5-23 所示。

② 在"插入图片"对话框中选择要插入图片的文件即可。

③ 在图片上右击选择快捷菜单上的"设置图片格式"命令，打开"设置图片格式"对话框。

④ 一般选择"紧密型"格式。

提示：在图片上右击选择快捷菜单上的"剪切"工具，对图形进行裁剪操作。也可以对图片设置成背景等。

插入文本框的操作步骤：

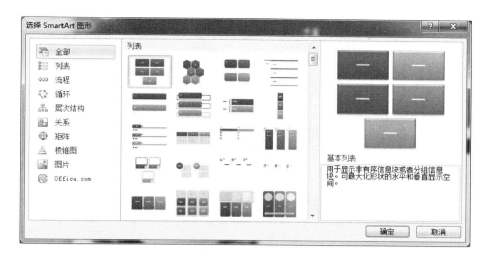

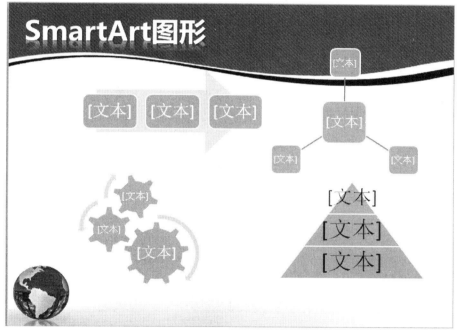

图 5-22 SmartArt 图形

① 单击"插入"选项卡→单击"文本"组中的"文本框"命令按钮→显示"横向文本框"和"垂直文本框"拉列表→选择一种文本框类型。

② 在插入文本框的位置按住鼠标左键并向右下角方向拖动鼠标即可插入一个文本框。

③ 在文本框中直接输入文本内容即可。

插入表格和图表的操作步骤:

① 单击"插入"选项卡→单击"表格"组中的"表格"命令按钮→选择插入表格和绘制表格。

② 在指定光标处插入表格或绘制表格。

图 5-23　"插入图片"对话框

③ 单击"插入"选项卡→单击"插图"组中的"图表"命令按钮→选择一种图表类型。

提示:在系统提供的表格上修改表格数据,可以自动更新图表;在图表的任意位置右击,选择快捷菜单上的命令即可实现对图表的编辑。

5.5.7　插入音乐、视频和动画

PowerPoint 2010 支持的媒体类型如图 5-24 所示。

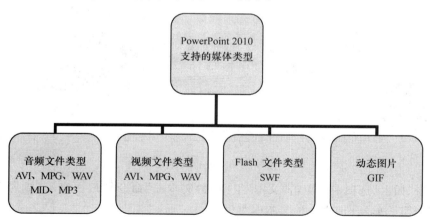

图 5-24　PowerPoint 2010 支持的媒体类型

添加背景音乐的操作步骤:

① 在幻灯片视图方式下,切换到要插入影片和声音的幻灯片上。

② 单击"插入"选项卡→单击"媒体"组中的"音频"命令按钮→显示下拉列表→单击"文件中的音频"命令→打开"插入音频"对话框,如图 5-25 所示。

③ 在"插入音频"对话框中选择一个音频文件,如 ＊.wav、＊.mp3 等。

图 5-25 "插入音频"对话框

④ 单击"插入"命令按钮即可将音频文件应用到当前幻灯片,在幻灯片中插入一个小喇叭。

⑤ 选中小喇叭→单击"动画"选项卡→单击"高级动画"组中的"动画窗口"命令按钮→单击"音乐"下拉列表按钮→选择"音频效果"命令→打开"播放音频"对话框,如图 5-26 所示。

⑥ 在"播放音频"对话框中设置"停止播放"选项,实现添加背景音乐功能。

⑦ 单击"确定"按钮即可。

图 5-26 "播放音频"对话框

在演示文稿中插入影片的操作步骤:

① 在幻灯片视图方式下,切换到要插入影片的幻灯片上。

② 单击"插入"选项卡→单击"媒体"组中的"视频"命令按钮→显示下拉列表→单击"文件中的视频"命令→打开"插入视频文件"对话框,如图 5-27 所示。

图 5-27 "插入视频文件"对话框

③ 在"插入视频文件"对话框中选择一个视频文件,如＊.wmv 或＊.avi 文件。

④ 单击"播放"按钮即可在当前幻灯片窗口刚插入的视频内容。

插入 Flash 动画的操作步骤:

① 在幻灯片视图方式下,切换到要插入多媒体素材的幻灯片上。

② 单击"文件"菜单→选择"选项"→打开"PowerPoint 选项"对话框。

③ 在"PowerPoint 选项"对话框中→单击"自定义功能区"下拉列表按钮→选择"主选项"列表框中的"开发工具"复选框,然后单击"确定"按钮。

④ 在"PowerPoint 2010"窗口的选项卡区上添加一个"开发工具"选项卡。

⑤ 单击"开发工具"选项卡→单击"控件"组中的"其他控件"按钮→显示"其他控件"对话框,如图 5-28 所示。

图 5-28 "其他控件"对话框

⑥ 单击工具栏上的"其他控件"按钮,在随后弹出的下拉列表中选择"Shockwave Flash Object"选项,然后在幻灯片中拖拉出一个矩形框(此为播放窗口)。

⑦ 选中上述播放窗口,单击工具栏上的"属性"按钮,打开"属性"对话框,在"Movie"选

项后面的方框中输入需要插入的 Flash 动画文件名及完整路径,然后关闭属性窗口。

⑧ 调整好播放窗口的大小即可播放 Flash 动画。

提示:建议将 Flash 动画文件和演示文稿保存在同一文件夹中,这样只需要输入 Flash 动画文件名称,而不需要输入文件的路径。

在 PPT 中利用插入超链接插入 Flash 动画的方法:

① 运行 PowerPoint 程序,打开要插入动画的幻灯片。

② 在其中插入任意一个对象,比如一段文字、一个图片等。目的是对它设置超链接。

③ 选择这个对象,单击"插入"菜单,在打开的下拉菜单中单击"超级链接"。

④ 在超链接的弹出的窗口中,"链接到"中选择"原有文件或 Web 页",单击"文件"按钮,选择要插入的动画,单击"确定"按钮完成。播放动画时只要单击设置的超链接对象即可。

5.5.8 创建对象的超级链接

具体操作步骤:

① 选择操作对象,如文本或图片;

② 在选中的文本或图片上右击→选择快捷菜单上的"超链接"命令→打开"插入超链接"对话框,如图 5-29 所示。

③ 在"插入超链接"对话框中选择"链接到"的位置,可以是现有文件或网页、本文档中的位置、新建文档、电子邮件地址,在"查找范围"文本框中输入链接的目标文件或位置。

④ 单击"确定"命令按钮即可。

图 5-29　"插入超链接"对话框

5.5.9 幻灯片的插入、复制、移动和删除

在浏览视图方式下可以浏览所有的幻灯片、拖动幻灯片可以调整前后的位置、双击某张幻灯片可以进入编辑幻灯片状态等操作。还可以对幻灯片进行删除、复制、移动等操作。

1. 选择幻灯片

在"幻灯片浏览"视图下,所有幻灯片都会以缩小的图形形式在屏幕上显示出来,在删除、移动或复制幻灯片之前,首先要选定要进行操作的幻灯片。

具体操作如下：

➢ 选择单张幻灯片，在幻灯片上单击即可。

➢ 选择多张连续的幻灯片，单击第一张要选择的幻灯片，按住"Shift"键，然后单击最后一张要选择的幻灯片即可。

➢ 选择多张不连续的幻灯片，按住"Ctrl"键，然后单击要选择的幻灯片即可。

➢ 选择全部幻灯片，按"Ctrl"＋"A"组合键。

2．插入新幻灯片

具体操作步骤：

① 单击"普通视图"命令按钮。

② 单击"开始"选项卡→单击"幻灯片"组中的"新建幻灯片"命令按钮→打开"新建幻灯片"版式列表→选择一种新幻灯片的版式即可。

3．删除幻灯片

在幻灯片浏览视图下，单击要删除的幻灯片，然后按"Del"键即可删除该幻灯片。如果要删除两张以上的幻灯片，可选择多张幻灯片，再按"Del"键。

4．复制幻灯片

在幻灯片浏览视图下，选择要复制的幻灯片，右击选择快捷菜单中的"复制"命令→移动光标到目标位置→右击选择快捷菜单中的"粘贴"命令即可。

5．移动幻灯片

在幻灯片浏览视图下，直接用鼠标拖动要移动的幻灯片到目标位置即可。

5.5.10　设置幻灯片的动画和切换效果

PowerPoint 2010 提供了两种设置动画效果的方法：预设动画和自定义动画。在设计动画时，一方面是设计幻灯片中各个对象(如标题、文本、表格、文本框、图形、图像、剪贴画、艺术字、SmartArt 图形和其他对象)出现在幻灯片中的顺序、方式及出现时的伴音等的视觉效果，提高演示的生动性。另一方面是在幻灯片之间增加一些切换效果，如淡化、渐隐等效果。

1．设置幻灯片的动画

PowerPoint 2010 提供了四种不同类型的动画效果，用户根据需要可以对所选对象进行"进入"动画、"退出"动画、"强调"动画和动作路径动四种动画效果的设置。

（1）设置"进入"动画效果

例如，可以使文本或图片等对象逐渐淡入焦点、从边缘飞入幻灯片或者跳入幻灯片中，进入动画包括出现、淡出等效果，如图 5-30 所示。

具体操作步骤：

① 选中幻灯片中的文本或图片。

② 单击"动画"选项卡→单击"动画"组中的动画命令按钮即可设置动画效果。

③ 单击"效果选项"、"添加动画"、"触发"、"及时"等命令按钮，可以对动画效果进行进一步的设置，如图 5-31 所示。

图 5-30 "进入动画"命令按钮

图 5-31 动画设置的命令按钮

（2）设置"退出"动画效果

"退出"动画效果包括使文本或图片等对象飞出幻灯片、从视图中消失或者从幻灯片旋出。"退出"动画包括消失、淡出、飞出等效果，如图 5-32 所示。

图 5-32 "退出动画"命令按钮

具体操作步骤：

① 选中幻灯片中的文本或图片。

② 单击"动画"选项卡→单击"高级动画"组中的"添加动画"的下拉列表→选中"退出"中的命令按钮即可实现"退出"动画效果的设置。

③ 单击"效果选项"、"添加动画"、"触发"、"及时"等命令按钮，可以对动画效果进行进一步的设置。

（3）设置"强调"效果

"强调"动画效果包括使文本或图片等对象缩小或放大、更改颜色或沿着其中心旋转。"强调"动画包括脉冲、色彩脉冲、陀螺旋等，如图 5-33 所示。

具体操作步骤：

① 选中幻灯片中的文本或图片。

② 单击"动画"选项卡→单击"高级动画"组中的"添加动画"的下拉列表→选择"其他动

作路径"命令→打开"退出"中的命令按钮即可实现"强调动画"效果的设置。

图 5-33　"强调动画"的命令按钮

图 5-34　动作路径动画的命令按钮

③ 单击"效果选项"、"添加动画"、"触发"、"及时"等命令按钮,可以对动画效果进行进一步的设置,如图 5-34所示。

（4）设置动作路径

设置动作路径,可以使文本或图片等对象上下移动、左右移动或者沿着星形或圆形图案移动(与其他动画效果一起)。

具体操作步骤:

① 选中幻灯片中的文本或图片。

② 单击"动画"选项卡→单击"高级动画"组中的"添加动画"的下拉列表→选择"其他动作路径"命令按钮→打开"添加动作路径"对话框。

③ 在"添加动作路径"对话框中→单击"动作路径"、"添加动画"、"触发"、"及时"等命令按钮,可以对动画效果进行进一步的设置动作路径效果。

提示:可以单独使用任何一种动画,也可以将多种效果组合在一起。例如,可以对文本或图片应用"飞入"进入效果及强调动画中的"放大/缩小"效果,使它具有两种动画效果。

（5）使用动画刷添加动画

在幻灯片中,为每个对象添加动画效果是比较烦琐的事情,尤其还要逐个调节时间及速度。PowerPoint 2010 新增了"动画刷"功能,可以像用"格式刷"那样,只需要轻轻一"刷"就可以把原有对象上的动画运用到目标对象上,既方便又快捷。

具体操作步骤:

① 选中已经添加了动画效果的文本或图片。

② 单击"高级动画"组中的"动画格式刷"→单击未设置动画效果的文本或图片→动画就被复制了。

③ 使用该动画刷即可把原有对象上的动画运用到目标对象上。

设置幻灯片的切换效果操作步骤:

① 在幻灯片视图下,单击"切换"选项卡→单击"切换到此幻灯片"组中的切换效果命令按钮,如"切出"命令按钮、"淡出"命令按钮、"推进"命令按钮、"擦出"命令按钮等。

② 单击"效果选项"的下拉列表→选择一种切换效果。

③ 单击"动画窗口"的播放命令按钮,可以观看播放效果。

④ 如图 5-35 所示,单击"切换到此幻灯片"组中的"效果选项"命令按钮、"全部应用"命令按钮、"换片方式"命令按钮即可。

图 5-35　设置幻灯片的切换效果

习　　题

一、选择题

1. PowerPoint 2003 是一个_____软件。

A. 文字处理　　　B. 字表处理　　　C. 演示文稿制作　　D. 绘图

2. PowerPoint 2003 中幻灯片默认的文件扩展名是_____。

A. .ppt　　　　　B. .pot　　　　　C. .dot　　　　　D. .ppz

3. 在调整幻灯片对象的位置时,应该选择_____。

A. 大纲视图　　　B. 普通视图　　　C. 幻灯片放映视图　D. 浏览视图

4. 在浏览幻灯片、调整幻灯片位置、删除幻灯片等,应该选择_____。

A. 大纲视图　　　B. 普通视图　　　C. 幻灯片放映视图　D. 浏览视图

5. 当在幻灯片中插入了声音以后,幻灯片中将会出现_____。

A. 喇叭标记　　　B. 一段文字说明　　C. 链接说明　　　D. 链接按钮

6. 要使所制作背景对所有幻灯片生效,应在背景对话框中选择_____。

A. 应用　　　　　B. 取消　　　　　C. 全部应用　　　D. 确定

7. 为所有幻灯片设置统一的、特有的外观风格,应使用_____。

A. 母版　　　　　B. 配色方案　　　C. 自动版式　　　D. 幻灯片切换

8. PowerPoint 2003 中一共提供了_____种母版。

A. 1　　　　　　　B. 2　　　　　　　C. 3　　　　　　　D. 4

9. 当在交易会进行广告片的放映时,应选择_____放映方式。

A. 演讲者放映　　B. 观众自行放映　C. 在展台浏览　　D. 需要时按下某键

10. 当需要将幻灯片转移至其他地方放映时,应_____。

A. 将幻灯片文稿发送至 D 盘　　　　　B. 将幻灯片打包

C. 设置幻灯片的放映效果　　　　　　　D. 将幻灯片分成多个子幻灯片,以存入磁盘计

11. PowerPoint 2003 演示文稿的模板默认文件类型是_____。

A. . ppt   B. . pot   C. . dot   D. . ppz

12. 在 PowerPoint 2003 的_____视图下,可以改变幻灯片的版式。

A. 幻灯片视图   B. 备注页视图

C. 幻灯片放映视图   D. 幻灯片浏览视图

13. 在 PowerPoint 2003 中,对母版样式的更改将反映在_____中。

A. 当前演示文稿的第一张幻灯片   B. 当前演示文稿当前幻灯片

C. 当前演示文稿的所有幻灯片   D. 所有演示文稿的第一张幻灯片

14. 设置动画效果可以在_____"动画方案"命令中执行。

A. 格式   B. 幻灯片放映   C. 工具   D. 视图

15. 在播放演示文稿时,不正确的是_____。

A. 只能按幻灯片的自然顺序播放   B. 可以自动播放

C. 可以顺序播放   D. 可以有选择地顺序播放

16. 在演示文稿放映过程中,可随时按_____退出。

A. "Enter"键   B. "Esc"键   C. "Pause"键   D. "Ctrl"键

17. 在幻灯片浏览中,可多次使用_____键+单击来选定多张幻灯片。

A. "Ctrl"   B. "Alt"   C. "Shift"   D. "Tab"

18. 下列各对象中,不能直接在幻灯片中插入的是_____。

A. 图片   B. 文本   C. 声音   D. 表格

19. PowerPoint 2003 演示文稿中,超链接中所链接的目标可以是_____。

A. 幻灯片中的图片   B. 幻灯片中的文本

C. 幻灯片中的动画   D. 同一演示文稿的某一张幻灯片

20. 在 PowerPoint 2003 中,插入 SWF 格式的 Flash 动画的方法是_____。

A. "插入"菜单中的"对象"命令   B. Shockwave Flash Object 控件

C. 设置文字的超链接   D. 设置按钮的动作

21. 在 PowerPoint 2003 的浏览视图下,使用快捷键_____+鼠标拖动可以进行复制对象操作。

A. "Shift"键   B. "Ctrl"键   C. "Alt"键   D. "Alt+Ctrl"组合键

22. 对于幻灯片中文本框内的文字,设置项目符号可以采用_____。

A. "工具"菜单中的"拼音"命令项

B. "插入"菜单中的"项目符号"命令项

C. "格式"菜单中的"项目符号"命令项

D. "插入"菜单中的"符号"命令项

23. 如果要从一张幻灯片"溶解"到下一张幻灯片,应使用"幻灯片放映"菜单中的_____。

A. 动作设置   B. 预设动画   C. 幻灯片切换   D. 自定义动画

24. 如果要从第 2 张幻灯片跳转到第 8 张幻灯片,应使用"幻灯片放映"菜单中的_____。

A. 动作设置   B. 预设动画   C. 幻灯片切换   D. 自定义动画

25. PowerPoint 2003 的图表是用于_____。

A. 可视化地显示数字   B. 可视化地显示文本

C. 可以说明一个进程   D. 可以显示一个组织的结构

26. 在 PowerPoint 2003 的页面设置中,能够设置_____。

A. 幻灯片页面的对齐方式   B. 幻灯片的页脚

C. 幻灯片的页眉   D. 幻灯片编号的起始值

27. 在 PowerPoint 2010 中,要隐藏某个幻灯片,应使用_____。

A. 选择"工具"菜单中的"隐藏幻灯片"命令项

B. 选择"视图"菜单中的"隐藏幻灯片"命令项

C. 左击该幻灯片,选择"隐藏幻灯片"

D. 右击该幻灯片,选择"隐藏幻灯片"

28. PowerPoint 2010 的页眉可以_____。

A. 用作标题

B. 将文本放置在讲义打印页的顶端

C. 将文本放置在每张幻灯片的顶端

D. 将图片放置在每张幻灯片的顶端

29. 在 PowerPoint 2010 中,可以改变单个幻灯片背景的_____。

A. 颜色和底纹   B. 图案和字体

C. 颜色、图案和纹理   D. 灰度、纹理和字体

二、简答题

1. 在 PowerPoint 2010 中,如何设置默认保存演示文稿的位置?

2. PowerPoint 2010 有哪几种视图方式? 各适用于何种情况?

3. 在 PowerPoint 2010 中创建演示文稿的方法有几种?

4. 如何在幻灯片的空白处输入文本?

5. 如何插入一张新幻灯片?

6. 如何设置幻灯片的背景和配色方案?

7. 简答幻灯片母版和标题母版的用途。

8. 如何设计风格独特的演示文稿?

9. 简述在幻灯片中插入超级链接的方法。

10. 怎样为幻灯片录制旁白和设置放映时间?

11. 如何实现幻灯片的删除、移动、复制、调整排列次序等功能?

12. 如何在演示文稿中添加动画、视频和背景音乐?

第6章 计算机网络与 Internet 应用

 本章学习重点：

1. 计算机网络基础
2. 数据通信基础
3. 计算机网络系统的组成
4. 组建局域网
5. 接入 Internet 的方式
6. Internet 提供的服务

6.1 计算机网络基础

6.1.1 计算机网络功能

1. 计算机网络的概念

计算机网络是把地理位置分散的、两台以上独立工作的计算机，通过通信线路、通信设备互相连起来，在网络操作系统、网络管理软件及网络通信协议的管理和协调下，实现资源共享、相互通信和协同工作的网络系统。

简单地说，计算机网络就是通过电缆、双绞线或无线通信将两台以上的计算机互联起来的集合。

2. 计算机网络的功能

计算机网络的功能主要体现在资源共享、通信或数据传送和分布式处理三个方面。

（1）资源共享

计算机网络资源包括硬件资源、软件资源和数据资源。所谓资源共享就是指网络计算机不仅可以使用本机的资源，也可以使用网上其他计算机上的资源，如彩色打印机、绘图仪、扫描仪、大型的软件系统、数据库中的数据、各种文档或报表等。

（2）通信或数据传送

通信或数据传送是计算机网络最基本的功能之一，用以实现计算机与计算机之间传送各种信息。用户可以通过网络传送电子邮件、发布新闻消息、聊天、购物、远程教学、上传和下载文件或软件等。

（3）分布式处理

所谓分布式处理就是将一项复杂的任务划分成许多部分，由网络内各计算机分别完成有关的部分。在计算机网络中，实现分布式处理可以大大缩短开发项目的时间，提高系统效率，降低成本。

6.1.2 计算机网络的分类

计算机网络的分类有许多种方法，例如，有按网络的规模分类的，有按拓扑结构分类的，还有按控制方式分类的，在这里我们只介绍几种常见的分类方法。

1. 根据网络的规模和距离的远近分类

根据网络的规模或距离的远近，可将计算机网络分为局域网、城域网和广域网。

（1）局域网（Local Area Network）

局域网是指局部区域的计算机网络，覆盖范围为几百米到几千米。例如，一排房、一座楼，甚至一个企业、一个校园内都可以组建局域网。局域网中最有代表的是美国施乐（Xerox）公司研制的以太网（Ethernet）。目前，局域网仍然采用美国电气工程师协会制定的IEEE 802 系列标准，现在绝大多数单位的网络都属于以太网类型。

局域网的特点是传输速率较高，可达到 10 Mbit/s～1 Gbit/s，误码率较低，结构简单，容易实现。

如果网络范围过大，超出传输距离或网络中计算机数目过多，就要分成几个网段以降低负载，提高网络效率。对于不同的局域网可以互联，实现局域网之间的通信。互联设备主要涉及集线器（Hub）、交换机（Switch）、路由器（Router）和网关（Gateway）。

目前我们使用的局域网，又可以分为对等网和客户机/服务器网。

① 对等网（Peer To Peer）中各计算机处于平等的位置。各计算机可以向其他计算机提供资源，也可以使用其他计算机上的资源。对等网建网容易，成本较低，适用于计算机数量较少、布置较集中的环境。对等网的缺点在于不能对网络中的资源进行有效的管理，文件存放非常分散，不利于数据的保密，只能使用在一些比较简单的环境。

② 客户机/服务器网中至少有一台专用服务器来管理、控制网络的运行。其他的客户机均可共享服务器中的软、硬件资源，也可以和服务器配合，完成所分配的任务。客户机/服务器网运行稳定、信息管理安全、网络用户扩展方便、易于升级，与对等网相比有着突出的优点。现在，各单位、企业所建设的局域网，大多是客户机/服务器结构。客户机/服务器网的缺点是需专用的网络服务器和网络操作系统，建网成本高，管理上也较复杂。

（2）城域网（Metropolitan Area Network）

城域网覆盖范围要比局域网大，覆盖范围为几十千米到上百千米。城域网是将分布在一个城市内不同地点的局域网通过通信线路互联起来的网络。城域网的特点是采用不同的硬件、软件和通信传输介质来构成。城域网仍然使用的是局域网的技术。

（3）广域网（Wide Area Network）

广域网的覆盖范围最大，联网的计算机之间的距离一般在几百千米到几千千米，可以跨省、跨国甚至跨洲，网络之间也可通过特定方式进行互联。广域网由通信子网和资源子网组成。资源子网提供网络中可以使用的共享资源，通信子网负责完成数据的传输和通信。通信子网可以使用公用电话交换网,不过现在多数使用的都是某种类型的数据通信网,例如分组交换网、DDN 网、帧中继网,以及 DWDM 网。广域网的特点是网络结构不规则、连接复杂、传输距离长、信息量大、数据传输速度慢、误码率高。

目前,大多数局域网在应用中不是孤立的,除了与本部门的大型机系统互相通信,还可以与广域网连接,网络互联形成了更大规模的互联网。例如,中国教育科研网、中国金桥网、中国科技网都是广域网。

2. 根据网络的的拓扑结构分类

计算机网络的拓扑结构采用拓扑学的方法描述网络中计算机和其他设备的物理连接形式。我们可以抛开网络中的具体设备,把网络中的计算机、网络设备等抽象为点,把网络中的通信媒体抽象为线,这样从拓扑学的观点去看计算机网络,就形成了由点和线组成的几何图形,从而抽象出网络系统的具体结构。这种采用拓扑学方法描述各个节点机之间的连接方式称为网络的拓扑结构。

计算机网络常采用的基本拓扑结构主要有星型、环型、总线型、树型和网状型。在实际构造网络时,大量网络采用的是星型拓扑结构。星型、环型、总线型拓扑结构主要应用于局域网,而树型和网状型拓扑结构主要应用于广域网。星型、环型和树型拓扑结构示意图如图6-1 所示。

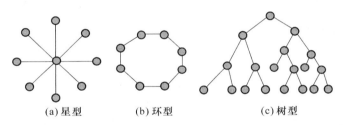

(a) 星型　　　　　(b) 环型　　　　　(c) 树型

图 6-1　三种局域网拓扑结构

计算机网络的拓扑结构对于网络的性能、成本、可靠性等都有很大的影响。特别是在局域网中,局域网的拓扑结构将直接关系到在局域网中使用的通信协议,或者说,局域网的协议在很大程度上是和所使用是网络拓扑结构有关的。

(1)星型结构

星型结构的网络要用一台计算机或其他设备作为中央节点,其他的计算机通过线路和中央节点相连接。在一个星型局域网中,网络上各计算机之间的通信都要通过中央节点的转发,中央节点的工作必须十分可靠。星型结构的优点是连接方便,实际上是一种点对点的通信,访问控制比较简单,易维护,节点的增加或减少也比较容易。但对于中央节点的要求比较高,由于所有的通信都要通过中央节点,中央节点的处理能力往往成为影响网络性能的主要因素。其缺点是整个网络依赖于中央节点,如果中央节点发生故障,则会造成整个网络的瘫痪。

目前,星型网的中央节点多采用诸如交换机、集线器等网络转接、交换设备。

(2)环型结构

环型结构中所有的计算机通过传输介质连接成一个封闭的环路,计算机要通过中继器连接到环路上。信息沿一个方向在闭合环路中传输。每个节点通过中继器转发所收到的信息。常见的有令牌环网,网上任意节点请求发送数据的过程是由"令牌"(Token)来控制的。令牌是一个专用的控制标志,只有获得令牌的节点才有权发送数据,数据沿环传输到目的节点,目的节点向发送节点发回已收到的确认信息。然后,释放令牌,并将令牌传递给另一个需要发送数据的节点,赋予该节点传输数据的权利。未获得令牌的节点只能接收和转发信息。

环型网的优点是可靠性高、抗干扰性强、故障易排除。但是当一个节点出故障时,整个网络就不能工作,这是环型网络的一大缺点。

（3）总线型结构

总线拓扑结构采用单根传输线(同轴电缆)作为传输介质,网络上的所有站点都通过相应的硬件接口直接连到一条主干缆即总线上。当一个站点要通过总线进行传输时,它必须确定该传输介质是否正被占用。如果没有其他站点占用,则可以发送信息,其他所有站点都将接收到该信息,然后判断其地址与接收的地址匹配,若不匹配,则发送到该站点的数据将被弃掉。

总线型网络结构的优点是组建网络比较容易,可靠性高,便于网络的扩充。其缺点是故障诊断较为困难,因为只要有一个连接点出现故障,就会造成整个网络不能通信。当节点数目多时,易发生信息拥塞。

（4）树型结构

树型结构是星型结构的扩展,或者说多级的星型结构就组成了树型结构。现在通过多级集线器组成的网络就属于树型结构。

（5）网状型结构

网状型网络是一种不规则的网络结构,节点之间的连接是任意的,如图6-2所示。这种网络中的每一个节点和另一个节点之间至少有两条通道。这种结构主要用于广域网。多路径的结构可以保证通信的可靠性,但同时也增加了通信的复杂性。因为到了每个转接的节点,就要考虑转接路由的选择,要选择一条最佳的路由来获得可能获得的最好的传输质量。网状拓扑结构的容错能力强,如果网络中一个节点或一段链路发生故障,信息可以通过其他节点和链路到达目的,故可靠性高。其缺点是建

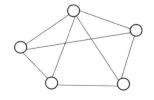

图6-2　网状型结构

网费用高,布线困难。目前,在广域网中,基本上都是采用网状型拓扑结构。

6.1.3　数据通信基础

计算机网络是计算机技术与通信技术相结合的产物。数据通信是计算机网络的基础,没有数据通信技术的发展,就没有今天的计算机网络。

1. 数据通信的概念

（1）数据

数据一般可以理解为"信息的数字化形式"或"数字化的信息形式"。狭义的"数据"通常是指具有一定数字特性的信息,如灾情损失的数据、气象数据、测量数据及计算机中区别于程序的计算数据等。但在计算机网络系统中,数据通常被广义地理解为在网络中存储、处理

和传输的二进制数字编码。

（2）信息

信息是客观事物属性和相互联系特性的表征,它反映了客观事物的存在形式和运动状态。凡经过加工处理或换算成人们想要得到的数据,即可称为信息。表示信息的形式可以是数值、文字、图形、声音、图像以及动画等,这些表示媒体归根结底都是数据的一种形式。

（3）信号

简单地讲,信号就是携带信息的传输介质。例如在通信系统中我们常常使用的电信号、电磁信号、光信号、载波信号、脉冲信号、调制信号等术语。信号就是指携带某种信息的具有不同形式或特性的传输介质。如图 6-3 所示的模拟信号与数字信号。

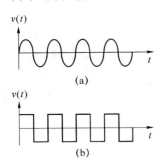

图 6-3　模拟信号与数字信号

（4）信道

信道就是通信系统中用来传递信息的通道,即传输信息所经过的路径,由相应的发送信息和接收信息的设备及传输介质组成。

（5）带宽

在数据通信的过程中,信道两端的发送设备所能够达到的信号的最大发送速率称为带宽,单位是 Hz。例如,某信道的带宽是 8 000 Hz,表示该信道最多可以以每秒 8 000 次的速率发送信号。在数字设备中,频宽通常以 bit/s 表示,即每秒可传输之位数。在模拟设备中,频宽通常以每秒传送周期或赫兹（Hz）来表示。

（6）信道容量

信道容量是指单位时间内信道上所能传输的最大字节数。通常情况下,增加信道的带宽可以增加信道容量。

（7）传输速率

传输速率就是单位时间内传送的信息量（bit/s）。数据传输率的提高意味着每一位所占用的时间的减小,即二进制数字脉冲序列的周期时间会减小,当然脉冲宽度也会减小。

（8）传输延迟

信息传输的延迟指数据从信源（源计算机）到信宿（目的计算机）所花费的时间。信息传输的延迟时间主要与发送和接收处理时间、电信号响应时间、中间转发时间以及信道传输延迟时间有关。

2. 数据传输技术

（1）调制和解调

调制就是用数据的原始电信号控制载波的若干个参数（如幅度、频率、相位等）,使这些参数按原始信号的规律发生变化。通过调制,可以使数字信号转化为模拟信号在载波上传输。而解调就是信号接收端将收到的模拟信号复原成数字信号的过程。实现调制和解调过程的电路称为调制解调器。

（2）基带传输技术

没有经过调制的电信号表现为方波的形式,电路交换的传输延迟所占据的频带通常从直流和低频开始,所以称为基带信号。在近距离的范围内,信号的功率不会衰减太多,信号的容量也不会发生多大变化。所以在近距离传输时,计算机网络系统大多采用基带传输方式。

（3）频带传输技术

如果要将数字信号传输到较远的地方,就要使用频带传输技术,否则信号功能的衰减会使信号变弱,导致对方接收不到信息。在频带传输中,如果调制后的模拟信号超出音频范围,则称为宽带传输或载波传输。宽带传输是网络通信中广泛采用的频带传输方式。

（4）信道复用技术

在计算机网络通信中,信道的连接方式主要有两种:点对点连接和共享信道（信道复用）。点对点连接就是通信的双方处于信道的两端,其他设备不与它们发生信道共享与交互。共享信道就是多台计算机连接到同一个信道上的不同支点上,网络中的任何用户都可以通过此信道发送信息。

信道复用包括三种复用方式:频分多路复用、时分多路复用和码分多路复用。

3. 传输介质

传输介质是指网络中收、发双方的物理连接通道。目前网络中常用的传输介质有两类:有线传输介质和无线传输介质。有线传输介质包括同轴电缆、双绞线、光缆,无线传输介质包括无线电波、微波和红外线等。

（1）同轴电缆

同轴电缆其芯线是铜线,外加绝缘层,在绝缘层外包一层铜的屏蔽网,最外层是橡胶保护层。其最大特点是抗干扰和防辐射能力强。同轴电缆在传输信号时,采用的是直流信号。如图 6-4 所示。

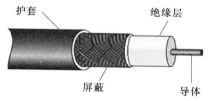

图 6-4 同轴电缆

同轴电缆分为基带同轴电缆和宽带同轴电缆。基带同轴电缆传输特性是信号不加调制直接在电缆中传输,其带宽比宽带同轴电线窄,因此,传输速率比宽带同轴电缆低,一般在 10 Mbit/s 左右,它用于传输数字信号,用于总线结构局域网设备之间的连接。宽带同轴电缆采用调频或调相方式,它的带宽一般在 300～500 Hz 之间,用于有线电视广播中。

在局域网中的同轴电缆主要是细缆。粗缆造价高,安装难度大,传输距离为 500 m,可靠性高,抗干扰能力强。只在要求较高的场合使用。

（2）双绞线

双绞线是由两条实心铜线以双螺旋方式彼此绕合而成。与同轴电缆相同,双绞线也是采用直流信号。

双绞线也可以分为屏蔽双绞线和非屏蔽双绞线,如图 6-5 所示。非屏蔽双绞线的抗干扰性能差,屏蔽双绞线有较好的抗干扰性能,但安装困难,价格高。与其他传输介质相比,双绞线在传输距离、信道宽度和数据传输速度等方面均受到一定限制,但价格较为低廉。非屏蔽双绞线是一种最常用的传输介质,把两根绝缘的铜导线按一定密度互相绞在一起,可降低信号干扰的程度,每一根导线在传输中辐射的电波会被另一根线上发出的电波抵消。双绞线一般由两根 22～26 号绝缘铜导线相互缠绕而成。一个绝缘外套内可以封装 4 对双绞线。双绞线既可用于传输模拟信号,又可用于传输数字信号。比较适合于短距离传输。传输距离一般不超过 100 m,传输速率可达到 100 Mbit/s。当传输距离超过 100 m 时,接 4 个中继器后最长可达到 500 m。它适合局域网中的星型结构设备之间的连接。如果采用屏蔽双绞线,100 m 之内的传输速率可达 155 Mbit/s。

目前,在局域网用最多的是 5 类和超 5 类非屏蔽双绞线,传输速率可达 100 Mbit/s。每根双绞线的传输距离最大为 100 m。

(a) 非屏蔽双绞线　　　　(b) 屏蔽双绞线

图 6-5　双绞线

(3) 光缆

光缆又称为光纤,如图 6-6 所示。光纤由三部分组成:光纤芯、包层和保护外层。光纤芯是光纤的导体部分,由导光性极好的玻璃纤维或塑料制成,每一根纤维都由各自的包层包着,包层大多是塑料或塑料涂层。最外面是塑料的保护外层。光纤的核心是其中间的光纤芯,它是光波的通道。包层的折射率与玻璃纤维的折射率不同,包层将光线反射回纤维内部,同时避免来自其他光源的干扰。光纤利用这种折射率的差别采用全内反射来传输经过信号编码的光束。

图 6-6　光纤

根据光线在光纤芯与包层之间的传输方式,可以把光纤分为以下两类。

单模光纤:光束以直线方式前进,其频率单一,没有折射,光纤芯直径小于 10 μm。

多模光纤:光束以波浪式向前传输,多种频率共存,光纤芯直径在 50 μm 以上。

单模光纤适用于长距离、大容量的光纤通信系统,多模光纤适用于中距离、中容量的光纤通信系统。

光纤的特点是不易受电磁场干扰和噪声影响,可进行远距离、高速率、大容量的数据传输,传输损耗低、传输速率高,能够传输数据、声音和图像等信息,而且具有很好的保密性能。由于光纤的频带宽、传输距离远、传输容量大、抗电磁场干扰能力强等优点,可广泛用于越洋通信、长途干线通信、市话通信和计算机网络等许多需要传输信号的场合。

(4) 无线传输介质

除了有线传输介质外,在网络中使用无线传输介质的情况也越来越多。微波、红外线、卫星可作为无线传输介质来构成计算机网络。使用无线传输介质时需要配置相应的无线发射和接收设备。无线传输介质多用于地形较复杂、距离较远和电缆铺设有困难的地区。

数据通信就是通过信息网络传输计算机数据业务的通信。数据通信一般要求"可靠性"高,对"实时性"要求不高。

6.2 计算机网络系统组成

计算机网络系统是由网络硬件系统和软件系统组成的。网络硬件是构成网络的节点,包括计算机和网络互连设备。计算机网络的硬件包括服务器、工作站、传输介质和通信设备,软件包括网络操作系统、通信协议和网络应用软件。下面分别进行介绍。

6.2.1 系统硬件

1. 网络服务器

网络服务器也是一台高性能的计算机。企业级的服务器如图 6-7 所示。在局域网中,服务器是最重要的设备,它承担着向其他计算机或网络设备提供服务的任务,例如提供打印服务的计算机,被称为是打印服务器,常见的服务器有文件服务器、数据库服务器、邮件服务器、Web 服务器和文件下载服务器等。可以将其 CPU、内存、磁盘、打印机、数据等资源提供给客户机(工作站)共享,并负责对这些资源的管理,协调网络用户对这些资源的合理使用。

网络中的服务器运行网络操作系统、网络协议,负责对网络的管理和控制,提供网络的服务功能,提供网络的共享资源。

图 6-7 网络服务器

2. 网络工作站

网络工作站就是一台普通的计算机,其特点是在网络中只能请求服务器提供服务,而不能为其他的计算机或服务器提供服务,这类计算机被称为工作站,也称为网络客户机。

网络工作站是通过网络接口连接到网络上的个人计算机,它保持原有计算机的功能,不仅可以访问服务器,而且可以访问网上其他计算机的资源,工作站之间可以相互通信和资源共享。

3. 网卡

网络接口卡简称网卡,是计算机与通信介质的接口,是构成网络的基础部件,如图 6-8 所示。每台网络服务器和工作站都必须配置一块网卡,通过通信介质将它们连接到网络上。

网卡又称网络适配器,是一块被设计用来允许计算机在计算机网络上进行通信的计算机硬件。

网卡的主要功能是用于计算机之间信号的输入与输出。网卡有自己的中断号 IRQ 和 I/O 地址。网卡有缓冲存储器,以便存储数据。与声卡等类似,网卡一般配有自己的驱动程序。使用时,网卡插在计算机的扩展槽中。网卡上有指示灯,它表示自己的工作是否正常。

实现网络数据格式与计算机数据格式的格式转换和网络数据的接收与发送等。

　　网卡是局域网中的通信设备,负责执行局域网的通信协议。因此,在选用网卡时,要考虑网络的拓扑结构,也要考虑网络的通信协议。

　　选择网卡时,还要考虑网卡的通信速度。现在的局域网的网卡的速度有 10 Mbit/s 和 100 Mbit/s,虽然 10 Mbit/s 的网卡价格比 100 Mbit/s 低,由于网络技术发展很快,如果有可能,还是应该尽可能选用100 Mbit/s 网卡。

图 6-8　网卡

　　目前,已经研制出了 1 000 Mbit/s 千兆位网卡,直接通过光纤连接到交换机。

　　网卡插在计算机或服务器 PCI 扩展槽中,通过传输介质(如双绞线或光纤)与网络连接。现在大多数网卡都是集成在主板上。

4. 网络互联设备

　　网络硬件是构成网络的节点,包括计算机和网络互联设备。作为网络硬件的计算机可以是服务器,也可以是工作站。网络互联设备包括交换机、路由器等。网络互联是指局域网与局域网、局域网与广域网之间的连接。常用的网络互联设备有交换机、路由器和网关。

　　交换机(Switch):交换机是专门为计算机之间能够相互高速通信且独享带宽而设计的一种包交换的网络设备。如图 6-9 所示。它属于 OSI 模型的数据链路层设备。交换机的一端与网络相连,并有多个端口与计算机互联起来,完成网络的通信功能。交换机的工作原理:交换机内部拥有一条很高带宽的背部总线和内部交换矩阵,其所有的端口都挂接在这条背部总线上。控制电路收到数据包以后,处理端口会查找内存中的地址对照表以确定目的 MAC(网卡的物理地址)的网卡挂接在哪个端口上,通过内部交换矩阵迅速将数据包传送到目的端口;若目的 MAC 不存在,则广播到所有的端口,若接收端口回应后,交换机将"学习"新的地址,并把它加入内部地址表中。与集线器最大的不同在于,交换机接收某个端口的信号之后,不会进行广播,而是按照数据包的目的 MAC 地址发送到所对应的交换机端口。与集线器中所有已连接用户共享全部有效带宽的方式不同,交换机为每一相连的网络设备提供专用带宽。

图 6-9　交换机

　　随着第三层交换技术的出现,交换机已经工作在 OSI 七层模型中的第三层(网络层),实现了 IP/IPX 路由。

　　目前交换机还具备了一些新的功能,如对 VLAN 的支持、对链路汇聚的支持,甚至有的具有防火墙的功能,这就是第三层交换机所具有的功能。所谓的第三层交换机就是在基于协议的 VLAN 划分时,增加了路由功能。

路由器（Router）：是用于将局域网与局域网、局域网与广域网和广域网与广域网互联的设备。如图 6-10 所示。它属于 OSI 模型的网络层（第三层）设备。路由器内有一个路由表，包含邻近网络拓扑、其他路由器位置和网络状态等信息。选择最佳路径的依据有：拥塞程度、传输费用、转接时延及传送距离等。当一个数据包到来时，路由器根据其中的目的地址，对应本身的路由表，选择一个最佳路径，把它发往下一路由器，每个路由器都做同样的工作，直到到达一个与该数据报的目的地址在同一网络的路由器上，再由它负责把这个数据报直接发给目的主机。

图 6-10　机架式路由器

使用路由器互联网络的最大特点是：各互联子网仍然保持各自独立，每个子网可以采用不同的网络拓扑结构、传输介质和网络协议，网络结构层次分明。

网关（Gateway）：网关又称为协议转换器，通过使用适当的软件和硬件，来实现不同协议之间的转换。硬件提供不同网络的接口，软件实现不同协议的转换。网关的功能一般体现在 OSI 模型的最高层（应用层），它可以将具有不同体系结构的计算机网络连接在一起，把一种协议变成另一种协议，把一种数据格式变成另一种数据格式，把一种速率变成另一种速率，以求两者的统一。在互联网中，网关一般都是一台计算机设备，通过安装两块网卡并运行软件实现。它能根据用户通信用的计算机的 IP 地址，界定是否将用户发出的信息送出本地网络，同时，它还将外界发送给本地网络计算机的信息进行接收。网关也可以是一台路由器。网关的实现非常复杂，工作效率也很难提高，一般只提供有限的几种协议的转换功能。随着网络操作系统对高层协议的认同，网关的作用逐渐被路由器所取代，因此也有人把路由器看作网关。

6.2.2　系统软件

构成计算机的网络除了网络硬件外，还必须有网络软件。计算机网络中的软件主要包括：网络操作系统、网络通信软件、网络应用软件。

1. 网络操作系统

所谓操作系统是一组管理程序。该程序主要是对处理器、作业、存储、文件和设备的管理。网络操作系统除了具有一般操作系统的基本功能外，网络操作系统还应该具有网络通信、网络管理和网络服务功能。目前，常用的网络操作系统有 UNIX、Windows NT Server、Windows 2000 Server、Linux、Windows 8 Server。

网络通信功能是网络操作系统的基本功能。能实现计算机与计算机之间的信息传输。

负责网络服务器和网络工作站之间的通信,接收网络工作站的请求,按照网络工作站的请求提供网络服务,或者将工作站的请求转发到网络以外的节点,请求服务。网络通信功能的核心是执行网络通信协议。不同的网络操作系统可以有不同的通信协议,要根据需要来进行选择和安装通信协议。

网络管理:网络管理功能是指除了具有一般操作系统的管理功能外,还应具有网络资源管理、多用户多任务管理、账户和账户组的管理、提供用户接口和安全管理。

资源管理:对网络中的共享资源(包括硬件和软件)实施有效的管理,协调各用户对共享资源的使用,保证全网范围内对资源的管理和使用,对数据存取方法的一致性,保证信息的安全性,并允许入网计算机自主地工作。

多用户多任务管理:在网络系统中有多个用户,必然有多个操作在网上并行执行,因此重入问题、同步和互斥问题等必须解决好,才能保证系统的可靠运行,避免死锁等情况出现。

提供用户接口:向网络用户提供统一、有效的使用接口,才能使用户透明地使用网络操作系统,用户无须知道系统内部的管理和控制情况。

用户和用户组的管理:网络操作系统提供了创建用户和组以及赋予它们使用文件、目录、打印机和远程访问资源的权限。假想有一个具有 100 名用户的教师网络管理员,为每一个用户分配目录、文件、打印机和其他资源的权限将会耗尽所有的时间,特别是用户经常变动时更是如此。但是,如果把具有相同需求和限制的账户合并为一组,管理它们就会变得非常容易。管理好账户和账户组是保证网络资源安全的关键。

安全管理的责任主要是保证网络资源的安全,通过"存取控制"保证数据存取的安全性;通过"容错技术"保障系统的可靠性,维护系统日志,以及对加密机构的密钥进行管理,保证整个网络体系的安全。

网络服务功能:实质上是提供给用户和系统的高级应用接口,用户通过这些接口就能方便地使用网络资源。例如,电子邮件服务、文件上传和下载、浏览和查询网络信息、IIS 服务、存取和管理服务、共享硬盘服务、共享打印服务等。

2. 网络通信协议

在计算机网络中,为了使不同型号的计算机之间能正确传输信息,必须规定一套关于信息传输的顺序、数据和控制信息格式和信息内容等约定。我们把这些约定称为网络协议。网络协议一般由三部分组成。

语法:语法用来规定数据和控制信息的格式。

语义:用来说明需要发出何种控制信息、完成何种动作以及做出何种应答。

同步:用来对事件实现顺序的详细说明。

由于网络协议包含的内容相当多,为了减少设计上的复杂性,近代计算机网络都采用分层的层次结构,就是把一个复杂的网络问题分解成若干个较简单而易于处理的问题,使之容易实现。1984 年,国际标准化组织制定了"开放系统互连"参考模型,即通常所说的 OSI/RM 模型。所谓的"开放系统",就可以和其他的遵守同样协议的"开放系统"进行通信,进行互联,达到不同网络之间的互联。这个参考模型将网络的通信功能分解为 7 个层次,规定了每个层次的具体功能。如图 6-11 所示。

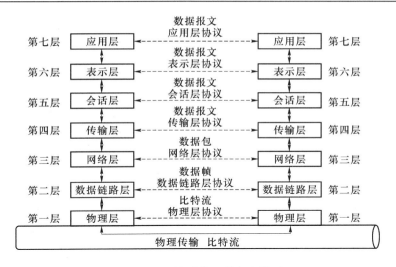

图 6-11　开放系统互联参考模型

（1）物理层

物理层的主要功能是利用传输介质为数据链路层提供物理连接，实现比特流的透明传输。

（2）数据链路层

数据链路层的主要功能是在物理层提供的服务基础上，数据链路层在相邻节点之间建立数据链路连接，传输以"帧"为单位的数据包，并采用差错控制与流量控制方法，使有差错的物理线路变成无差错的数据链路。

（3）网络层

网络层的主要功能是通过网络传输数据。通常数据在这一层被转换为数据包，然后通过路径选择、分段组合、顺序进/出路由等控制，将信息从一台网络设备传送到另一台网络设备。

（4）传输层

传输层的主要功能是向用户提供可靠的端到端服务，透明地传送报文，向高层屏蔽了下层数据通信的细节。

（5）会话层

会话层的主要功能是负责维护节点之间的会话、进程之间的通信、管理数据交换等功能。

（6）表示层

表示层的主要功能是用于处理在两个通信系统中交换信息的表示方式，主要包括数据格式变换、数据加密与解密、数据压缩与恢复等功能。

（7）应用层

应用层的主要功能是要求应用层采用不同应用协议来解决不同类型的应用要求，并且保证这些不同类型的应用所采用的底层通信协议是一样的。应用类型具有复杂性和多样性，目前已经有了一些标准的应用层协议，但在国际上还没有一套完整的标准。在应用层，用户可以通过计算机访问网络资源,使用通过各种接口支持的各类服务。例如,浏览网页、文件传送、远程登录、数据库服务、电子邮件与其他网络软件服务。应用层是最复杂的,所包含的协议也最多。

数据传输过程:在发送端,当主机 A 上的用户利用某一应用程序将数据发送到应用层时,应用层将它自己的信息(报头)附加在数据信息上并送至下一层。表示层接到该信息后,将本层的报头附加在该"数据"上并送至会话层……依次类推,数据沿着 OSI 模型自上而下进行传输,直至传送到物理层,在这一层,"数据"将被转变为由 1 和 0 组成的比特流。当该比特流通过传输介质到达主机 B 时,上述过程将反过来进行。在每一层,该层的报头被剥去,然后数据被传送到上一层。最后,数据被传递到相关的应用程序。

OSI 参考模型指明了网络互联的正确方向。但是真正要按照 OSI 模型实现网络互联,还要有按照 OSI 模型设计的具体协议。但是,现在实际使用的网络互联协议是 TCP/IP 协议集。TCP/IP 协议集是构成因特网的协议基础,现在的网络操作系统中都包含了 TCP/IP 协议集,提供了将网络连接到因特网的能力。

除了 TCP/IP 协议集外,现在局域网中经常使用的通信协议还有 NetBEUI 协议,IPX/SPX 协议。NetBEUI 协议是 NetBIOS Extended User Interface 的简称,经常使用在微软公司的操作系统中。IPX/SPX 是 Internetwork Packet eXchange/Sequences Packet eXchange 的简称,主要用在 Novell 公司的网络系统中。

网络协议软件:接入网络的计算机依靠协议实现相互通信,而协议是靠具体的网络协议软件的运行支持才能工作。凡是联入计算机网络的服务器或工作站都运行着相应的网络协议软件。

3. 网络应用软件

随着网络使用的普及,网络应用软件发展也非常快。有的网络应用软件是用于提高网络本身的性能,改善网络的管理能力。在网络操作系统中往往就集成了许多这样的应用软件。而更多的网络应用软件是为了给用户提供更多、更好的网络应用。这种网络应用软件往往也称为网络客户软件,因为这些软件都是安装和运行在网络客户机上,如电子邮件客户软件、BBS 客户软件等。

6.3 Internet 概述

6.3.1 Internet 组成

Internet 是由成千上万个不同类型、不同规模的计算机网络,通过通信设备和传输介质相互连接而成的、开放的、全球最大的信息资源网络。它由主干网、广域网、局域网等互联的网络组成,如图 6-12 所示。

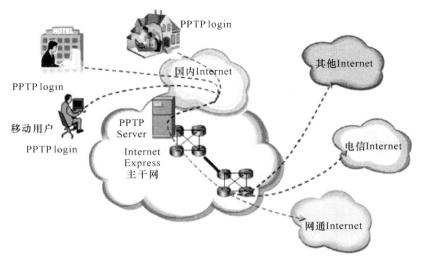

图 6-12　Internet 网络

6.3.2　国内 Internet 的发展

我国正式接入因特网是在 1994 年,当时是为了发展国际科研合作的需要,先后建立起四大主干网:中国科学技术网(CSTNET)、中国公用互联网(ChinaNET)、中国教育科研网(CERNET)以及中国金桥信息网(ChinaGBN)等。

1. 中国科学技术网

中国科学技术网 CSTNET(China Science and Technology Network)是由世界银行贷款和国家计委、科委等配套资金以及中国科学院、中关村地区教育与科研示范网拓展而成的大型计算机网络。可提供网络通信服务、域名注册服务、信息资源服务和超级计算服务。中国科学技术网的网址:www.cnc.ac.cn。

2. 中国公用互联网

中国公用互联网 ChinaNET 是由中国原邮电部组建,采用 TCP/IP 协议,并通过高速数字数据专线与国际 Internet 互联,是目前国内规模最大、传输带宽最宽、信息资源最丰富、网络功能最先进、用户数量最多的中国公用互联网。中国公用互联网的网址:www.cnnic.net.cn。

3. 中国教育科研网

中国教育科研网 CERNET(China Endcation and Research Network)是由国家投资建设,教育部负责管理,清华大学等高等学校承担建设和管理运行的国家教育科研网。可提供Internet 的全面服务。中国教育科研网的网址:www.edu.cn。

4. 中国金桥信息网

中国金桥信息网 ChinaGBN(China Golden Bridge Network)是由原电子工业部所属的吉通公司建设,它以卫星通信、光缆通信为主体,作为全国主干网。中国金桥网的网址:www.gb.com.cn。

1998 年,我国的四大骨干网络之间实现全部互联。目前,我国又开通了中国联通互联网(UNINET)、中国网通公用互联网(CNCNET)、中国移动互联网(CMNET)、中国国际经济贸易互联网(CIETNET)、中国铁通互联网(CRNET)和中国长城网(CGWNET)等。

6.3.3 TCP / IP 协议

1. TCP/IP 协议的组成

Internet 采用 TCP/IP(Transmission Control Protocol/Internet Protocol)协议,是美国国防部所制定的、用于异构网络互联的协议族。该协议提供了数据传输的统一格式、进行数据错误检查以及可靠传输的一些规则,使得国际互联网的各种计算机之间能够进行通信成为可能。目前大部分具有网络功能的计算机系统和所有的操作系统都支持 TCP/IP 协议。总之,任何一台想连入 Internet 的计算机,都必须安装 TCP/IP 协议,才能保证计算机之间正常的进行通信。

2. TCP/IP 参考模型

研究 TCP/IP 协议的人员将 Internet 分为五个层次,也称为互联网分层模型或互联网分层参考模型。

应用层(第五层):定义了应用程序使用互联网的规程。

传输层(第四层):它是为两个用户进程之间建立、管理和拆除可靠而又有效的端到端连接。

互联网层(第三层):本层定义了互联网中传输的"信息包"格式,以及从一个用户通过一个或多个路由器到最终目标的"信息包"转发机制。

网络接口层(第二层):定义了将资料组成正确帧的规程和在网络中传输帧的规程,帧是指一串资料,它是资料在网络中传输的单位。

物理层(第一层):对应于网络的基本硬件,这也是 Internet 物理构成,即可以看得见的硬设备,如 PC、互联网服务器等,必须对这些硬设备的电气特性作一个规范,使这些设备都能够互相连接并兼容使用。

3. TCP/IP 的功能

TCP/IP 中的 TCP 协议负责把数据分成若干个数据报,并给每个数据报加上报头,报头上有相应的编号,以保证在数据接收端能将数据还原为原来的格式。IP 在每个报头上再加上接收端主机地址,这样就可以将数据准确传输到目的主机。如果传输过程中出现数据丢失和数据失真等情况,TCP 会自动要求数据重新传输,并且需要重新组合报文。总之,IP 保证数据的传输,TCP 保证数据传输的质量。两者结合在功能上相互结合,才能保证 Internet在复杂的环境下正常运行。凡是要连接到 Internet 的计算机,都必须同时安装和使用这两个协议,因此把这两个协议统称为 TCP/IP 协议。

6.3.4 IP 地址与分类

Internet 依靠 TCP/IP 协议,在全球范围内实现不同硬件结构、不同操作系统、不同网络系统的互联。在 Internet 上,每一个节点都依靠唯一的 IP 地址互相区分和相互联系。IP 地址是一个 32 位二进制数的地址,由 4 个 8 位字段组成,每个字段之间用点号隔开,用于标识 TCP/IP 主机。

1. IP 地址的组成

IP 地址是由网络 ID 和主机 ID 组成,其结构如图 6-13 所示。网络 ID 标识一个网络,主机 ID 标识该网络中的一台主机,于是整个 Internet 上的每个计算机都依靠各自唯一的 IP 地址来标识。

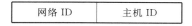

| 网络 ID | 主机 ID |

图 6-13 IP 地址的结构

2. IP 地址与分类

连接在 Internet 上所有的计算机,从大型计算机到微型计算机都必须有一个唯一的网络地址,才能接入 Internet。所以网络地址是计算机网络识别计算机的唯一标志。

对于 A 类 IP 地址,其网络地址长度为 7 位,主机地址长度为 24 位。A 类地址是1.0.0.1~126.255.255.254。A 类 IP 地址结构适用于主机数目多的大型网络。

对于 B 类 IP 地址,其网络地址长度为 14 位,主机地址长度为 16 位。B 类 IP 地址是128.0.0.1~191.255.255.254。B 类 IP 地址适用于一些国际性的大公司与政府机构等。

对于 C 类 IP 地址,其网络地址长度为 21 位,主机地址长度为 8 位。C 类 IP 地址是192.0.0.1~223.255.255.254。C 类 IP 地址适用于一些公司、企业、高等院校和研究机构。

IP 地址的分类如表 6-1 所示。

表 6-1 IP 地址的分类

类别	网络特征位	网络标识	主机标识	网络数	主机数
A	最高位为 0	7 位	24 位	126	16 777 214
B	最高两位为 10	14 位	16 位	16 384	65 534
C	最高三位为 110	21 位	8 位	2 097 150	254

在 Internet 中,一台计算机可以有一个或多个 IP 地址,就像一个人可以有多个通信地址一样,但两台或多台计算机却不能共享一个 IP 地址。如果有两台计算机的 IP 地址相同,则会引起异常现象,这时,无论哪台计算机都将无法正常工作。

3. 特殊的 IP 地址

广播地址:它是一个 Internet 协议地址,它指定了在一个特定网络中的"所有主机"。一个广播的单一备份被发送到一个指定的网络,在那里它被广播到在那个网络中的所有终端。

环回地址:127.0.01 或 127.0.1,使用在环回测试和广播测试时。

单播地址:是主机之间"一对一"的通信模式,交换机和路由器对数据只需进行转发不进行复制。

组播地址:是主机之间"一对所有"的通信模式,网络对其中的每一台主机发出的信号都进行无条件复制并转发。

4. 域名

域名就是用字符串表示 Internet 网上的一个服务器的名字。例如,搜狐网的域名为www.sohu.com,新浪网的域名为:www.sina.com.cn。

域名一般由 3~5 个字符串组成,一般可表示为:

主机名.子域名.顶级域名

顶级域名是统一规定的,用户不能随意定义。现在 Internet 中使用的顶级域名及其含义如表 6-2 所示。

由于美国是 Internet 的发源地,因此美国的"顶级域名"是以组织模式划分的。对于其他国家的"顶级域名"是以地理模式划分的,每个申请接入 Internet 的国家都可以作为一个"顶级域"出现。例如,cn 代表中国,jp 代表日本,fr 代表法国等。

网络信息中心将"顶级域"的管理权授予指定的管理机构,各个管理机构再为它们所管理的域分配"二级域名",并将"二级域名"的管理权授予其下属的管理机构。如此层层细分,就形成了 Internet 层状的域名结构。

我国互联网信息中心负责管理的"顶级域",它将 cn 域划分为多个二级域,如表 6-3 所示。

表 6-2　顶级域名及其含义

顶级域名	域
com	公司或商业组织
edu	教育机构
gov	政府机构
mil	军事部门
net	Internet 网络支持中心
org	非营利组织
cn 、fr	国家代码:cn 代表中国,fr 代表法国

表 6-3　我国采用的二级域名

二级域名	适用范围
ac	科研机构
com	公司或商业组织
edu	教育机构
gov	政府机构
net	Internet 网络支持中心
org	各种非营利组织

互联网国际域名管理机构 ICANN 通过决议,从近 50 个新"顶级域名"申请中遴选出 7 个来满足域名市场的需求。这 7 个"顶级域名"分别是:代表航空运输业专用的 aero;面向企业的 biz;为商业、行业协会专用的 coop;可以替代.com 通用域名的 info;博物馆专用的 museum;个人网站专用的 name;会计、医生和律师等职业专用的 pro。

5. 域名系统

域名系统又称为 DNS 系统,是一个用于管理整个 Internet 域名的软件。所有的 Internet 域名都要在域名系统中进行申请和登记。只有得到批准的域名才可以使用。

域名和 IP 地址有固定的对应关系。具体来说,一个域名必须和一个 IP 地址相对应,而一个 IP 地址可以和几个域名相对应,也就是几个不同的域名可以使用同一个 IP 地址。

域名系统负责域名和 IP 地址之间的转换。当一台主机使用域名发出信息的时候,首先要将域名转换成 IP 地址,才能到网络上去传送。域名系统要完成这种转换。

安装域名系统的主机称为域名服务器,也称为 DNS 服务器。在进行网络设置的时候,需要设置所使用的 DNS 服务器的 IP 地址。

注意:申请域名前,应该首先获得一个固定的 IP 地址。没有 IP 地址的计算机是不能申请域名的。

6.3.5　接入 Internet 的方式

目前,Internet 的应用越来越普遍,不论是单位上网,还是个人上网,采用什么设备、通过何种接入方式,包括选择 ISP 服务商都是用户考虑的问题。下面介绍接入 Internet 的方法和几种常用的接入方式。

1. Internet 服务商

ISP(Internet Server Provider,服务提供商)就是为用户提供 Internet 接入、访问和信息服务的公司或机构。例如,163、169 都是中国电信的 ISP。对于高校接入 Internet(专线接入),一般选择中国教育网与科研网 CERNET;家庭上网一般都选择"联通"或"电信";学生在学校接入 Internet(局域网),一般通过学校"网络中心"即可。

选择一个比较满意的服务商可以从接入方式、上网速度、服务项目、收费标准、服务管理等方面考虑。

2. 接入 Internet 的方式

接入 Internet,需要经过选择 ISP、选择接入 Internet 的方式。

(1) ADSL 接入方式

ADSL 是一种借助公共数据通信网接入 Internet。该种接入方式是通过普通电话线、ADSL Moden 设备,采用虚拟拨号的技术进行网络连接的。其特点具有速度快,可享受上下行不对称的传输带宽(网络下行速率可达到 8 Mbit/s、上行速率最高为 1 Mbit/s,传输距离达 3~5 km)、费用低等优点。8 Mbit/s 传输速率,对于一个家庭、一个小型企业或公司来说都能获得比较满意的带宽。

(2) 小区宽带接入方式

通过局域网(Locad Area Network,LAN)连接到 Internet,该种接入方式主要采用以太网技术,简单地说就是利用光纤接入小区(FTTZ)、光纤接入楼(FTTB)、光纤接入到家庭(FTTH),在中心结点使用路由器、交换机把网线接入各家各户的一种接入方式。其特点是操作简单,开机可以直接进入 Internet;成本低,可靠性好;解决了拨号上网的瓶颈问题,最高速率可达 10 Mbit/s。

(3) 无线接入方式

无线接入(Wireless LAN)简称 WLAN,是目前常用的一种接入 Internet 的方式。无线接入的方法是采用无线局域网的技术及设备(IEEE 802.11 协议、无线机站、无线路由器、无线集线器、无线网卡、无线 Modem 等),先将路由器的接入端与 ISP 连接,再将路由器的出口与无线集线器相连接(AP 无线接入点),带无线网卡的客户端就可以通过无线集线器(AP 无线接入点)上网了。无线接入的优点是不受电缆束缚,可移动,能解决因有线网布线困难等带来的问题,并且组网灵活,扩容方便,与多种网络标准兼容。

(4) 电力线接入方式

比起现行的电话拨号和 LAN 接入互联网方式,电力线上网只要在 PLC 覆盖的区域内,在计算机上单独安装 PLC 调制解调器,在房间任何有电源插座的地方,都可利用低压电线享受不低于 512 kbit/s 的网络连接速率。

提示:无论是通过局域网接入 Internet,还是通过拨号接入 Internet,都需要选择一个服务好的 Internet 服务商。

6.4 Internet 提供的主要服务

6.4.1 远程登录服务

Telnet 协议是 TCP/IP 协议簇中的一员,是 Internet 远程登录服务的标准协议。远程登录是 Internet 较早提供的服务,它为用户提供了在本地计算机上完成远程工作的能力。在终端用户的计算机上使用 Telnet 程序,用它连接到服务器,终端用户可以在 Telnet 程序中输入命令,这些命令会在服务器上运行,就像直接在服务器的上输入一样,可以在本地就能控制服务器,要开始一个 Telnet 会话,必须输入用户名和密码来登录服务器。Telnet 是常用的远程控制 Web 服务器的方法。

目前国内 Telnet 最广泛的应用就是 BBS(电子公告牌),通过 BBS 用户可以进行各种信息交流。用户可以使用 Telnet 命令连接家中的计算机,使用其软、硬件资源。

6.4.2 文件传输服务

FTP 是 TCP/IP 协议组中的协议之一。Internet 的入网用户可以利用"文件传输服务 FTP"命令进行计算机之间的文件传输,使用 FTP 几乎可以传送任何类型的多媒体文件,如图像、声音、数据压缩文件等。

FTP 服务是由 TCP/IP 的文件传输协议支持的,是一种实时的联机服务。FTP 协议的任务是从一台计算机将文件传送到另一台计算机,它与这两台计算机所处的位置、连接的方式,甚至是否使用相同的操作系统无关。从远程计算机传输文件至本地计算机上,称之为"下载"文件;若将文件从本地计算机上复制至远程计算机上,则称之为"上传"文件。常用的 FTP 软件有 CuteFTP、迅雷、eMule(电驴)、QQ 旋风等。

1. FTP 的连接方式

FTP 有两种连接方式:PORT 模式和 PASV 模式,即主动式和被动式。

(1) PORT 模式

PORT(主动)模式的连接过程是客户端向服务器的 FTP 端口(默认是 21)发送连接请求,服务器接受连接,建立一条命令链路。工作原理为:当需要传送数据时,客户端在命令链路上用 PORT 命令告诉服务器:"端口已打开,可以连接了"。当服务端收到这个 PORT 命令后就会向客户端打开的那个端口发送连接请求,建立一条数据链路,传送数据。

(2)PASV 模式

PASV(被动)模式的连接过程是客户端向服务器的 FTP 端口(默认是 21)发送连接请求,服务器接受连接,建立一条命令链路。工作原理为:需要传送数据时,服务器在命令链路上用 PASV 命令告诉客户端:"端口已打开,可以连接了"。当客户端收到这个信息后,就可以向服务端的端口发送连接请求,建立一条数据链路,传送数据。

2. FTP 的传输方式

(1) ASCII 传输方式:假定用户正在复制的文件是 ASCII 码文本,如果在远程机器上运行的不是 UNIX，当文件传输时，FTP 通常会自动地调整文件的内容以便于把文件解释成另外那台计算机存储文本文件的格式。但是常常有这样的情况，用户正在传输的文件中包含的不是文本文件，它们可能是程序、数据库、字处理文件或者压缩文件（尽管字处理文件包含的大部分是文本，但其中也包含有字库等信息的非打印字符）。在复制任何非文本文件之前，用 binary 命令告诉 FTP 逐字复制，不要对这些文件进行处理，这也是下面要讲的二进制传输。

（2）二进制传输模式

在二进制传输中，保存文件的位序，以便原始和复制是逐位一一对应的。即使目的地计算机上包含位序列的文件是没意义的。例如，jfgmacintosh 以二进制方式传送可执行文件到 Windows 系统，在对方系统上，此文件不能执行。如果在 ASCII 方式下传输二进制文件，即使不需要也仍会转译。这会使传输稍微变慢，也会损坏数据，使文件变得不能用。在大多数计算机上，ASCII 方式一般假设每一字符的第一有效位无意义，因为 ASCII 字符组合不使用它。如果传输二进制文件，所有的位都是重要的。

FTP 与 Telnet 类似，也是一种实时的联机服务。使用 FTP 服务，用户首先要登录到对方的计算机上，与远程登录不同的是，用户只能进行与文件搜索和文件传送等有关的操作。使用 FTP 可以传送任何类型的文件，如正文文件、二进制文件、图像文件、声音文件、数据压缩文件等。

匿名 FTP 是最重要的 Internet 服务之一。许多匿名 FTP 服务器上都有免费的软件，如办公软件、系统维护软件、学习软件等供用户使用。匿名 FTP 对用户使用权限有一定限制，通常仅允许用户下载软件，而不允许用户上传软件。

6.4.3　电子邮件服务

当前常用的电子邮件协议有 SMTP、POP3、IMAP4，它们都隶属于 TCP/IP 协议簇，默认状态下，分别通过 TCP 端口 25、110 和 143 建立连接。下面分别对其进行简单介绍。

1. SMTP 协议

SMTP 的全称是"Simple Mail Transfer Protocol"，即简单邮件传输协议。它是一组用于从源地址到目的地址传输邮件的规范，通过它来控制邮件的中转方式。SMTP 协议属于TCP/IP 协议簇，它帮助每台计算机在发送或中转信件时找到下一个目的地。SMTP 服务器就是遵循 SMTP 协议的发送邮件服务器。SMTP 认证，避免接收一些垃圾邮件。

2. POP 协议

POP 邮局协议负责从邮件服务器中检索电子邮件。它要求邮件服务器完成下面几种任务之一：从邮件服务器中检索邮件并从服务器中删除这个邮件；从邮件服务器中检索邮件但不删除它；不检索邮件，只是询问是否有新邮件到达。POP 协议支持多用户互联网邮件扩展，后者允许用户在电子邮件上附带二进制文件、图片和声音等文件。在用户阅读邮件时，POP 命令所有的邮件信息立即下载到用户的计算机上，不在服务器上保留。

3. IMAP 协议

互联网信息访问协议（IMAP）是一种优于 POP 的新协议。和 POP 一样，IMAP 也能下载邮件、从服务器中删除邮件或询问是否有新邮件，但 IMAP 克服了 POP 的一些缺点。例如,它可以决定客户机请求邮件服务器提交所收到邮件的方式,请求邮件服务器只下载所选中的邮件而不是全部邮件。客户机可先阅读邮件信息的标题和发送者的名字再决定是否下载这个邮件。通过用户的客户机电子邮件程序,IMAP 可让用户在服务器上创建并管理邮件文件夹或邮箱、删除邮件、查询某封信的一部分或全部内容,完成所有这些工作时都不需要把邮件从服务器下载到用户的个人计算机上。

电子邮件服务是目前最常见、应用最广泛的一种互联网服务。通过电子邮件,可以与 Internet 上的任何人交换信息。电子邮件能够快速、高效、方便地发送和接收文字、图像和语音等多种形式的信息,得到了广泛的应用。目前,全球平均每天约有几千万份的电子邮件在网上传输。常用的电子邮件管理软件有 Foxmail、Outlook 等。

6.4.4　WWW 服务

WWW 是"World Wide Web"(环球信息网)的缩写,简称为 Web,中文名字为"万维网"。Web 的应用层协议 HTTP 是 Web 的核心。HTTP 在 Web 的客户程序和服务器程序中得以实现。运行在不同端系统上的客户程序和服务器程序通过交换 HTTP 消息进行交流。另外,WWW 可提供传统的 Internet 服务:Telnet、FTP、Gopher、News、E-mail 等。下面在介绍 HTTP、HTTPS 之前先介绍有关 Web 的一些专用术语。

1. 超文本

超文本(Hypertext)是一种全局性的信息结构,它将文档中的不同部分通过关键字建立链接,使信息得以用交互方式搜索。它是超级文本的简称。

2. 超媒体

超媒体(Hypermedia)是超文本(Hypertext)和多媒体在信息浏览环境下的结合。它是超级媒体的简称。用户不仅能从一个文本跳到另一个文本,而且可以激活一段声音,显示一个图形,甚至可以播放一段动画。

3. Web 页面

Web 页面(Web Page,也称为文档),简称网页,是 Internet 上应用最广泛的一种服务。人们浏览 Internet,有一半以上的时间都是在与各种网页打交道。网页上可以显示文字、图片,还可以播放声音和动画。它是目前 Internet 最流行的信息发布方式。许多院校、公司、机关、报社、政府部门和个人都在 Internet 上建立了自己的 WWW 网页发布信息。访问 WWW 网页,要用专门的浏览器软件。常用的浏览器有微软公司的 Internet Explorer、傲游浏览器、腾讯 TT 浏览器、绿色浏览器、Opera 浏览器和网景公司的 Netscape Navigator 等。

4. 网站

网站(Website)是因特网上一块固定的面向全世界发布消息的地方,由域名(也就是网站地址)和网站空间构成,通常包括主页和其他具有超链接文件的页面。

5. 门户网站

所谓门户网站(Door Netsite),是指通向某类综合性互联网信息资源并提供有关信息服务的平台。门户网站最初提供搜索引擎、目录服务,后来由于市场竞争日益激烈,门户网站不得不快速地拓展各种新的业务类型,通过门类众多的业务来吸引和留住互联网用户。目前门户网站的业务包罗万象,成为网络世界的"百货商场"或"网络超市"。从现在的情况来看,门户网站主要提供新闻、搜索引擎、网络接入、聊天室、电子公告牌、免费邮箱、影音资讯、电子商务、网络社区、网络游戏、免费网页空间等服务。在我国,典型的门户网站有新浪网、网易和搜狐网等。

6. 超文本传输协议

超文本传输协议(HyperText Transfer Protocol,HTTP)是互联网上应用最为广泛的一种网络协议。所有的 WWW 文件都必须遵守这个标准。设计 HTTP 最初的目的是为了提供一种发布和接收 HTML 页面的方法。

HTTP 是超文本转移协议,是客户端浏览器或其他程序与 Web 服务器之间的应用层通信协议。在 Internet 上的 Web 服务器上存放的都是超文本信息,客户机需要通过 HTTP 协议传输所要访问的超文本信息。HTTP 包含命令和传输信息,不仅可用于 Web 访问,也可以用于其他因特网/内联网应用系统之间的通信,从而实现各类应用资源超媒体访问的集成。

7. HTTP 的安全版

HTTP 的安全版(Hypertext Transfer Protocol over Secure Socket Layer,HTTPS),是以安全为目标的 HTTP 通道,简单地讲就是 HTTP 的安全版。即 HTTP 下加入 SSL 层,HTTPS 的安全基础是 SSL,因此加密的详细内容就需要 SSL。它是一个 URI scheme(抽象标识符体系),句法类同 http:体系,用于进行安全的 HTTP 数据传输。https:URL 表明它使用了 HTTP,但 HTTPS 存在不同于 HTTP 的默认端口及一个加密身份验证层(在 HTTP 与 TCP 之间)。这个系统的最初研发由网景公司进行,它提供了身份验证与加密通讯的方法,现在被广泛用于万维网上安全敏感的通信,例如交易支付方面。

HTTPS 和 HTTP 的区别:HTTPS 协议需要到 CA 申请证书,一般免费证书很少,大多数需要交费,HTTP 是超文本传输协议,信息是明文传输,HTTPS 则是具有安全性的 SSL 加密传输协议;HTTP 和 HTTPS 使用的是完全不同的连接方式,用的端口也不一样,前者是 80,后者是 443;HTTP 的连接很简单,是无状态的,HTTPS 协议是由 SSL+HTTP 协议构建的可进行加密传输、身份认证的网络协议。

8. 资源定位器

资源定位器(Uniform Resource Location,URL)即统一资源地址,也叫统一资源定位器。它是全球万维网系统服务器资源的标准寻址定位编码,用于确定资源相应的位置及所需要检索的文档。

URL 由三部分组成:
➢ 它所使用的因特网文档传送协议;
➢ 要检索的主机代号(域名);
➢ 检索文档所在主机的路径及文件名。
URL 格式:服务标志(协议)://主机地址(域名)/子目录/文档名字
其中,服务标志(协议)由以下几种类型构成。
➢ http:该 URL 定义 WWW 的页面。
➢ mailto:该 URL 定义某个人的电子邮件地址。
➢ ftp:该 URL 定义远程 FTP 主机上一个文件和文件目录。

➢ file：该 URL 定义用户本地主机上的一个文件或文件目录。

➢ news：该 URL 定义一个新闻讨论组。

➢ gopher：该 URL 定义一个 Gopher 菜单或说明。

➢ wais：该 URL 定义称为广域信息服务器的信息源。

➢ telnet：该 URL 定义其他计算机的注册地址。

主机地址可以是 IP 地址，也可以是域名，有时还带有端口号。

文档类型有：.html、.asp、.php、.aspx、.doc。

Internet 采用超文本和超媒体的信息组织方式，将信息的链接扩展到整个 Internet 上。Web 就是一种超文本信息系统。Web 的一个主要概念就是超文本链接，它使得文本不再像一本书一样是固定的、线性的，而是可以从一个位置跳到另外的位置。用户通过 URL 可以到达任何 Web 资源库，可以说，URL 是 Internet 上的地址簿。用户只要将计算机接入 Internet 后，就可以使用 URL 实现 Web 定位，然后使用小小的鼠标来浏览、搜索、查询各种信息，还可以在网上发布自己的信息，甚至与国际友好人士进行实时或者非实时的交流；通过 Internet，了解国际和国内新闻、浏览各类报纸、学习先进的技术和知识、看电影、听音乐、购物、娱乐、玩游戏等，做到不出门便知天下事。

6.5　网络常用命令

可以在计算机上使用各种工具来检查其 IP 配置，并测试到某些设备的连通性和设备之间的连通性。本书重点讲述基于 Windows 的 PC 上可以使用的工具：ipconfig、ping 和 tracert。

6.5.1　ipconfig 命令的使用

ipconfig 是一个用于查看和修改网络中与 TCP/IP 协议相关配置的实用程序。通过该程序来检验人工配置的 TCP/IP 设置，如 IP 地址、网关、子网掩码等是否正确。

如果我们的计算机和所在的局域网使用了动态主机配置协议（DHCP），这个程序所显示的信息也许更加实用。这时，ipconfig 可以帮助我们了解自己的计算机是否成功地租用到一个 IP 地址，如果租用到则可以了解它目前分配到的是什么地址。了解计算机当前的 IP 地址、子网掩码和默认网关实际上是进行测试和故障分析的必要项目。

1. 语法格式

ipconfig [/all] [/renew [Adapter]] [/release [Adapter]] [/flushdns] [/displaydns] [/registerdns] [/showclassid Adapter] [/setclassid Adapter [ClassID]]

➢ ipconfig：显示本机 TCP/IP 配置的 IP 地址、子网掩码和默认网关等信息。

➢ ipconfig /all：显示本机 TCP/IP 配置的详细信息。

➢ ipconfig /release：显示 DHCP 客户端手工释放 IP 地址。

➢ ipconfig /renew：显示 DHCP 客户端手工向服务器刷新请求。

➢ ipconfig /flushdns：清除本地 DNS 缓存内容。

➢ ipconfig /displaydns：显示本地 DNS 内容。

> ipconfig /registerdns：DNS 客户端手工向服务器进行注册。

> ipconfig /showclassid：显示网络适配器的 DHCP 类别信息。

> ipconfig /setclassid：设置网络适配器的 DHCP 类别。

2. ipconfig 命令的使用

（1）检测本机的 IP 地址、子网掩码和默认网关

使用 ipconfig 工具可以显示所有网络适配器（网卡、拨号连接等）的完整 TCP/IP 配置信息，包括本机的 IP 地址、子网掩码和默认网关。

具体操作步骤：

① 单击"开始"按钮，打开"开始"菜单。

② 单击"运行"命令，打开"运行"框，并在"运行"框中输入"cmd"命令，进入 DOS 界面，如图 6-14 所示。

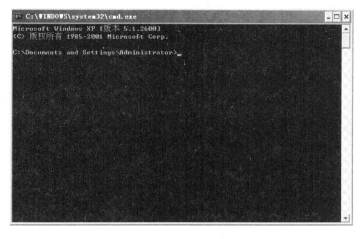

图 6-14　DOS 界面

③ 在 DOS 命令提示符下输入"ipconfig"命令，显示计算机的 IP 地址、子网掩码和默认网关信息，如图 6-15 所示。

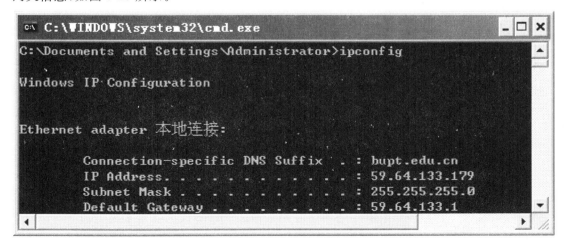

图 6-15　计算机的 IP 地址、子网掩码和默认的网关值

提示:当计算机不能正常上网时,可以用我们后面将要阐述的"ping"工具检查出不能上网的原因。要使用"ping"工具,首先要知道计算机的 IP 地址、子网掩码和默认网关等信息,所以掌握 ipconfig 工具的使用非常有用。

(2)检测本机的 MAC 地址、DHCP 服务器的 IP 地址

具体操作步骤:

在 DOS 命令提示符下键入:ipconfig /all。

当使用 all 参数时,不但可以检测出计算机的 IP 地址、子网掩码和默认网关,而且可以检测出计算机网卡的物理地址(MAC 地址)。如果 IP 地址是从 DHCP 服务器租用的,ipconfigh还能显示出 DHCP 服务器的 IP 地址和租用地址预计失效的日期。使用"ipconfig /all"工具检测的结果如图 6-16 所示。

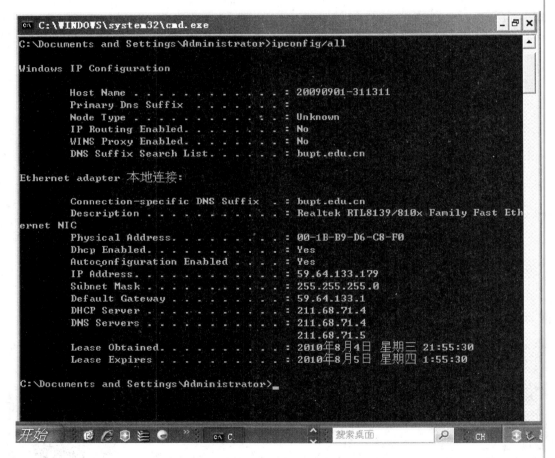

图 6-16　计算机的 MAC 地址、DHCP 服务器的 IP 地址

6.5.2　ping 命令的使用

ping 命令是 Windows 中集成的一个专用于 TCP/IP 协议的探测工具。应用 TCP/IP 协议的局域或广域网络,不论是家庭网、办公室局域网,还是校园网、企业网甚至 Internet 国际互联网络,都可以帮助用户检测网络是否通畅或者网络连接速度。当客户端与客户端之

间无法进行正常访问或者不能上网时,建议使用 ping 工具确认并排除一些网络问题。

它所利用的原理是这样的:网络上的机器都有唯一确定的 IP 地址,我们给目标 IP 地址发送一个数据包,对方就要返回一个同样大小的数据包,根据返回的数据包可以确定目标主机的存在,测试网速等。

一般情况下,通过 ping 目标地址,可让对方返回 TTL 值的大小,通过 TTL 值可以粗略判断目标主机的系统类型是 Windows 还是 UNIX/Linux,一般情况下 Windows 系统返回的 TTL 值在 100~130 之间,而 UNIX/Linux 系统返回的 TTL 值在 240~255 之间。特殊情况 LINUX 回显 TTL 字段值为 64。

1. 语法格式

ping [-t] [-a] [-n count] [-l length] [-f] [-i ttl] [-v tos] [-r count] [-s count] [[-j computer-list] | [-k computer-list] [-w timeout] destination-list

2. 参数说明

-t:一直 ping 指定的计算机,直到按下"Ctrl+C"组合键结束。

-a:将目标的机器标识转换为 IP 地址。

-d:为使用的套接字打开调试状态 。

-f:是一种快速方式 ping。使得 ping 输出数据包的速度和数据包从远程主机返回一样快,或者更快,达到 100 次/秒。在这种方式下,每个请求用一个句点表示。对于每一个响应打印一个空格键。

-i:seconds,在两次数据包发送之间间隔一定的秒数。不能同-f 一起使用。

-n:只使用数字方式。在一般情况下 ping 会试图把 IP 地址转换成主机名。这个选项要求 ping 打印 IP 地址而不去查找用符号表示的名字。

-p:pattern,用户可以通过这个选项标识 16 pad 字节,把这些字节加入数据包中。当在网络中诊断与数据有关的错误时,这个选项就非常有用。

-q:使 ping 只在开始和结束时打印一些概要信息。

-r:把 ICMP RECORD-ROUTE 选项加入到 ECHO_REQUEST 数据包中,要求在数据包中记录路由,这样当数据返回时 ping 就可以把路由信息打印出来。每个数据包只能记录 9 个路由节点。许多主机忽略或者放弃这个选项。

-r:使 ping 命令旁路调用于发送数据包的正常路由表。

-s:packetsize,使用户能够标识出要发送数据的字节数。默认是 56 个字符,再加上 8 个字节的 ICMP 数据头,共 64 个 ICMP 数据字节。

-l :发送指定数据量的 ECHO 数据包。默认为 32 字节,最大值是 65 500 byt。

-j :利用 computer-list 指定的计算机列表路由数据包。连续计算机可以被中间网关分隔(路由稀疏源)IP,允许的最大数量为 9。

-k :computer-list,利用 computer-list 指定的计算机列表路由数据包。连续计算机不能被中间网关分隔(路由严格源)IP,允许的最大数量为 9。

-w:timeout,指定超时间隔,单位为 ms。

destination-list:指定要 ping 的远程计算机。

3. ping 命令的使用

用 ping 命令检查网络上任意一台客户端上 TCP/IP 协议的工作情况时,只要 ping 该计算机的 IP 地址即可。

例 1:通过 ping 本机 IP,可以检测网卡安装配置是否有问题,如果正常则应显示如图 6-17 所示的结果。

具体操作步骤:

① 单击"开始"按钮,打开"开始"菜单;

② 单击"运行"命令,打开"运行"框,并在"运行"框中输入"cmd"命令,进入 DOS 界面,如图 6-17 所示。

③ 在 DOS 命令提示符下,输入"ipconfig",然后按回车键。

④ 在 DOS 命令提示符下,输入"ping 59.64.133.179",显示测试结果,如图 6-17 所示。

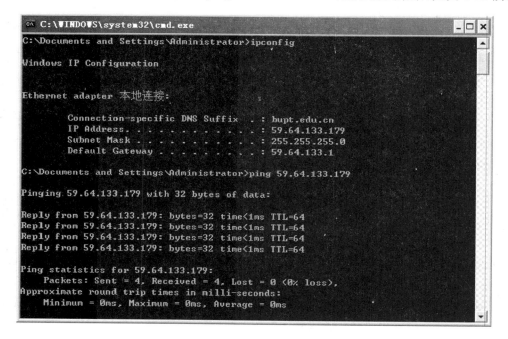

图 6-17　网卡安装配置正常

如图 6-18 所示,从测试的结果得知,通常是返回 4 个测试数据包,其中 bytes=32 表示测试中发送的数据包大小是 32 个字节,time<1 ms 表示与本机往返一次所用的时间小于 1 ms,TTL=64,TTL 是存活时间,系统默认的 TTL 值为 128。

提示:如果显示内容为:Request timed out,则表明网卡安装或配置有问题。将网线断开再次执行此命令,如果显示正常,则说明本机使用的 IP 地址可能与另一台正在使用的机器 IP 地址冲突了。如果仍然不正常,则表明本机网卡安装或配置有问题,需继续检查相关网络配置。

例 2:ping 远程 IP,可以检测本地计算机能否正常访问 Internet。在 MS-DOS 方式下执行命令:ping www.tom.com,检测本地计算机能否正常访问 Internet,并解析远端主机的 IP 地址,检测结果如图 6-18 所示。从测试的结果得知,该计算机能够正常接入互联网,并得到发送 4 个数据包返回的平均时间为 1 ms,最快时间为 1 ms,最慢 1 ms。

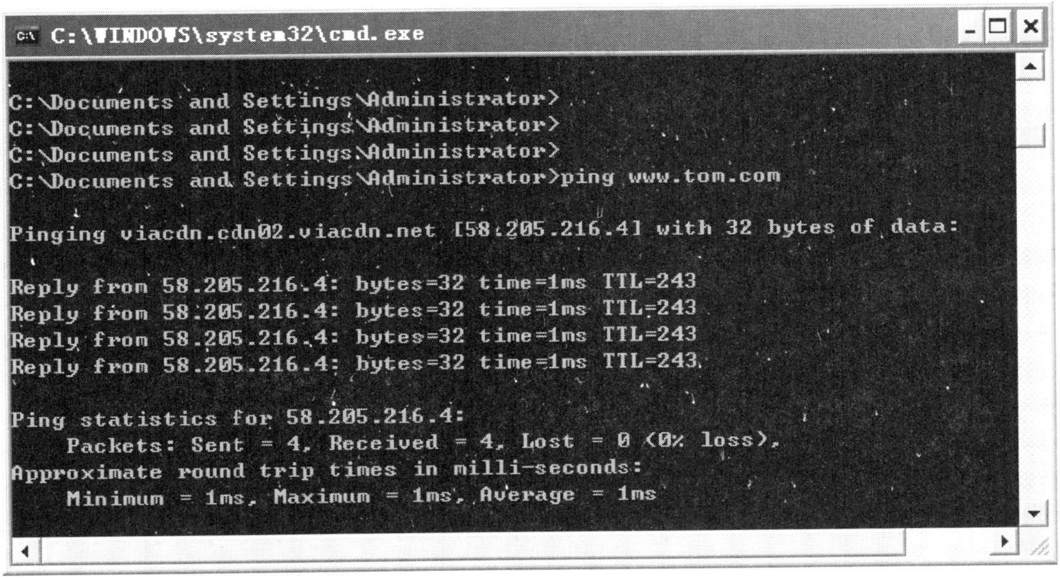

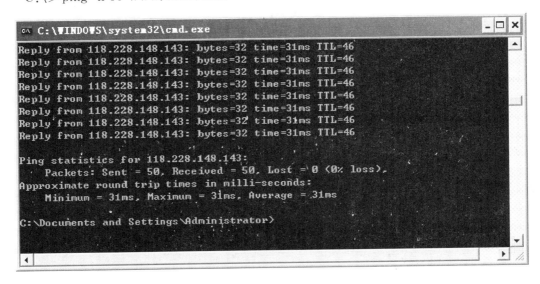

图 6-18 检测本地计算机是否能正常连接 Internet

例 3:在默认情况下,一般都只发送四个数据包,通过 ping 工具可以自己定义发送数据包的个数,对衡量网络速度很有帮助,比如我们发送 50 个数据包的返回平均时间为 31 ms,最快时间为 31 ms,最慢时间为 31 ms。如图 6-19 所示。

C:\>ping -n 50 www.sohu.com

图 6-19 测试网络速度

6.5.3 Tracert 命令的使用

Tracert(跟踪路由)是路由跟踪实用程序。用于确定 IP 数据报访问目标主机所采取的路径。Tracert 命令用 IP 生存时间（TTL）字段和 ICMP 错误消息来确定从一个主机到网络上其他主机的路由。

Tracert 工作原理：通过向目标发送不同 IP 生存时间（TTL）值的"Internet 控制消息协议（ICMP）"回应数据包，Tracert 诊断程序确定到目标所采取的路由。要求路径上的每个路由器在转发数据包之前至少将数据包上的 TTL 递减 1。数据包上的 TTL 减为 0 时，路由器应该将"ICMP 已超时"的消息发回源系统。

Tracert 先发送 TTL 为 1 的回应数据包，并在随后的每次发送过程将 TTL 递增 1，直到目标响应或 TTL 达到最大值，从而确定路由。通过检查中间路由器发回的"ICMP 已超时"的消息确定路由。某些路由器不经询问直接丢弃 TTL 过期的数据包，这在 Tracert 实用程序中不会出现。

Tracert 命令按顺序打印出返回"ICMP 已超时"消息的路径中的近端路由器接口列表。如果使用 -d 选项，则 Tracert 实用程序不在每个 IP 地址上查询 DNS。

例 4：显示从本地到达主机 www.bupt.edu.cn 所经过的路由。

输入命令：Tracert www.bupt.edu.cn，显示结果如图 6-20 所示。

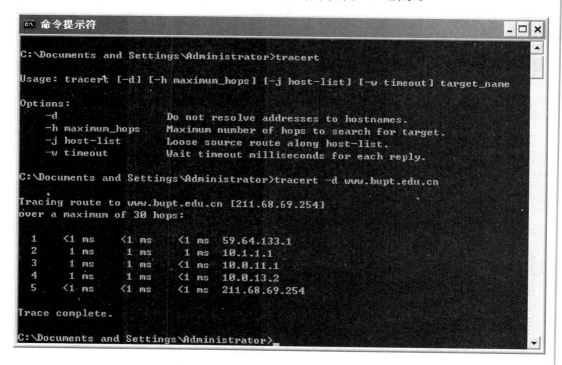

图 6-20 从本地计算机到主机 www.bupt.edu.cn 经过的路由数

提示：数据包通过五个路由器（59.64.133.1、10.1.1.1 、10.0.11.1、10.0.13.2、211.68.69.254）才能到达主机 www.bupt.edu.cn。

例5：显示从本地到达主机 www.tomt.com 所经过的路由。

输入命令：Tracert www.tom.com，显示结果如图 6-21 所示。

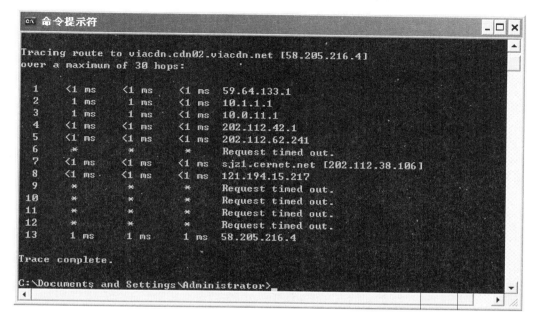

图 6-21　使用 Tracert www.tom.com 命令的结果

习　　题

一、选择题

1. 计算机网络最突出的优点是＿＿＿＿＿＿。

A. 运算速度快　　　　　　　　　　　　B. 联网的计算机能够相互共享资源

C. 计算精度高　　　　　　　　　　　　D. 内存容量大

2. LAN 是＿＿＿＿＿＿的英语缩写。

A. 城域网　　　　　B. 网络操作系统　　　C. 局域网　　　　　D. 广域网

3. 计算机网络是按照＿＿＿＿＿＿相互通信的。

A. 信息交换方式　　B. 传输装置　　　　　C. 分类标准　　　　D. 网络协议

4. 常见的局域网络拓扑结构有＿＿＿＿＿＿。

A. 总线结构、关系结构、逻辑结构　　　B. 总线结构、环型结构、星型结构

C. 总线结构、逻辑结构、网状结构　　　D. 逻辑结构、层次结构、总线结构

5. 计算机网络是计算机技术与＿＿＿＿＿＿技术紧密结合的产物。

A. 通信　　　　　　B. 电话　　　　　　　C. Internet　　　　D. 卫星

6. 通信线路的主要传输介质有双绞线、＿＿＿＿＿＿、微波等。

A. 电话线　　　　　B. 光纤　　　　　　　C. 5 类线　　　　　D. 6 类线

7. 网络软件包括＿＿＿＿＿＿、网络操作系统、客户端软件。

A. Windows   B. DOS   C. UNIX   D. 通信控制软件

8. 计算机网络的目的在于实现_____和信息交流。

A. 资源共享   B. 远程通信   C. 网络浏览   D. 文件传输

9. 网络信号的传输方式有_____和点对多点两种通信方式。

A. 点对点   B. 端对端   C. PC 对 PC   D. ISP 对 ISP

10. 下列_____协议是用来传输文件的。

A. HTTP   B. FTP   C. Telnet   D. BBS

11. 将文件从 FTP 服务器传输到客户机的过程称为_____。

A. 上传   B. 下载   C. 浏览   D. 计费

12. 以下不是 FTP 的客户端软件有_____。

A. DNS   B. IE7   C. CuteFTP   D. 迅雷

13. _____拓扑结构由一个中央结点和若干从结点组成。

A. 总线型   B. 星型   C. 环型   D. 网络型

14. 计算机网络中所提到的服务器是指_____。

A. 计算机   B. 计算机硬件   C. Internet 服务商   D. 通信协议

15. 计算机网络组成部分中不包括以下_____部分。

A. 路由器   B. UNIX 操作系统   C. 双绞线   D. Office 软件

16. 在下列给出的协议中,_____是 TCP/IP 的应用层协议。

A. TCP   B. HTTP   C. DUP   D. IP

17. 采用全双工通信方式,数据传输的方向为_____。

A. 可以在两个方向上同时传输

B. 只能在一个方向上传输

C. 可以在两个方向上传输,但不能同时进行

D. 以上均不对

18. 计算机网络按其覆盖的范围,可划分为_____。

A. 以太网和移动通信网   B. 电路交换网和分组交换网

C. 局域网、城域网和广域网   D. 星型结构、环型结构和总线型结构

19. _____是指在有限地理范围(例如一幢大楼、一个单位或部门)内,将各种计算机与外设互联起来的网络。

A. 广域网   B. 城域网   C. 局域网   D. 公用数据网

20. IP 服务不具有_____特点。

A. 不可靠   B. 面向无连接   C. 服务质量保证   D. 尽最大努力

21. 传输速率的单位是 bit/s,表示_____。

A. 帧/秒   B. 文件/秒   C. 位/秒   D. 米/秒

22. 一个局域网,其网络硬件主要包括服务器、工作站、网卡和_____等。

A. 计算机   B. 网络协议   C. 传输介质   D. 网络操作系统

23. 在不同的网络之间实现分组的存储和转发,并在网络层提供协议转换的网络互连设备称为_____。

A. 转接器   B. 路由器   C. 网桥   D. 中继器

24. 目前网络传输介质中传输速率最高的是_____。

A. 双绞线　　　　　B. 同轴电缆　　　　　C. 光缆　　　　　D. 电话线

25. 合法的 IP 地址是_____。

A. 202：196：112：50

B. 202、196、112、50

C. 202,196,112,50

D. 202.196.112.50

26. 在 Internet 中，主机的 IP 地址与域名的关系是_____。

A. IP 地址是域名中部分信息的表示

B. 域名是 IP 地址中部分信息的表示

C. IP 地址和域名是等价的

D. IP 地址和域名分别表达不同含义

27. 传输控制协议/网际协议即_____，属工业标准协议，是 Internet 采用的主要协议。

A. Telnet　　　　　B. TCP/IP　　　　　C. HTTP　　　　　D. FTP

28. 配置 TCP/IP 参数的操作主要包括三个方面：_____、指定网关和域名服务器地址。

A. 指定本地机的 IP 地址及子网掩码

B. 指定本地机的主机名

C. 指定本地机的 MAC 地址及子网掩码

D. 指定本地机的 IP 地址及 MAC 地址

29. 调制调解器（Modem）的功能是实现_____。

A. 数字信号的编码

B. 数字信号的整形

C. 模拟信号的放大

D. 模拟信号与数字信号的转换

30. WAN 通常是指_____。

A. 广域网　　　　　B. 局域网　　　　　C. 资源子网　　　　　D. 城域网

31. Internet 是全球最具影响力的计算机互联网，也是世界范围的重要_____。

A. 信息资源网　　　　B. 多媒体网络　　　　C. 办公网络　　　　D. 销售网络

32. IP 地址能唯一地确定 Internet 上每台计算机与每个用户的_____。

A. 距离　　　　　B. 费用　　　　　C. 位置　　　　　D. 时间

33. 域名服务 DNS 的主要功能为_____。

A. 通过请求及回答获取主机和网络相关信息

B. 查询主机的 MAC 地址

C. 为主机自动命名

D. 合理分配 IP 地址

34. 中国的顶级域名是_____。

A. cn　　　　　B. com　　　　　C. gov　　　　　D. china

35. 下边的接入网络方式，速度最快的是_____。

A. GPRS　　　　　B. ADSL　　　　　C. ISDN　　　　　D. LAN

36. 局域网常用的设备是_____。

A. 路由器　　　　B. 程控交换机　　　　C. 交换机　　　　D. 调制解调器

37. 用于解析域名的协议是_____。

A. HTTP　　　　　B. DNS　　　　　C. FTP　　　　　D. SMTP

38. IPv6 地址由_____位二进制数组成。

A. 16   B. 32   C. 64   D. 128

39. 支持局域网与广域网互联的设备称为_____。

A. 转发器   B. 交换机   C. 路由器   D. 网桥

40. 下面_____命令可以查看网卡的 MAC 地址。

A. ipconfig/release   B. ipconfig/renew

C. ipconfig/all   D. ipconfig/registerdns

二、简答题

1. 什么是计算机网络？计算机网络功能可归纳为哪些？

2. 什么是 Internet？它提供了哪些服务？

3. 什么是 IP 地址和域名？简述两者之间的关系。

4. 什么是 URL？它由哪几部分组成？

5. E-mail 地址由哪两部分组成？

6. 如何检查本机的 IP 地址、e 网掩码地址、DNS 地址等。

7. 使用 Ping 检查本机故障。

8. 使用 Ping 检查局域网故障。

9. 问答交换机与集线网的区别。

10. 问答常用的接入 Internet 网络的方式。

第7章 多媒体技术与常用工具

本章学习重点：

1. 多媒体基础知识
2. 多媒体计算机系统
3. 多媒体技术
4. 多媒体常用工具

7.1 多媒体基础知识

7.1.1 媒体与多媒体

1. 媒体的概念

所谓媒体(Media)是指信息表示和传输的载体。通俗地说，能为信息的传播提供平台的就被称为媒体。例如书籍、报刊、电视、广播、广告牌、IPTV、电子杂志、互联网等都是媒体。

在计算机领域中媒体有两种含义：一种是指用以存储信息的实体，如磁盘、光盘等；另一种是指信息的载体，如文字、声音、图形、图像、动画、视频等信息的表现形式。

由于信息被人们感觉、表示、显示、存储和传输的方法各有不同，因此国际电联将媒体分为五类：

(1) 感觉媒体(Perception Medium)：指人的感觉器官所能感觉到的媒体，如引起听觉反应的声音、各种语言、音乐等；引起视觉反应的数据、文本、动画、视频、图像、图形等。

(2) 表示媒体(Representation Medium)：是指为了传送感觉媒体而人为研究出来的媒体，如语音编码、图像编码和文本编码等。

(3) 显现媒体(Presentation Medium)：是指感觉媒体与电信号间相互转换用的物理设备，如键盘、鼠标、显示器、话筒、扬声器、打印机、扫描器和摄像机等。

(4) 存储媒体(Storage Medium)：指存储表示媒体数据的物理设备，如光盘、磁盘、U盘、移动硬盘等。

(5) 传输媒体(Transmission Medium)：指媒体传输用的一类物理载体，如同轴电缆、光缆、双绞线等。

提示：在多媒体计算机中所指的媒体一般指的是感觉媒体，即计算机不仅能处理文字、数值之类的信息,而且还能处理声音、图形、电视图像等各种不同形式的信息。

2. 多媒体的概念

多媒体(Multimedia)是一种以交互方式将文本、图形、图像、音频、视频等多种媒体信息,经过计算机设备的获取、操作、编辑、存储等综合处理后,以单独或合成的形态表现出来的集成环境和交互系统。特别是它将图形、图像和声音结合起来表达客观事物,在方式上非常生动、直观,易于人们接受。多媒体以其丰富多彩的媒体表现形式、高超的交互能力、高度的集成性、灵活多变的适应性得到了广泛的应用,并形成了新的行业。

7.1.2 多媒体信息的类型及特点

1. 文本

文本是以文字和各种专用符号表达的信息形式,它是现实生活中使用最多的一种信息存储和传递方式,是人与计算机之间进行信息交换的主要媒体。人们对文本中常用的文字、数字和符号等进行了数字化编码,即字符代码。国际通用的信息交换字符代码是 ASCII 码,即美国标准信息交换码;GB 2312—1980 汉字的编码采用区位码。

2. 图片

图片是人们很容易接受的一种媒体形式,一幅图片可以形象、生动、直观地表现出大量的信息。计算机中的图片是数字化的,图片素材的类型包括图形和图像两种。

3. 图形

图形指由外部轮廓线条构成的矢量图,它是一种抽象化的形状,是由计算机绘制的几何图形,如直线、圆、矩形、曲线、图表等。由于它描述的主要是轮廓,承载的信息量比较少,色彩也不是很丰富,因此数据量就少。图形的特点是可任意缩放而不失真。

4. 图像

图像是由扫描仪、摄像机等输入设备捕捉实际的画面而产生的数字图像,由像素点阵构成。它的色彩比较丰富,层次感强,可以真实地重现生活环境,其承载的信息量比较大,通常用于表达含有大量细节(如明暗变化、场景复杂、轮廓色彩丰富)的对象,但图像文件存储量往往比较大,而且在缩放过程中会损失细节或产生锯齿。在显示方面它是将对象以一定的分辨率分辨以后将每个点的色彩信息以数字化方式呈现,可直接快速地在屏幕上显示。分辨率和灰度是影响显示的主要参数。通过图像软件可进行复杂图像的处理,以得到更清晰的图像或产生特殊效果。

5. 位图

位图是由像素或点的网格组成,一般称为点阵图像或绘制图像。它是由像素阵列的排列来实现其显示效果的,每个像素有自己的颜色信息,在对位图图像进行编辑操作的时候,可操作的对象是每个像素,可以改变图像的色相、饱和度、明度,从而改变图像的显示效果。位图图像的质量依赖于图像的分辨率,每个像素上的颜色越多,占的内存空间就越大。一般都在几兆到十几兆以上。位图的特点是缩放时易失真。

6. 动画

动画是通过把人、物的表情、动作、变化等分段画成许多画幅,再用摄影机连续拍摄成一

MPEG-1 的设计目标是为了达到 CD-ROM 的传输速率(150 kbit/s)和盒式录像机的图像质量。MPEG-2 的设计目标是在一条线路上传输更多的有线电视信号,它采用更高的数据传输速率,以求达到更好的图像质量。MPEG-system 处理音频和视频的复合和同步。MPEG-1 的适用范围很广泛,如多媒体 CD-ROM、硬盘、可读写光盘、局域网和其他通信通道。

➤ H.261 是 CCITT 所属专家组倾向于为可视电话(Video phone)和电视会议(Video conference)而制定的标准,是关于视像和声音的双向传输标准。

（2）高性能大容量存储技术

从本质上说,多媒体系统是具有严格性能要求的大容量对象处理系统。由于多媒体数据的存储量很大,因此选取高效、快速的存储部件是设计多媒体计算机系统的重要工作之一。光盘是目前应用最多的存储设备。未来,研究具有存储量大、密度高、介质可换、数据保存寿命长、价格低廉以及应用多样化等特点的存储技术及相应的多媒体数据检索技术将成为多媒体计算技术的重要支持。

（3）多媒体专用芯片技术

专用的大规模集成电路芯片是多媒体计算机硬件体系结构的关键。为了实现音频、视频信号的快速压缩、解压缩和播放处理,需要大量的快速计算,只有采用专用大规模集成电路芯片,才能取得满意的效果。高档的专用多媒体处理器芯片不仅大大提高了音、视频信号的处理速度,而且在音频、视频数据编辑时增加了特技效果。多媒体计算机专用芯片可归纳为两种类型:一种是固定功能的芯片;另一种是可编程的数字信号处理器(DSP)芯片。

（4）多媒体网络通信技术

多媒体通信是多媒体技术与通信技术的有机结合,突破了计算机、通信、电视等传统产业间独立发展的界限,是计算机、通信和电视领域的一次革命。在计算机的控制下,对多媒体信息进行采集、处理、表示、存储和传输。多媒体通信系统的出现大大缩短了计算机、通信和电视之间的距离,将计算机的交互性、通信的分布性和电视的真实性完美地结合在一起,向人们提供了全新的信息服务。现在我们经常使用的 IP 电话、视频对话、语音对话、数字图书馆、电子商务、远程教育等都是伴随着多媒体技术的发展而逐渐发展起来的。

（5）多媒体系统软件技术

多媒体软件平台主要包括多媒体操作系统、多媒体驱动软件、多媒体数据采集软件和多媒体编辑与创作工具等。由于多媒体数据的特点,Microsoft 公司的 Windows 系统、Apple 公司的 Mac 系统,甚至 UNIX 和 Linux 等都在不同程度上最大限度地支持各类多媒体工具。同时还出现了大量音频、图形、图像、动画和视频等多媒体素材制作软件,如 WaveStudio、CorelDraw、Photoshop、Animator Sdudio、3D Sdudio MAX、Premiere 等,还有许多多媒体编辑与创作工具,如 Authorware、Tool Book 等。

（6）多媒体计算机硬件平台

多媒体技术的发展离不开软硬件技术的支撑。由于多媒体信息种类多、数据量大、实时性要求高,所以对计算机硬件平台的要求很高,例如处理能力很高的 CPU、容量很大的内存、好而快的显示系统、高速率的输入/输出接口和总线以及大容量、存储快的存储设备等。此外还采用专用硬件实现多媒体的扩展,包括视频卡、音频卡、压缩卡、TV 转换卡等。各种功能卡的核心是多媒体技术的专用芯片,是多媒体硬件体系结构的关键技术。

（7）多媒体数据库技术

多媒体数据是一个由若干多媒体对象所构成的集合,这些数据对象按一定的方式被组织在一起,可为其他应用所共享。多媒体数据库管理系统则负责完成对多媒体数据库的各种操作和管理功能,包括对数据库的定义、创建、查询、访问、插入、删除等一些传统数据库的功能;此外还必须解决一些新的问题,如海量数据的存储功能信息提取等。

（8）超文本和超媒体技术

超文本和超媒体技术是一种模拟人脑的联想记忆方式,把一些信息块按需要用一定逻辑顺序链接成非线性网状结构的信息管理技术。超文本技术以节点为基本单位,由链把节点组成网状结构。随着计算机多媒体技术的发展,节点中的数据不仅包含文字,还可以包含图形、图像、声音、动画和动态视频等。

（9）虚拟现实技术

虚拟现实技术是利用计算机多媒体技术生成一个逼真的、具有临场感觉的环境,是一种全新的人机交互系统,广泛应用于模拟训练、科学可视化、军事演习、航天仿真、娱乐、设计与规划、教育与培训和商业等领域。

7.2 多媒体文件格式

7.2.1 常用图片文件格式

常用的图形格式有:BMP、JPG、GIF、TGA等。其中,BMP文件格式是Windows中的一种标准图像文件格式,属于位图文件。与其他格式的图像文件相比,它所需要的存储量大,不适合在Internet上使用。目前,本书只介绍几种网络最常用的图形格式。

1. JPG文件格式

JPG文件格式是压缩比最大的格式。该格式压缩比率比较大,属于有损压缩。该类文件只有几十KB,而色彩数最高可达到24位,所以它被广泛应用到Internet上。

2. GIF文件格式

GIF文件格式也属于运用较多的压缩格式。它的压缩率略低于JPG。但由于它具有"动态显示"功能,被广泛应用到Internet上。

3. TGA文件格式

TGA文件格式是一种无损压缩格式。一般对画面质量要求较高时可以采用TGA格式输出。

7.2.2 常用音频文件格式

音频文件分为两类:一类为声音文件,它是一种通过声音录入到设备的原始声音,直接记录了真实声音的二进制采样数据,这类文件一般都比较大;另一类为MIDI文件,它是一种音乐演奏指令序列,利用声音输出设备或与计算机相连的电子乐器进行演奏,由于不包含声音数据,其文件都比较小。

1. WAV 文件格式

WAV 文件格式是微软公司开发的一种声音文件格式,也叫波形声音文件。它是通过对声音波形的模拟采样、量化得到的,因而称为波形文件。它是最早的数字音频格式,被 Windows 平台及其应用程序广泛支持。由于它保存的是音频原始素材,因此该类文件占用空间大,不便于网络交流和传输。

2. MIDI 文件格式

MIDI 文件的扩展名包括.mid、.midi、.rmi、.xmi 等。它并不是一段录制好的声音,而是记录声音的信息,然后再告诉声卡如何再现音乐的一组指令。由于它不包含声音数据,文件存储空间小,主要应用于原始乐器作品、与电子乐器的数据交互、计算机作曲等领域。该类文件重放的效果完全依赖声卡的质量。

3. MP3 文件格式

MP3 可以说是目前最为流行的多媒体格式之一。它是将 WAV 文件以 MPEG2 的多媒体标准进行压缩,将音乐以 1∶10 甚至 1∶12 的压缩率压缩,而音质基本不变。正是因为 MP3 具有占用空间小、多数软件支持、音质较好等特点,因此被广泛应用。MP4 是在 MP3 基础上发展的,其压缩比高于 MP3,音质也更好一些,真正达到了 CD 音质。

4. WMA 文件格式

WMA 是微软公司制定的一种流式声音格式。WMA 在压缩比和音质方面都超过了 MP3,更是远胜于 RA(RealAudio),即使在较低的采样频率下也能产生较好的音质。由于网上下载的一般都是压缩过的,听起来没有 MP3 效果好。

5. RA 文件格式

RealAudio(RA)是一种新型流式音频文件格式,它包含在 RealMedia 中,主要用于在低速的广域网上实时传输音频信息。现在的 RealAudio 文件格式主要有 RA(RealAudio)、RM(RealMedia,RealAudio G2)、RMX(RealAudio Secured)三种。

7.2.3　常用视频文件格式

1. AVI 文件格式

AVI 文件格式是将语音和影像同步组合在一起的文件格式。它对视频文件采用了一种有损压缩方式,但压缩比较高,因此尽管画面质量不是太好,但其应用范围仍然非常广泛。AVI 支持 256 色和 RLE 压缩。AVI 信息主要应用在多媒体光盘上,用来保存电视、电影等各种影像信息。AVI 格式具有兼容性好、调用方便、图像质量好等特点。

2. MOV 文件格式

MOV 文件格式原来是苹果公司开发的专用视频格式,后来移植到 PC 上。它与 AVI 格式基本属于同一级别的,与 AVI 格式一样,也属网络上的视频格式之一,但在 PC 上不如 AVI 普及。

3. MPEG 文件格式

MPEG 文件格式是一个被国际通用的音频视频格式,具有良好的兼容性、强大的压缩率、最小的数据损失,现已被几乎所有的计算机平台支持。它包括 MPEG-1、MPEG-2 和 MPEG-4。MPEG-1、MPEG-2 被广泛地应用在 VCD、DVD 的制作方面、HDTV(高清晰电视广播)和高要求的视频编辑。MPEG-4 是一种新的压缩算法,其特点是"容量小,质量好"。它主要被运用于视频电话视频新闻、视频邮件、网上购物、远程医疗、教学和监控等领域。

4. RM 文件格式

RM 格式是一种流式视频 RealVedio 文件格式,主要用来在低速率的网络上实时传输活动视频影像,可以根据网络数据传输速率的不同而采用不同的压缩比率,在数据传输过程中边下载边播放视频影像,从而实现影像数据的实时传送和播放。

5. ASF 文件格式

ASF 使用了 MPEG4 的压缩算法,所以压缩率和图像的质量都很不错。可以在 Windows 平台使用,也可以在网上即时观赏的视频音频格式。

7.3 多媒体计算机系统的组成

多媒体计算机系统是把视频、音频和计算机交互式控制结合起来,对音频信号、视频信号的获取、生成、存储、处理、回收和传输综合数字化所组成的一个完整的计算机系统。一个多媒体计算机系统一般由四个部分构成:多媒体硬件平台(包括计算机硬件、声像等多种媒体的输入输出设备和装置)、多媒体操作系统(MPCOS)、图形用户接口(GUI)、支持多媒体数据开发的应用工具软件。

7.3.1 多媒体硬件系统

在多媒体计算机系统中,最基本的硬件,除了主机外,一个典型的多媒体计算机系统由声频卡、CD-ROM、M 视频卡组成,如图 7-1 所示。常用的多媒体外部设备有耳机、音箱、话筒、摄像机、摄像头、数码相机、扫描仪和光笔等。

图 7-1 多媒体笔记本计算机

1. 声频卡

声频卡的种类很多,目前国内外市场上至少有上百种不同型号、不同性能和不同特点的声频卡。在音频卡上连接的音频输入/输出设备包括话筒、音频播放设备、MIDI 合成器、耳机、扬声器等。

数字音频处理的支持是多媒体计算机的重要方面,音频卡具有 A/D 和 D/A 音频信号的转换功能,可以合成音乐、混合多种声源,还可以外接 MIDI 电子音乐设备。

声频卡的关键技术有数字音频、音乐合成、MIDI 与音效。

(1) 数字音频

数字音频必须具有:大于 44.1 kHz 的采样频率、16 位的分辨率录制和播放信号的基本功能。数字音频还要具有压缩声音信号的能力。最常用的压缩方法是自适应脉冲代码调制(ADPCM)法,大多数声频卡的核心是编码解码器 CODEC 的芯片,它本身就具有硬件压缩能力。另外也有不少声频卡采用 DSP＋ADC 方案(数字信号处理芯片＋A/D 转换器),如 Creative 的 Sound Blaster,该方案通过软件压缩数字音频信号。

(2) 音乐合成

音乐合成主要有两种合成技术:FM 合成和波形表合成。FM 合成是通过硬件产生正弦信号,再经过处理合成乐音。而波形表合成是在 ROM 中已存储各种实际乐器的声音样本,它的效果优于 FM 合成。

(3) MIDI

MIDI 是数字音乐的国际标准,几乎所有的多媒体计算机都遵循这个标准。MIDI(Musical Instrument Digital Interface)是指乐器数字接口。

(4) 音效

音效是最近 IC 工业中数字声音信号处理技术的结晶。已经有不少的声频卡采用了音效芯片,从硬件上实现回声、混响、和声等,使声频卡发出的声音更加生动悦耳。

2. 视频卡

视频卡处理的是静止或运动的图像信号,技术上难度较大,但发展也非常快。主要有电视信号采集卡、JPEG/MPEG/H. 261 图像压缩卡、VGA 到 NTSC/PAL 电视信号转换盒等。

3. CD-ROM 及其驱动器

CD-ROM(Compact Disc Read-Only Memory)即只读光盘,是一种在计算机上使用的光盘。这种光盘只能写入数据一次,信息将永久保存在光盘上,使用时通过光盘驱动器读出信息。CD 的格式最初是为音乐的存储和回放设计的,1985 年,由 SONY 和飞利浦制定的黄皮书标准使得这种格式能够适应各种二进制数据。有些 CD-ROM 既能存储音乐,又能存储计算机数据,这种 CD-ROM 的音乐能够被 CD 播放器播放,计算机数据只能被计算机处理。

7.3.2 多媒体软件系统

多媒体软件平台将各种硬件有机地组织到一起,能使用户方便地使用多媒体数据。多媒体软件反映了多媒体技术的特有内容,如数据压缩、各种硬件接口驱动,以及基于多媒体的各种应用软件。

1. 多媒体系统软件

多媒体系统软件主要包括多媒体操作系统和多媒体数据库管理系统两种。美国 Apple 公司为 Macintosh 计算机配置的操作系统、微软的 Windows 系列的操作系统都属于多媒体操作系统。

2. 多媒体操作系统

多媒体操作系统是提供对多媒体计算机硬件、软件的控制与管理的系统软件。多媒体操作系统具有实时任务调度、多媒体数据转换和同步控制对多媒体设备的驱动和控制,以及图形用户界面管理等。

3. 多媒体处理系统工具

多媒体处理系统工具或称为多媒体系统开发工具软件,是多媒体系统的重要组成部分。

文字处理:记事本、写字板、Word、Authorware、Director。

图形图像处理:Photoshop、CorelDraw、Freehand、PageMaker。

动画制作:AutoDesk Animator Pro、3DS MAX、Maya、Flash、Morph、Cool 3D。

声音处理:Ulead Media Studio、Sound Forge、Audition、Wave Edit、GoldWave、CoolEditPro。

视频处理:Ulead Media Studio、Adobe Premiere、After Effects、Director。

编程语言:Visual Basic、Visual C++、Delphi。

多媒体写作系统:Authorware、Director、Tool Book、Flash。

媒体播放软件:Windows Media Player、RealPlayer、暴风影音、RealPla。

二维动画、三维动画制作软件:AnimitorGif、Flash、3DS MAX、Maya。

音频编辑:WaveStudio、SoundEdit、超级解霸、Winnap。

视频剪辑:Video For Windows 和 Digital Video Producer。

4. 用户应用软件

根据多媒体系统终端用户要求而定制的应用软件或面向某一领域的用户应用软件系统,它是面向大规模用户的系统产品。例如多媒体计算机教学软件、交互式多媒体计算机辅助教学系统、电子图书系统、飞行员模拟训练系统、商场导购系统、多媒体广告系统等。

7.4 多媒体常用工具

1. 图形图像处理软件 Photoshop

Photoshop 是 Adobe 公司研制的一种专业图形图像处理软件。Photoshop 拥有多种选择工具,极大地方便了用户的不同要求,而且多种选择工具还可以结合起来选择较为复杂的图像、制定多种文字效果,利用 Photoshop 不仅可以制作精美的文字造型,而且还可以对文字进行复杂的变换;随着近年来个人计算机的普及,Photoshop 走入了家庭,已经发展成为家庭计算机的必装软件。如图 7-2 所示。

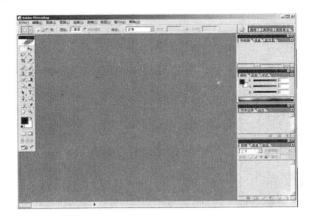

图 7-2　图形图像处理软件 Photoshop

2. 文件压缩软件

所谓文件压缩，实际上是用某种新的更紧凑的格式来存储文件的内容，其目的是节省文件所占的磁盘空间，减少文件在通信线路上传输时所占的时间。WinRAR 压缩率高、速度快、界面友好，是 Windows 环境下最常用的压缩与解压缩工具。可支持 ZIP、ARJ、LZH 等压缩格式，与 WinZip 相比，WinRAR 在文件操作方面更加灵活、简便，生成自释放文件更加容易，特别是它的分卷压缩功能更加适合以软盘交换数据的场合。虽然 WinRAR 的功能很强，但就普通用户而言，大多数功能都很少使用，所以用户只要掌握常用的功能即可。如图 7-3 所示为用快捷菜单压缩文件或文件夹。

图 7-3　用快捷菜单压缩文件或文件夹

3. 暴风影音播放器

暴风影音播放器是全球领先的万能媒体播放软件，支持 429 种格式，支持高清硬件加速，可进行多音频、多字幕的自由切换，支持最多数量的手持硬件设备视频文件。如图 7-4 所示。

图 7-4　暴风影音窗口

4. Windows Media Player 多媒体播放器

Windows Media Player 已经发展成为一个全功能的网络多媒体播放软件。提供了最广泛最流畅的网络媒体播放方案。该软件支持目前大多数流行的文件格式,甚至内置了 Microsoft MPEG-4 Video Coedec 插件程序,所以它能够播放最新的 MPEG-4 格式的文件。该软件在播放网络上的多媒体文件时,采取边下载边播放的方法。微软在软件中提供了许多新的技术,能够智能监测网络的速度并调整播放窗口大小和播放速度,以求达到良好的播放效果。它还提供有多种视频流,以便在网络速度不稳定的情况下自动切换。不过在功能增强、界面美化的同时,它的体积和系统资源占用率也有了相当大的提高,在一些低端机上运行可能会感到有些吃力。该版本的最大变化在于其对网络的支持更为优化,提供了一个十波段的网络收音机和能够收听全世界各国的网络广播电台,而且还能够收看网络视频,如图 7-5 所示。

图 7-5　多媒体播放器窗口

5．ACDSee

ACDSee 是目前最流行的数字图像处理软件，它能广泛应用于图片的获取、管理、浏览、等，使用 ACDSee 可以从数码相机和扫描仪等设备中获取图片，并进行便捷的查找、组织和预览。ACDSee 还能处理视频文件，如图 7-6 所示。

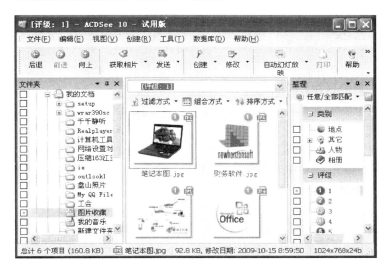

图 7-6　ACDSee 数字图像处理软件窗口

6．QQ 截图工具

腾讯 QQ 可以说是中国市场占有率第一的即时聊天工具，它的用户数量庞大、功能众多，其中就包括截图功能，通过聊天界面中的菜单或快捷键，用户就可以非常轻松地截取图片或视频。

习　　题

一、选择题

1．在多媒体计算机中常用的图像输入设备是_____。

A．数码照相机　　　　　　　　　B．彩色扫描仪

C．视频信号数字化仪　　　　　　D．彩色摄像机

2．MIDI 文件中记录的是_____。

A．乐谱　　　　　　　　　　　　B．MIDI 量化等级和采样频率

C．波形采样　　　　　　　　　　D．声道

3．下列声音文件格式中，_____ 是波形声音文件格式。

A．WAV　　　　　B．CMF　　　　　C．VOC　　　　　D．MID

4．下列_____说法是不正确的。

A．图像都是由一些排成行列的像素组成的，通常称为位图或点阵图

B. 图形是用计算机绘制的画面,也称矢量图

C. 图像的数据量较大,所以彩色图(如照片等)不可以转换为图像数据

D. 图形文件中只记录生成图的算法和图上的某些特征点,数据量较小

5. 多媒体技术中的媒体一般是指_____。

A. 硬件媒体　　　　　B. 存储媒体　　　　　C. 信息媒体　　　　　D. 软件媒体

6. 计算机多媒体技术是指计算机能接收、处理和表现_____等多种信息媒体的技术。

A. 中文、英文、日文和其他文字　　　　B. 硬盘、软件、键盘和鼠标

C. 文字、声音和图像　　　　　　　　D. 拼音码、五笔字型和全息码

7. 音频与视频信息在计算机内是以_____表示的。

A. 模拟信息　　　　　　　　　　　B. 模拟信息或数字信息

C. 数字信息　　　　　　　　　　　D. 某种转换公式

8. 对波形声音采样频率越高,则数据量_____。

A. 越大　　　　　B. 越小　　　　　C. 恒定　　　　　D. 不能确定

9. 数字音频采样和量化过程所用的主要硬件是_____。

A. 数字编码器　　　　　　　　　　B. 数字解码器

C. 模拟到数字的转换器(A/D 转换器)　　D. 数字到模拟的转换器(D/A 转换器)

10. 如下_____不是多媒体技术的特点。

A. 集成性　　　　　B. 交互性　　　　　C. 实时性　　　　　D. 兼容性

11. 如下_____不是图形图像文件的扩展名。

A. MP3　　　　　B. BMP　　　　　C. GIF　　　　　D. WMF

12. 如下_____不是图形图像处理软件。

A. ACDSee　　　　B. CorelDraw　　　　C. 3DS MAX　　　　D. SNDREC32

13. 下面_____是 VCD 标准。

A. MPEG-4　　　　B. MPEG-2　　　　C. MPEG-3　　　　D. MPEG-1

14. 在数字音频信息获取与处理过程中,下述顺序中正确的是_____。

A. A/D 变换、采样、压缩、存储、解压缩、D/A 变换

B. 采样、压缩、A/D 变换、存储、解压缩、D/A 变换

C. 采样、A/D 变换、压缩、存储、解压缩、D/A 变换

D. 采样、D/A 变换、压缩、存储、解压缩、A/D 变换

15. WAV 波形文件与 MIDI 文件相比,下述叙述中正确的是_____。

A. WAV 波形文件比 MIDI 文件音乐质量高

B. 存储同样的音乐文件,WAV 波形文件比 MIDI 文件存储量大

C. 在多媒体使用中,一般背景音乐用 MIDI 文件,解说用 WAV 文件

D. 在多媒体使用中,一般背景音乐用 WAV 文件,解说用 MIDI 文件

16. MPEG 是压缩全动画视频的一种标准,它包括三个部分,下列各项中_____不属于三部分之一。

A. MPEG-Video　　　B. MPEG-Radio　　　C. MPEG-Audio　　　D. MPEG-System

17. 多媒体计算机系统一般由多媒体计算机硬件系统和多媒体计算机软件系统组成,通常应包括_____层结构。

A. 4   B. 5   C. 6   D. 7

18. 下列资料中，_____不是多媒体素材。

A. 波形、声音   B. 文本、数据

C. 图形、图像、视频、动画   D. 光盘

19. _____用于压缩静止图像。

A. JPEG   B. MPFG   C. H.261   D. 以上均不能

20. 一个参数为 2 分钟、25 帧/秒、640×480 分辨率、24 位真彩色数字视频的不压缩的数据量约为_____。

A. 2 764.8 MB   B. 21 093.75 MB   C. 351.56 MB   D. 2 636.72 MB

二、问答题

1. 简答多媒体计算机的组成。

2. 在计算机中，多媒体数据最终是以什么格式存储的？

3. 分析媒体播放器、微软播放器、real player 播放器、暴风影音、超级解霸、千千静听等的特点。

4. 简答常用的图像处理软件及特点。

5. 计算机显示的颜色是由红、绿、蓝三种基本颜色混合而成的，通常用什么来表示颜色的强度？